Die
Berechnung von Steifrahmen

nebst anderen

statisch unbestimmten Systemen.

Von

Ejnar Björnstad,

Ingenieur der Brückenbauanstalt Beuchelt & Co.
in Grünberg i. Schles.

Mit 127 Figuren im Text, 19 Tabellen
und einer graphischen Anlage.

Berlin.
Verlag von Julius Springer.
1909.

ISBN-13: 978-3-642-89547-0 e-ISBN-13: 978-3-642-91403-4
DOI: 10.1007/978-3-642-91403-4

Softcover reprint of the hardcover 1st edition 1909

Vorwort.

Das vorliegende Buch soll in erster Linie ein Hilfsbuch für die Berechnung der eisernen Brückenrahmen sein.

Die Berechnung dieser mehrfach statisch unbestimmten Systeme ist von hervorragenden Fachmännern, besonders Müller - Breslau (Neuere Methoden der Festigkeitslehre), teilweise eingehend behandelt worden. Das genannte Werk bietet auch demjenigen, der genügende Kenntnisse in der Elastizitätstheorie und der höheren Mathematik besitzt, eine ausreichende Grundlage für die Berechnung der Brückenrahmen, vorausgesetzt, daß er Zeit hat, sich mit der grundlegenden Theorie vertraut zu machen.

Nach Verfassers Ansicht gibt eine Formel, deren Entstehen und Entwicklung man nicht genau kennt und versteht, leicht zu Irrtümern Anlaß, wenn nicht deren Verwendung durch Zahlenbeispiele eingehend erläutert wird. Dem konstruierenden Ingenieur bleibt aber oft keine Zeit zum eingehenden Studium der Theorie übrig, so daß er auf den Gebrauch von fertigen Formeln angewiesen ist.

Von diesem Gedanken ausgehend, werden in möglichst einfacher Weise, zu deren Auffassung auch elementäre Kenntnisse in der Statik genügen, Formeln für die am häufigsten vorkommenden Systeme und Belastungsfälle entwickelt und deren Gebrauch durch zahlreiche Zahlenbeispiele klargelegt. Um die ganze Grundlage der Entwicklung gleich an der Hand zu haben, sind im Abschnitt II die bereits bekannten Formeln für die Durchbiegung einfacher Balken mit Hilfe des Mohrschen Satzes von den zweiten Momenten entwickelt worden, wodurch das Buch auch dem Anfänger oder dem Studierenden eine wertvolle Hilfe zur Einführung in diese sehr wichtige und leichtfaßliche Berechnungsmethode leisten kann. Bei Entwicklung der Formeln für die Rahmenberechnungen ist schrittweise vorgegangen und wiederholt vorkommende Ausdrücke, hauptsächlich solche, die von der Belastung unabhängig sind, durch einfache große Buchstaben (Konstanten) ersetzt worden, damit die Schlußformeln möglichst einfache und übersichtliche Gestalt annehmen. Diese Konstanten sind des leichteren Auffindens wegen am Anfange des Buches zusammengestellt worden. Zur schnellen

Bestimmung dieser Konstanten, besonders bei überschläglichen Berechnungen, dienen die Tabellen I bis XVI, deren Gebrauch auch durch Zahlenbeispiele erläutert ist. Ganz besonders wird auf die graphische Ermittlung der zusammengesetzten Konstanten hingewiesen. Mit Hilfe dieses Verfahrens kann man sehr schnell und sicher die dreifach statisch unbestimmten Systeme berechnen, und die Arbeitsersparnis, welche sich dadurch erzielen läßt, ist ganz bedeutend. Ohne erst die für den Beweis nötigen Erläuterungen genau durchzulesen, kann man aus den Figuren selbst den Vorgang sehen und braucht nur die neue Figur mit den gegebenen Abmessungen aufzutragen. Einige der graphischen Figuren mögen ja im ersten Augenblick kompliziert erscheinen, weil mehrere Belastungsfälle in derselben Figur behandelt worden sind. In der Wirklichkeit kommen aber alle die behandelten Belastungsfälle selten gleichzeitig vor, so daß die Figur bedeutend einfachere Gestalt annimmt.

Um der Veränderlichkeit der Stabquerschnitte Rechnung zu tragen und den Einfluß der Aussteifungsecken bei den Rahmen zu berücksichtigen, sind in Abschnitt VII Annäherungsformeln zur Bestimmung des mittleren Trägheitsmomentes von Stäben mit veränderlichem Querschnitt entwickelt worden. Wenn auch eingeräumt werden soll, daß diese angenäherten Formeln auf nicht genau zutreffenden Annahmen beruhen, so geben sie doch einen guten Anhalt zur Beurteilung des Einflusses der Veränderlichkeit des Querschnitts.

Außer den Rahmen sind auch einige andere statische unbestimmte Systeme behandelt worden, um zu veranschaulichen, wie man mit Hilfe der einfachen Grundformeln für die Biegung einfacher Stäbe auch schwierigere Aufgaben lösen kann. Diese Aufgaben eignen sich sehr gut als Übungsaufgaben für den Studierenden.

Neben den genauen Formeln sind noch angenäherte Formeln für diese Systeme entwickelt worden, um durch Vergleich der genauen und angenäherten Zahlenwerte beurteilen zu können, ob die Durchführung der genauen Berechnung praktisch erforderlich ist.

Indem ich im voraus den werten Kollegen für gute Ratschläge zur Verbesserung oder Erweiterung des Inhaltes bestens danke, hoffe ich, daß das Buch für die Brückenbauingenieure von Nutzen sein wird.

Grünberg i. Schl., im September 1909.

Ejnar Björnstad.

Inhaltsverzeichnis.

I. Einleitung.

II. Ermittlung einiger Hilfsgrößen.

III. Berechnung der Steifrahmen.

IV. Berechnung einiger anderen biegungsfesten Systeme.

Zusammenstellung der Konstanten zur Berechnung der Steifrahmen.

a) Konstanten, die nur von den Abmessungen und der Gestalt des Systems abhängig sind.

Gl. (53) $$N = l + \frac{2h}{3} \frac{J}{J_v},$$

Gl. (56) $$G = l + h \frac{J}{J_v},$$

Gl. (62) $$L = l + 2h \frac{J}{J_v},$$

Gl. (66) $$O = l + 6h \frac{J}{J_v} + l \frac{J}{J_r},$$

Gl. (68) $$R = l + 2h \frac{J}{J_v} + l \frac{J}{J_r},$$

Gl. (110) $$T = l + 3h \frac{J}{J_v}.$$

b) Konstanten, die auch von der Lage der Belastung abhängig sind.

Gl. (99) $$G' = l + k \frac{J}{J_v},$$

Gl. (102) $$E = 3lh + k(3h - k) \frac{J}{J_v},$$

Gl. (106) $$T' = l + 3k \frac{J}{J_v}.$$

Es bedeuten:

J das Trägheitsmoment des Querträgers,
J_v das Trägheitsmoment der Vertikalen,
J_r das Trägheitsmoment des unbelasteten Riegels.

I. Einleitung.

§ 1. Die elastische Linie.

Wird ein elastischer Stab durch Biegungsmomente beansprucht, so tritt eine Formänderung ein, indem die einzelnen Punkte des Stabes sich gegenseitig verschieben. Es sollen hier nur solche Verschiebungen in Betracht gezogen werden, welche die Änderung der Gestalt der Stabachse bestimmen. Diese neue Form der Stabachse nennt man die elastische Linie oder auch Biegungslinie.

Da die gegenseitige Verschiebung zweier benachbarten Punkte der Stabachse sehr klein ist, so darf das Bogendifferential ds mit dx vertauscht werden, und man erhält annähernd, aber genügend genau, die Gleichung der Biegungslinie durch zweimalige Integration des folgenden Ausdruckes:

$$M = \mathsf{E} J \cdot \frac{d^2 y}{d x^2}, \qquad (1)$$

wo M das Biegungsmoment, E den Elastizitätsmodul, y die Ordinate und x die Abszisse der Biegungslinie und J das Trägheitsmoment des Stabquerschnittes bedeuten.

Die Gleichung wird hierbei auf ein rechtwinkliges Achsenkreuz bezogen, dessen X-Achse bei geraden Stäben mit der ursprünglichen Stabachse zusammenfällt.

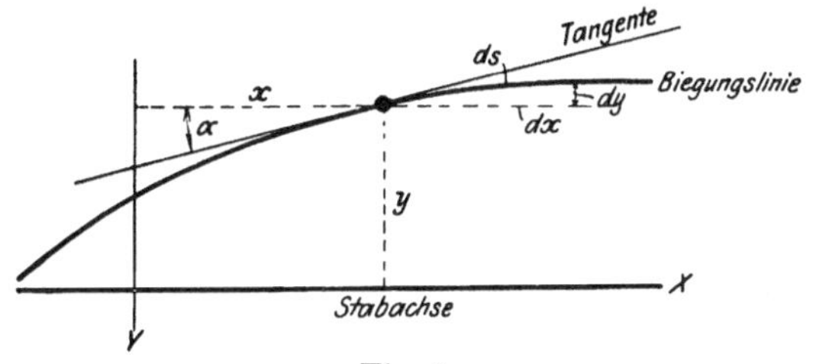

Fig. 1.

y stellt dann die Durchbiegung des Stabes im Abstande x von der Y-Achse dar (Fig. 1).

Bei gleichem Materiale und Querschnitte eines Stabes ist $\mathsf{E}J$ konstant, was bei den hier in Frage kommenden Aufgaben immer vorausgesetzt werden soll.

Die Gleichung der Biegungslinie lautet dann:

$$y = \frac{1}{EJ}\left(\int dx \int M\,dx + C_1 x + C_2\right), \quad \ldots\ldots \quad (2)$$

wo C_1 und C_2 die Integrationskonstanten bedeuten. Für das Moment M ist die Funktion von x, durch welche die Momentenlinie bestimmt wird, in die Gleichung einzusetzen.

Den Winkel α, welchen die Tangente zur Biegungslinie mit der X-Achse bildet, findet man durch einmalige Integration der Gl. (1).

Die Gleichung des Winkels lautet dann:

$$\operatorname{tang}\alpha = \frac{dy}{dx} = \frac{1}{EJ}\left(\int M\,dx + C_1\right). \quad \ldots\ldots \quad (3)$$

Dieser Winkel soll für die Folge kurz Biegungswinkel genannt werden.

Die Biegungslinie kann nach Mohr auch als Momentenkurve eines an den Enden frei aufliegenden Balkens betrachtet werden, dessen Belastung die Momentenfläche ist (Fig. 2).

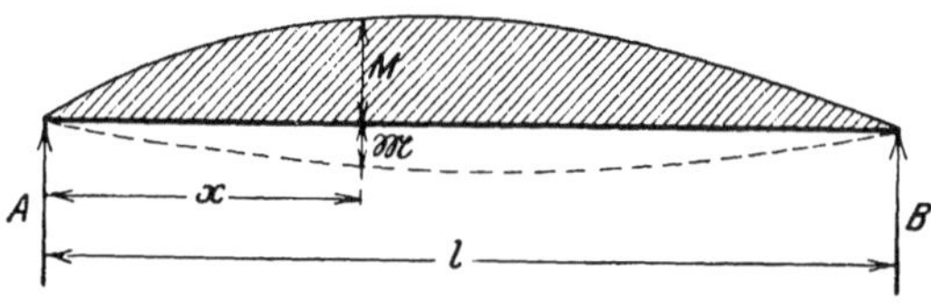

Fig. 2.

Bedeutet $\mathfrak{M}$ die Ordinate der Momentenkurve dieser Belastung, so ist die Durchbiegung des Balkens oder die Ordinate der Biegungslinie an der Stelle x:

$$y = \frac{\mathfrak{M}}{EJ} = \frac{1}{EJ} f(x). \quad \ldots\ldots\ldots \quad (4)$$

$\mathfrak{M}$ nennt man auch das zweite Moment des Balkens. Wird $\mathfrak{M}$ als Funktion von x eingesetzt, so erhält man die obige Gleichung der Biegungslinie.

Den Biegungswinkel findet man durch Differentiation dieser Gleichung und Bildung des ersten Differentialquotienten.

$$\operatorname{tang}\alpha = \frac{dy}{dx} = \frac{1}{EJ} f'(x). \quad \ldots\ldots\ldots \quad (5)$$

§ 2. Größe der Verschiebungen.

Wird ein Stab AB, an seinem Endpunkte A gelenkartig befestigt, um den Winkel α gedreht, so verschiebt sich der andere Endpunkt B eine Strecke x parallel AB und y senkrecht dazu.

Es ist dann:

$$y = l \cdot \sin\alpha$$

und

$$x = y \operatorname{tang}\left(\frac{\alpha}{2}\right) = l \cdot \sin\alpha \cdot \operatorname{tang}\left(\frac{\alpha}{2}\right).$$

Da die hier in Frage kommenden Drehungen sehr klein sind, so wird die Verschiebung x eine kleine Größe zweiter Ordnung und darf stets vernachlässigt werden. Ferner darf $\sin\alpha$ mit $\operatorname{tang}\alpha$ vertauscht werden, und es ist also die Verschiebung des Punktes B

$$y = l \cdot \operatorname{tang}\alpha \quad \text{. . . . .} \quad (6)$$

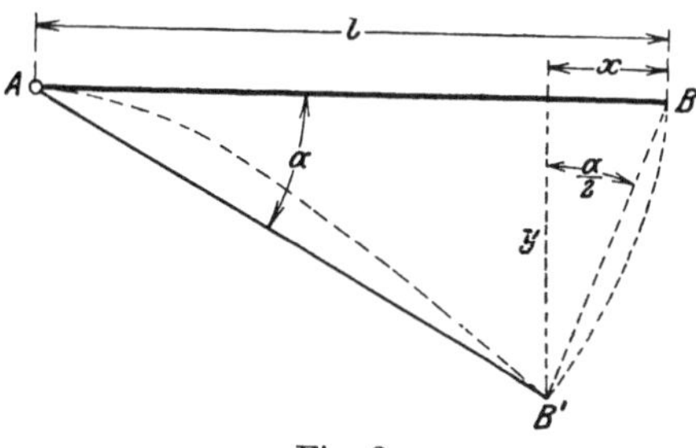

Fig. 3.

Ist der Stab bei A fest eingespannt und wird B durch Biegung nach B' verschoben, wie in Fig. 3 punktiert angedeutet, so darf ebenfalls x vernachlässigt werden. In diesem Falle bestimmt sich natürlich y aus der Biegungslinie.

II. Ermittlung einiger Hilfsgrößen.

§ 3. Biegung einfacher Stäbe mit konstantem Trägheitsmoment.

Aufgabe 1. Wagerechter, bei A und B frei aufliegender Balken mit konstantem Querschnitt durch eine Einzellast P belastet. Gesucht sind die Biegungswinkel an den Auflagern und die Durchbiegung in der Mitte.

Die Auflagerkräfte betragen

$$A = \frac{P b}{l}, \qquad B = \frac{P a}{l}$$

und das Biegungsmoment unter der Last P

$$M = \frac{P b a}{l}.$$

Die Momentenfläche ist ein Dreieck von der Höhe M, welches, als Belastung aufgefaßt, die Auflagerkräfte A' und B' hervorruft (Fig. 4b).

Es ist:

$$A' = \frac{1}{l}\left[\frac{Mb}{2} \cdot \frac{2b}{3} + \frac{Ma}{2}\left(b + \frac{a}{3}\right)\right] = \frac{M}{l}\left(\frac{b^2}{3} + \frac{ab}{2} + \frac{a^2}{6}\right),$$

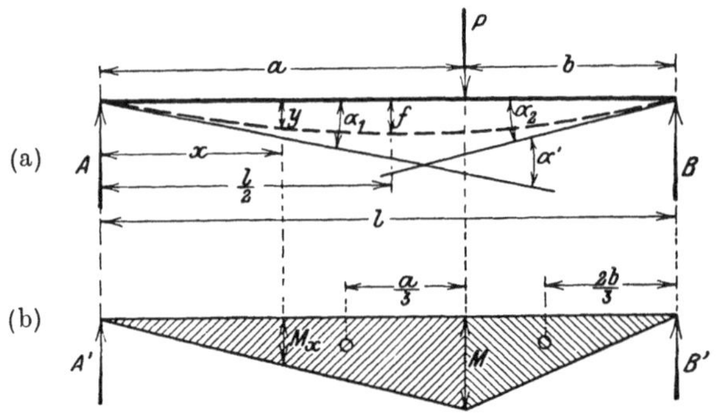

Fig. 4.

woraus, wenn $b = l - a$ eingesetzt wird,

$$A' = M \cdot \frac{2l - a}{6}.$$

In analoger Weise ergibt sich

$$B' = M \cdot \frac{2l - b}{6}.$$

Die Höhe der Momentenfläche an der Stelle x ist

$$M_x = \frac{Mx}{a}$$

und somit das zweite Moment an dieser Stelle

$$\mathfrak{M}_x = A'x - \frac{M_x x}{2}\,\frac{x}{3} = M\,\frac{(2l - a)\,x}{6} - M\,\frac{x^3}{6a}.$$

Nach Gl. (4) lautet dann die Gleichung der Biegungslinie links von der Last

$$y = \frac{\mathfrak{M}_x}{EJ} = \frac{M}{6EJ}\left((2l - a)\,x - \frac{x^3}{a}\right), \quad \ldots \ldots \quad (7)$$

die Durchbiegung unter der Last beträgt

$$y = \frac{P a^2 b^2}{3 l EJ} \quad \ldots \ldots \ldots \ldots \ldots \quad (8)$$

Für $x = \frac{l}{2}$ ergibt sich die Durchbiegung in der Mitte zu

$$f = \frac{M\,l}{6\,\mathrm{E}J}\left(l - \frac{a}{2} - \frac{l^2}{8\,a}\right) = \frac{P\,b\,a}{6\,\mathrm{E}J}\left(l - \frac{a}{2} - \frac{l^2}{8\,a}\right) \quad . \; . \; . \quad (9)$$

Diese Gleichung ist nur gültig, solange $a > \frac{l}{2}$ ist; im anderen Falle ist a durch b zu ersetzen und die Gleichung lautet

$$f = \frac{P\,b\,a}{6\,\mathrm{E}J}\left(l - \frac{b}{2} - \frac{l^2}{8\,b}\right) . \quad . \; . \; . \; . \; . \; . \; . \quad (10)$$

Für $a = b = \frac{l}{2}$ ergibt sich

$$f = \frac{P\,l^3}{48\,\mathrm{E}J} \quad . \; . \; . \; . \; . \; . \; . \; . \; . \; . \quad (11)$$

Durch Differentiation der Gl. (7) erhält man die Gleichung der Biegungswinkel

$$\operatorname{tang}\alpha = \frac{dy}{dx} = \frac{M}{6\,\mathrm{E}J}\left(2\,l - a - \frac{3\,x^2}{a}\right), \quad . \; . \; . \quad (12)$$

woraus für $x = 0$

$$\operatorname{tang}\alpha_1 = \frac{M}{6\,\mathrm{E}J}(2\,l - a) = \frac{P\,b\,a(2\,l - a)}{6\,\mathrm{E}J\,l} = \frac{P\,b\,a(l + b)}{6\,\mathrm{E}J\,l} \quad . \; . \quad (13)$$

In analoger Weise ist

$$\operatorname{tang}\alpha_2 = \frac{M}{6\,\mathrm{E}J}(2\,l - b) = \frac{P\,b\,a(2\,l - b)}{6\,\mathrm{E}J\,l} = \frac{P\,b\,a(l + a)}{6\,\mathrm{E}J\,l} \quad . \; . \quad (14)$$

Für $a = b = \frac{l}{2}$ ergibt sich

$$\operatorname{tang}\alpha_1 = \operatorname{tang}\alpha_2 = \frac{P\,l^2}{16\,\mathrm{E}J} \quad . \; . \; . \; . \; . \; . \; . \quad (15)$$

Die Tangenten der Biegungslinie an den Auflagern bilden miteinander einen Winkel α', dessen Größe beträgt:

$$\left.\begin{aligned} &\operatorname{tang}\alpha' = \operatorname{tang}\alpha_1 + \operatorname{tang}\alpha_2 \\ &= \frac{M}{6\,\mathrm{E}J}(2\,l - a + 2\,l - b) = \frac{M\,l}{2\,\mathrm{E}J} = \frac{P\,b\,a}{2\,\mathrm{E}J} \end{aligned}\right\} \quad . \; . \; . \quad (16)$$

Bei symmetrischer Belastung ist $\alpha_1 = \alpha_2$ und somit

$$\operatorname{tang}\alpha_1 - \operatorname{tang}\alpha_2 = 0\,.$$

Ist die Belastung dagegen unsymmetrisch, so hat diese Differenz der Biegungswinkel einen bestimmten Wert, durch den die Unsymmetrie ausgedrückt wird.

Diese Differenz soll für die Folge mit α'' bezeichnet werden. In der vorliegenden Aufgabe ist:

$$\left.\begin{aligned} &\operatorname{tang}\alpha'' = \operatorname{tang}\alpha_1 - \operatorname{tang}\alpha_2 \\ &= \frac{M}{6\,\mathsf{E}J}(2l - a - 2l + b) = \frac{M(b-a)}{6\,\mathsf{E}J} = \frac{P\,b\,a\,(b-a)}{6\,\mathsf{E}J\,l} \end{aligned}\right\}. \tag{17}$$

Aufgabe 2. Das ausgekragte Ende eines frei aufliegenden Balkens ist belastet. Gesucht sind α_1, α_2, f, α' und α''.

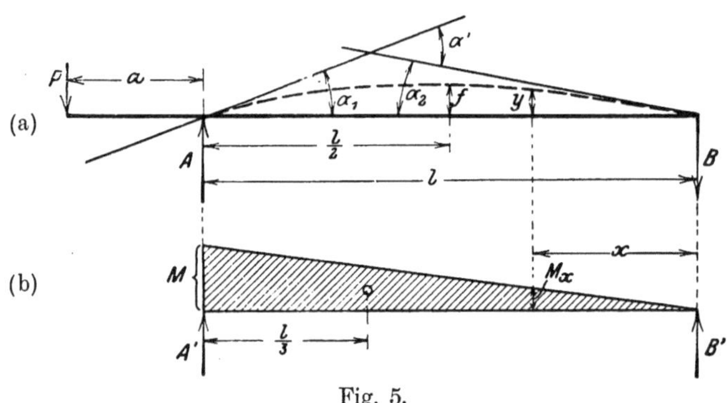

Fig. 5.

Die Belastung des Kragarms ruft bei A das Moment $M = P\,a$ hervor. Das Moment bei B ist $= 0$.

Die für den Balkenteil $A\,B$ in Frage kommende Momentenfläche ist ein Dreieck von der Höhe M, wie in Fig. 5b gezeigt.

Es ist dann

$$B' = \frac{M\,l}{2}\,\frac{l}{3}\cdot\frac{1}{l} = \frac{M\,l}{6}\,,$$

$$M_x = \frac{M\,x}{l}$$

und das zweite Moment an der Stelle x

$$\mathfrak{M}_x = B'\,x - \frac{M_x\,x}{2}\cdot\frac{x}{3} = \frac{M\,l\,x}{6} - \frac{M\,x^3}{6\,l} = \frac{M}{6\,l}(l^2\,x - x^3)\,.$$

Die Gleichung der Biegungslinie lautet dann:

$$y = \frac{\mathfrak{M}_x}{\mathsf{E}J} = \frac{M}{6\,l\,\mathsf{E}J}(l^2\,x - x^3)\,, \tag{18}$$

woraus für $x = \dfrac{l}{2}$

$$f = \frac{M}{6\,l\,\mathsf{E}J}\left(\frac{l^3}{2} - \frac{l^3}{8}\right) = \frac{M\,l^2}{16\,\mathsf{E}J}\,. \tag{19}$$

Durch Differentiation der Gl. (18) erhält man die Gleichung der Biegungswinkel

$$\operatorname{tang}\alpha = \frac{dy}{dx} = \frac{M}{6\,l\,\mathsf{E}J}(l^2 - 3\,x^2)\,, \quad \ldots \quad (20)$$

woraus für $x = l$

$$\operatorname{tang}\alpha_1 = (-)\frac{M\,l}{3\,\mathsf{E}J} \quad \ldots \quad (21)$$

und für $x = 0$

$$\operatorname{tang}\alpha_2 = \frac{M\,l}{6\,\mathsf{E}J}\,. \quad \ldots \quad (22)$$

Das — Zeichen in Gl. (21) hat keine Bedeutung, da es sich hier nur um den absoluten Wert handelt.

Ferner ist:

$$\operatorname{tang}\alpha' = \operatorname{tang}\alpha_1 + \operatorname{tang}\alpha_2 = \frac{M\,l}{2\,\mathsf{E}J}\,, \quad \ldots \quad (23)$$

$$\operatorname{tang}\alpha'' = \operatorname{tang}\alpha_1 - \operatorname{tang}\alpha_2 = \frac{M\,l}{6\,\mathsf{E}J}\,. \quad \ldots \quad (24)$$

Aufgabe 3. Ist auch das rechte Ende des Balkens in Fig. 5 ausgekragt und so belastet, daß das Moment bei B ebenfalls $= M$ ist, so ist die Momentenfläche ein Rechteck von der Höhe M (Fig. 6). Gesucht sind die Biegungswinkel und die Durchbiegung in der Mitte.

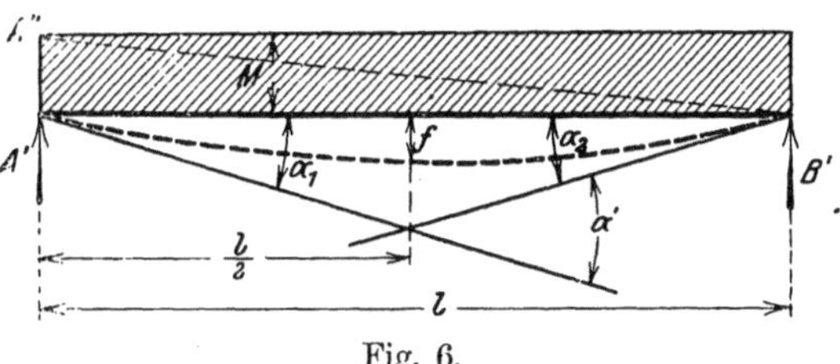

Fig. 6.

Durch die Linie $A''B'$ teilt man das Rechteck in zwei Dreiecke und findet dann mit Hilfe der Aufgabe 2:

$$\operatorname{tang}\alpha_1 = \operatorname{tang}\alpha_2 = \frac{M\,l}{3\,\mathsf{E}J} + \frac{M\,l}{6\,\mathsf{E}J} = \frac{M\,l}{2\,\mathsf{E}J}\,, \quad \ldots \quad (25)$$

$$\operatorname{tang}\alpha' = 2\operatorname{tang}\alpha_1 = \frac{M\,l}{\mathsf{E}J}\,, \quad \ldots \quad (26)$$

$$\operatorname{tang}\alpha'' = \operatorname{tang}\alpha_1 - \operatorname{tang}\alpha_2 = 0\,, \quad \ldots \quad (27)$$

$$f = \frac{2\,M\,l^2}{16\,\mathsf{E}J} = \frac{M\,l^2}{8\,\mathsf{E}J}\,. \quad \ldots \quad (28)$$

Aufgabe 4. Ein einseitig eingespannter Balken ist mit einer Einzellast K belastet. Gesucht sind die Durchbiegungen und die Biegungswinkel.

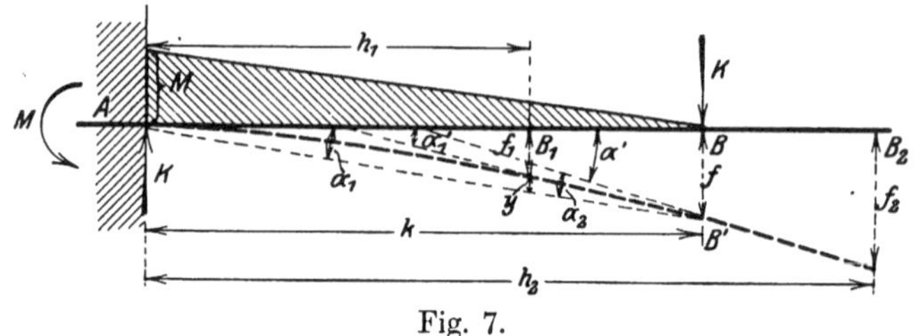

Fig. 7.

Die Momentenfläche ist ein Dreieck von der Höhe

$$M = K \cdot k\,.$$

Nach Gl. (23) ist demnach der Biegungswinkel bei B

$$\operatorname{tang}\alpha' = \frac{M\,k}{2\,\mathrm{E}J} = \frac{K\,k^3}{2\,\mathrm{E}J}\,, \quad \ldots\ldots\ldots \quad (29)$$

und die Durchbiegung f ergibt sich aus Gl. (21) zu

$$f = k \operatorname{tang}\alpha_1 = \frac{M\,k^2}{3\,\mathrm{E}J} = \frac{K\,k^2}{3\,\mathrm{E}J}\,. \quad \ldots\ldots \quad (30)$$

Nach Gl. (20) bildet die Tangente in B_1 mit der Verbindungslinie $A\,B'$ einen Winkel

$$\operatorname{tang}\alpha = \frac{M}{6\,k\,\mathrm{E}J}\left(k^2 - 3(k-h)^2\right),$$

demnach ist der Biegungswinkel α_1' bei B_1

$$\operatorname{tang}\alpha_1' = \operatorname{tang}\alpha + \operatorname{tang}\alpha_1 = \frac{M}{6\,k\,\mathrm{E}J}\left(k^2 - 3(k-h_1)^2\right) + \frac{M\,k}{3\,\mathrm{E}J}\,,$$

woraus

$$\operatorname{tang}\alpha_1' = \frac{M\,h_1}{2\,k\,\mathrm{E}J}(2\,k - h_1) = \frac{K\,h_1}{2\,\mathrm{E}J}(2\,k - h_1)\,. \quad \ldots \quad (31)$$

Die Durchbiegung bei B_1 ist

$$f_1 = h_1 \operatorname{tang}\alpha_1 - y = \frac{M\,k\,h_1}{3\,\mathrm{E}J} - y\,,$$

und nach Gl. (19) findet man

$$y = \frac{M}{6\,k\,\mathrm{E}J}\left(k^2(k-h_1) - (k-h_1)^3\right) = \frac{M}{6\,k\,\mathrm{E}J}\left(2\,k^2 h_1 - 3\,k\,h_1^2 + h_1^3\right),$$

woraus

$$f_1 = \frac{M\,h_1^2}{6\,k\,\mathrm{E}J}(3\,k - h_1) = \frac{K\,h_1^2}{6\,\mathrm{E}J}(3\,k - h_1)\,. \quad \ldots\ldots \quad (32)$$

Der Balkenteil BB_2 ist unbelastet, bleibt also gerade, und der Biegungswinkel ist folglich konstant $= \alpha'$.

Die Durchbiegung f_2 ist dann:

$$f_2 = f + (h_2 - k) \operatorname{tang} \alpha' ,$$

$$= \frac{M k^2}{3 \mathsf{E} J} + (h_2 - k) \frac{M k}{2 \mathsf{E} J} ,$$

$$f_2 = \frac{M k}{6 \mathsf{E} J} (3 h_2 - k) = \frac{K k^2}{6 \mathsf{E} J} (3 h_2 - k) \quad \ldots \ldots \quad (33)$$

Aufgabe 5. Ein einseitig eingespannter Balken ist durch ein konstantes Moment $M = P a$ beansprucht. Gesucht ist die Durchbiegung f und der Biegungswinkel α'.

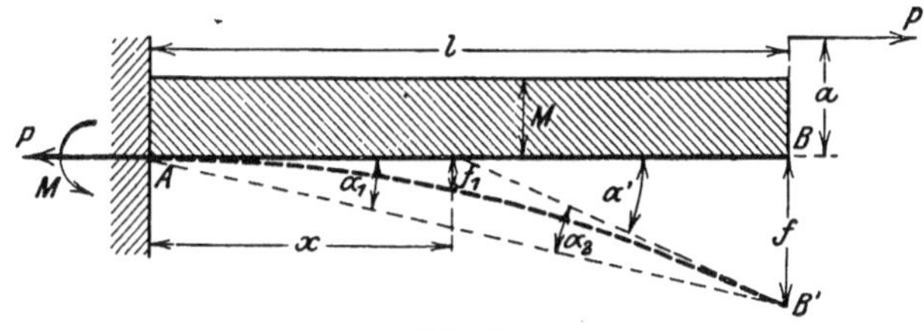

Fig. 8.

Zieht man die Verbindungslinie $A B'$, so ist die Aufgabe zu Aufgabe 3 zurückgeführt. Es ist dann nach Gl. (25)

$$\operatorname{tang} \alpha_1 = \frac{M l}{2 \mathsf{E} J} = \operatorname{tang} \alpha_2$$

und somit:

$$f = l \cdot \operatorname{tang} \alpha_1 = \frac{M l^2}{2 \mathsf{E} J} , \quad \ldots \ldots \ldots \quad (34)$$

$$\operatorname{tang} \alpha' = \operatorname{tang} \alpha_1 + \operatorname{tang} \alpha_2 = \frac{M l}{\mathsf{E} J} , \quad \ldots \ldots \quad (35)$$

$$f_1 = \frac{M x^2}{2 \mathsf{E} J} \quad \ldots \ldots \ldots \ldots \quad (36)$$

Aufgabe 6. Der bei A und B frei aufliegende Balken in Fig. 9 ist mit p pro Längeneinheit gleichmäßig belastet. Gesucht sind die Biegungswinkel und die Durchbiegung in der Mitte.

Die Momentenfläche ist eine Parabelfläche von der Höhe

$$M = \frac{p l^2}{8} .$$

Das Moment an der Stelle x bestimmt sich aus der Parabelgleichung zu

$$M_x = \frac{4\,M\,x(l-x)}{l^2}\,.$$

Die Auflagerdrücke der als Belastung aufgefaßten Parabelfläche sind gleich dem halben Inhalte der Fläche, somit

$$A' = B' = \frac{M\,l}{3}\,.$$

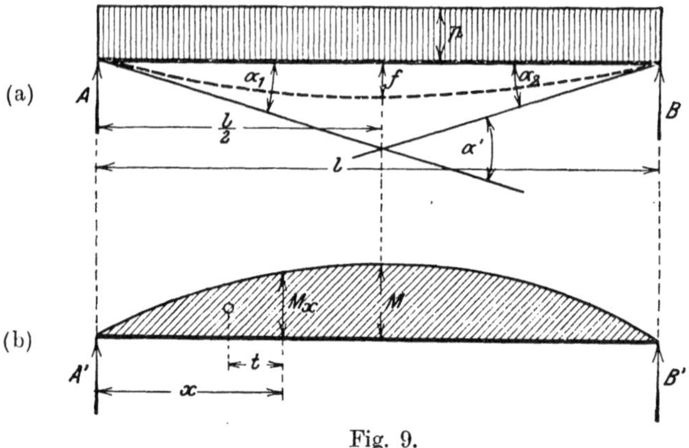

Fig. 9.

Der Inhalt der Parabelfläche von der Länge x beträgt

$$F_x = \frac{2\,M}{3\,l^2}(3\,l\,x^2 - 2\,x^3)$$

und der Schwerpunktsabstand t dieser Fläche

$$t = \frac{x(2\,l - x)}{2(3\,l - 2\,x)}\,.$$

Hiernach ist das zweite Moment an der Stelle x

$$\begin{aligned} M_x &= A'x - F_x\,t = \frac{M\,l}{3}\,x - \frac{2\,M(3\,l-2\,x)\,x^2(2\,l-x)\,x}{3\,l^2\,2(3\,l-2\,x)} \\ &= M\left(\frac{x\,l}{3} - \frac{x^3(2\,l-x)}{3\,l^2}\right), \end{aligned}$$

und die Gleichung der Biegungslinie lautet

$$y = \frac{\mathfrak{M}_x}{EJ} = \frac{M}{EJ}\left(\frac{x\,l}{3} - \frac{x^3(2\,l-x)}{3\,l^2}\right) \quad . \quad . \quad . \quad . \quad . \quad (37)$$

Für $x = \frac{l}{2}$ ist dann

$$y = f = \frac{5\,M\,l^2}{48\,\mathsf{E}\,J} = \frac{5\,p\,l^4}{384\,\mathsf{E}\,J} \,. \quad \ldots \ldots \quad (38)$$

Durch Differentiation der Gl. (37) erhält man

$$\operatorname{tang}\alpha = \frac{dy}{dx} = \frac{M}{\mathsf{E}\,J}\left(\frac{l}{3} - \frac{1}{3\,l^2}\,(6\,l\,x^2 - 4\,x^3)\right), \quad \ldots \quad (39)$$

woraus für $x = 0$

$$\operatorname{tang}\alpha_1 = \operatorname{tang}\alpha_2 = \frac{M\,l}{3\,\mathsf{E}\,J} = \frac{p\,l^3}{24\,\mathsf{E}\,J}\,; \quad \ldots \quad (40)$$

ferner ist:

$$\operatorname{tang}\alpha' = 2 \cdot \operatorname{tang}\alpha_1 = \frac{2\,M\,l}{3\,\mathsf{E}\,J} = \frac{p\,l^3}{12\,\mathsf{E}\,J}\,, \quad \ldots \quad (41)$$

$$\operatorname{tang}\alpha'' = 0 = \operatorname{tang}\alpha_1 - \operatorname{tang}\alpha_2\,.$$

Die Lösung kann auch mit Hilfe der Gleichung der elastischen Linie abgeleitet werden. Nach Gl. (3) ist:

$$\operatorname{tang}\alpha = \frac{dy}{dx} = \frac{1}{\mathsf{E}\,J}\left(\int\frac{4\,M\,x(l-x)}{l^2}\,dx + C_1\right)$$

$$= \frac{4\,M}{l^2\,\mathsf{E}\,J}\left(\int x(l-x)\,dx + C_1\right) = \frac{4\,M}{l^2\,\mathsf{E}\,J}\left(\frac{l\,x^2}{2} - \frac{x^3}{3} + C_1\right),$$

da $\frac{dy}{dx} = 0$ ist für $x = \frac{l}{2}$, so wird

$$C_1 = -\frac{l^3}{12}$$

und somit

$$\operatorname{tang}\alpha = \frac{4\,M}{l^2\,\mathsf{E}\,J}\left(\frac{l\,x^2}{2} - \frac{x^3}{3} - \frac{l^3}{12}\right);$$

für $x = 0$ ist dann

$$\operatorname{tang}\alpha_1 = -\frac{M\,l}{3\,\mathsf{E}\,J}\,,$$

wie vorher bereits entwickelt.

Aufgabe 7. Der einseitig eingespannte Balken in Fig. 10 ist mit p pro Längeneinheit gleichmäßig belastet. Gesucht sind die Biegungswinkel und die Durchbiegung am freien Ende.

Die Momentenfläche ist die in Fig. 10b schraffierte Fläche, welche von einer Parabelkurve begrenzt wird. Es ist dann

$$M_A = \frac{p\,l^2}{2} \qquad \text{und} \qquad M_m = \frac{p\,l^2}{8}\,.$$

Zieht man die Verbindungslinie $A''B'$, so ist die Aufgabe zu den Aufgaben 2 und 6 zurückgeführt, denn die Momentenfläche kann auch als Differenz des Dreiecks $A'A''B'$ und einer Parabelfläche von der Höhe M_m' aufgefaßt werden. Es ist

$$M_m' = \frac{M_A}{2} - M_m = \frac{p\,l^2}{4} - \frac{p\,l^2}{8} = \frac{p\,l^2}{8}.$$

Nach Gl. (21) und (40) ergibt sich dann

$$\operatorname{tang}\alpha_1 = \frac{M_A\,l}{3\,EJ} - \frac{M_m'\,l}{3\,EJ} = \frac{p\,l^3}{6\,EJ} - \frac{p\,l^3}{24\,EJ} = \frac{p\,l^3}{8\,EJ} \quad . \quad . \quad (42)$$

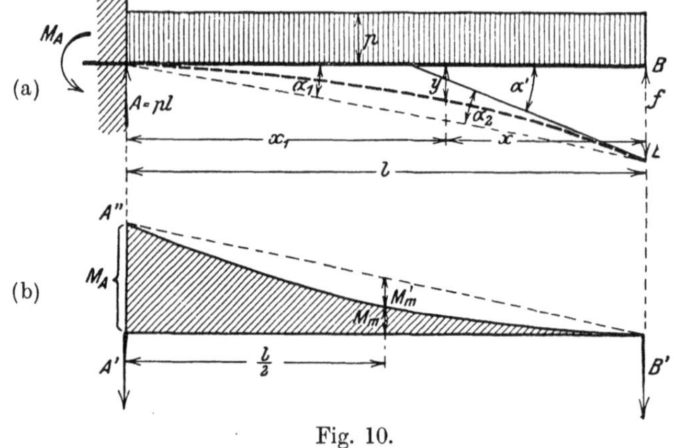

Fig. 10.

und nach Gl. (22) und (40)

$$\operatorname{tang}\alpha_2 = \frac{M_A\,l}{6\,EJ} - \frac{M_m'\,l}{3\,EJ} = \frac{p\,l^3}{12\,EJ} - \frac{p\,l^3}{24\,EJ} = \frac{p\,l^3}{24\,EJ}, \quad . \quad . \quad (43)$$

somit ergibt sich

$$\operatorname{tang}\alpha' = \operatorname{tang}\alpha_1 + \operatorname{tang}\alpha_2 = \frac{p\,l^3}{6\,EJ} \quad . \quad . \quad . \quad . \quad . \quad (44)$$

Die Durchbiegung ist

$$f = l\operatorname{tang}\alpha_1 = \frac{p\,l^4}{8\,EJ} \quad . \quad . \quad . \quad . \quad . \quad . \quad . \quad . \quad (45)$$

Aus den Gl. (18) und (37) erhält man ferner

$$y = f\frac{(l-x)}{l} - \frac{M_A}{6\,l\,EJ}(l^2 x - x^3) + \frac{M_m'}{EJ}\left(\frac{x\,l}{3} - \frac{x^3(2\,l - x)}{3\,l^2}\right)$$

$$= \frac{p\,l^4}{24\,EJ}\left(3 - 4\frac{x}{l} + \frac{x^4}{l^4}\right), \quad . \quad . \quad . \quad . \quad . \quad . \quad . \quad . \quad . \quad . \quad . \quad (46)$$

oder für

$$x = (l - x_1), \qquad y = \frac{p\,x_1^2}{24\,\mathsf{E}J}\left(6\,l^2 - x_1(4\,l - x_1)\right).$$

Aufgabe 8. Der in Fig. 11 dargestellte offene Rahmen hat bei A und B starre Eckverbindungen. Es sollen die durch die Kräfte H hervorgerufenen Biegungswinkel und Durchbiegungen untersucht werden.

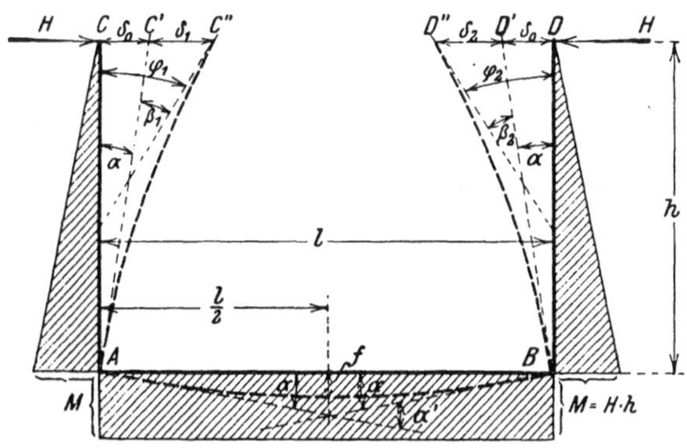

Fig. 11.

Es sei das Trägheitsmoment des Stabes $AB = J$, das des Stabes $CA = J_v'$ und das des Stabes $DB = J_v''$.

Die Momentenfläche des Stabes AB ist ein Rechteck und die der Stäbe CA und DB sind Dreiecke von der Höhe

$$M = H \cdot h\,.$$

Durch die Biegung des Stabes AB verschieben sich die Punkte C und D zunächst um eine Strecke

$$\delta_0 = h \operatorname{tang} \alpha\,.$$

Im allgemeinen ist die gesamte gegenseitige Verschiebung der Punkte C und D durch irgendeine Biegung des Stabes AB

$$\Sigma\,\delta_0 = h \cdot \operatorname{tang} \alpha', \quad \ldots \ldots \ldots \quad (47)$$

wo α' dem in den früheren Aufgaben mt α' bezeichneten Winkel entspricht.

Nach Gl. (26) ist nun

$$\operatorname{tang} \alpha' = \frac{M\,l}{\mathsf{E}J} = \frac{H\,h\,l}{\mathsf{E}J}$$

und somit

$$\Sigma\,\delta_0 = 2\,\delta_0 = \frac{H\,h^2\,l}{\mathsf{E}J} \quad \ldots \ldots \ldots \quad (48)$$

Durch die Biegung der Vertikalen werden die Punkte C und D um δ_1 resp. δ_2 weiter verschoben. Betrachtet man die Stäbe als bei A und B eingespannt, so erhält man aus Aufgabe 4 nach Gl. (30)

$$\delta_1 = \frac{H h^3}{3 \mathsf{E} J_v'} \quad \text{und} \quad \delta_2 = \frac{H h^3}{3 \mathsf{E} J_v''} \quad \ldots \ldots \quad (49)$$

und nach Gl. (29)

$$\operatorname{tang}\beta_1 = \frac{H h^2}{2 \mathsf{E} J_v'} \quad \text{und} \quad \operatorname{tang}\beta_2 = \frac{H h^2}{2 \mathsf{E} J_v''} \quad \ldots \quad (50)$$

Die gesamte gegenseitige Verschiebung der Punkte C und D durch die Kräfte H beträgt hiernach:

$$\Sigma \delta = 2 \delta_0 + \delta_1 + \delta_2 = \frac{H h^2 l}{\mathsf{E} J} + \frac{H h^3}{3 \mathsf{E} J_v'} + \frac{H h^3}{3 \mathsf{E} J_v''},$$

$$\Sigma \delta = \frac{H h^2}{\mathsf{E}} \left(\frac{l}{J} + \frac{h}{3 J_v'} + \frac{h}{3 J_v''} \right) \quad \ldots \ldots \ldots \quad (51)$$

Haben die Vertikalstäbe gleiches Trägheitsmoment J_v, so ist

$$\Sigma \delta = \frac{H h^2}{\mathsf{E}} \left(\frac{l}{J} + \frac{2 h}{3 J_v} \right) = \frac{H h^2}{\mathsf{E} J} \left(l + \frac{2 h}{3} \frac{J}{J_v} \right) = \frac{H h^2 N}{\mathsf{E} J}, \quad \ldots \quad (52)$$

wo

$$N = l + \frac{2 h}{3} \frac{J}{J_v} \quad \ldots \ldots \ldots \quad (53)$$

eine konstante, von der Belastung unabhängige Größe ist.

Die Summe der Biegungswinkel in den Punkten C und D beträgt

$$\Sigma \varphi = \varphi_1 + \varphi_2 = \alpha' + \beta_1 + \beta_2,$$

woraus

$$\Sigma \operatorname{tang} \varphi = \frac{H h l}{\mathsf{E} J} + \frac{H h^2}{2 \mathsf{E} J_v'} + \frac{H h^2}{2 \mathsf{E} J_v''} = \frac{H h}{\mathsf{E}} \left(\frac{l}{J} + \frac{h}{2 J_v'} + \frac{h}{2 J_v''} \right). \quad (54)$$

Bei gleichem Trägheitsmomente der Vertikalstäbe ist

$$\Sigma \operatorname{tang} \varphi = \frac{H h}{\mathsf{E} J} \left(l + h \frac{J}{J_v} \right) = \frac{H h G}{\mathsf{E} J}, \quad \ldots \quad (55)$$

wo

$$G = l + h \frac{J}{J_v} \quad \ldots \ldots \ldots \quad (56)$$

eine konstante Größe ist.

Die Durchbiegung f ist nach Gl. (28)

$$f = \frac{M l^2}{8 \mathsf{E} J} = \frac{H h l^2}{8 \mathsf{E} J} \quad \ldots \ldots \ldots \quad (57)$$

Im Stabe AB entsteht eine Spannkraft $= H$ (Druck).

Aufgabe 9. Derselbe Rahmen soll durch ein konstantes Moment M_c beansprucht werden, wie in Fig. 12 dargestellt. Zu bestimmen sind die Biegungswinkel und Durchbiegungen.

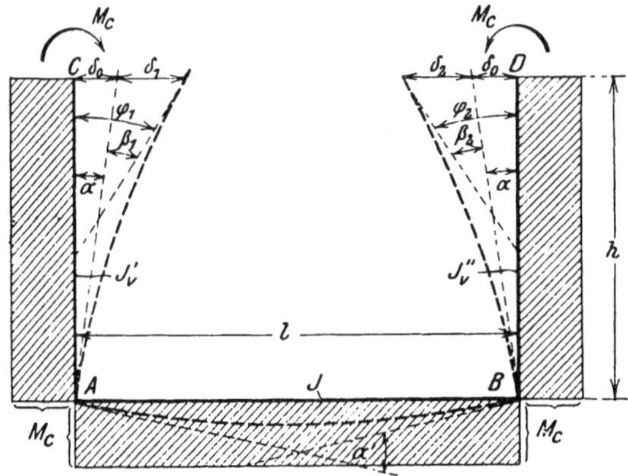

Fig. 12.

Die Momentenflächen sind Rechtecke von der Höhe M_c. Wie in der vorigen Aufgabe ist dann

$$\Sigma \delta_0 = h \operatorname{tang} \varphi' = \frac{h M_c l}{\mathsf{E} J} \quad \text{und} \quad \operatorname{tang} \alpha' = \frac{M_c l}{\mathsf{E} J}.$$

Man betrachtet wieder die Vertikalstäbe als bei A und B eingespannt und erhält aus der Aufgabe 5 nach Gl. (34)

$$\delta_1 = \frac{M_c h^2}{2 \mathsf{E} J_v'} \quad \text{und} \quad \delta_2 = \frac{M_c h^2}{2 \mathsf{E} J_v''}$$

und nach Gl. (35)

$$\operatorname{tang} \beta_1 = \frac{M_c h}{\mathsf{E} J_v'} \quad \text{und} \quad \operatorname{tang} \beta_2 = \frac{M_c h}{\mathsf{E} J_v''},$$

somit ist

$$\Sigma \delta = \frac{h M_c l}{\mathsf{E} J} + \frac{M_c h^2}{2 \mathsf{E} J_v'} + \frac{M_c h^2}{2 \mathsf{E} J_v''} = \frac{M_c h}{\mathsf{E}} \left(\frac{l}{J} + \frac{h}{2 J_v'} + \frac{h}{2 J_v''} \right) \tag{58}$$

und

$$\Sigma \operatorname{tang} \varphi = \frac{M_c l}{\mathsf{E} J} + \frac{M_c h}{\mathsf{E} J_v'} + \frac{M_c h}{\mathsf{E} J_v''} = \frac{M_c}{\mathsf{E}} \left(\frac{l}{J} + \frac{h}{J_v'} + \frac{h}{J_v''} \right); \tag{59}$$

wenn $J_v' = J_v'' = J_v$ ist, erhält man:

$$\Sigma \delta = \frac{M_c h}{\mathsf{E} J} \left(l + h \frac{J}{J_v} \right) = \frac{M_c h G}{\mathsf{E} J}, \quad \ldots \ldots \tag{60}$$

$$\Sigma \operatorname{tang} \varphi = \frac{M_c}{\mathsf{E} J} \left(l + 2 h \frac{J}{J_v} \right) = \frac{M_c L}{\mathsf{E} J}, \quad \ldots \ldots \tag{61}$$

wo

$$L = l + 2h\frac{J}{J_v} \quad \ldots\ldots\ldots\ldots \quad (62)$$

eine konstante Größe ist.

III. Berechnung der Steifrahmen.

§ 4. Allgemeines.

Mit Hilfe der vorangehenden Ermittlungen lassen sich die statisch nicht bestimmbaren Größen der am meisten vorkommenden Systeme der Brückenendrahmen leicht berechnen.

Durch Beseitigung oder Durchschneiden einzelner Stäbe wird das System zunächst statisch bestimmt gemacht und sodann die Wirkung der äußeren Kräfte oder Belastung auf dasselbe untersucht.

Hierauf wird der Einfluß der Momente und Kräfte, welche zur Herbeiführung der wirklichen Gestalt des Systems erforderlich sind, gesondert untersucht.

Wie im folgenden gezeigt werden soll, bestehen alle diese Größen aus je zwei voneinander unabhängigen Faktoren, von denen einer von der Art der äußeren Belastung abhängig ist, wogegen der andere einen nur von der Gestalt und den Querschnittsabmessungen des betreffenden Systems abhängigen konstanten Wert hat.

Es sollen (für verschiedene Sonderfälle) zuerst diese konstanten Größen bestimmt werden und dann die Verwendung derselben zur Lösung der gegebenen Aufgaben durch Zahlenbeispiele erläutert werden.

Es bedeuten im folgenden:

J und F das konstante Trägheitsmoment und den konstanten Querschnitt des Querträgers,

J_r und F_r die entsprechenden Werte für den anderen horizontalen Stab oder Riegel,

J_v und F_v die entsprechenden Werte für die Vertikalstäbe, E den für alle Stäbe konstanten Elastizitätsmodul, welcher für Flußeisen zu 2 000 000 angenommen werden soll,

ε das Verlängerungsverhältnis oder die durch eine Temperaturänderung von 1° C hervorgerufene Längenänderung der Einheit, welches für Flußeisen $= 0{,}0000118$ ist.

§ 5. Dreifach statisch unbestimmter geschlossener Rahmen mit starren Eckverbindungen.

Denkt man sich den Stab $C\,D$ des in Fig. 13 gezeigten Stabsystems mit starren Eckverbindungen in der Mitte durchgeschnitten und sodann das offene System durch irgendwelche Kräfte, z. B. P und K, belastet, so biegt sich dasselbe wie punktiert angedeutet. Die Endpunkte m_1 und m_2 verschieben sich gegenseitig um eine vertikale Strecke y und eine horizontale Strecke x, ferner bilden die beiden Stabhälften C_{m_1} und D_{m_2} einen Winkel φ miteinander. Zur Herbeiführung der ursprünglichen Gestalt des Systems müssen nun in den Stabenden m_1 und m_2 besondere Kräfte angebracht werden.

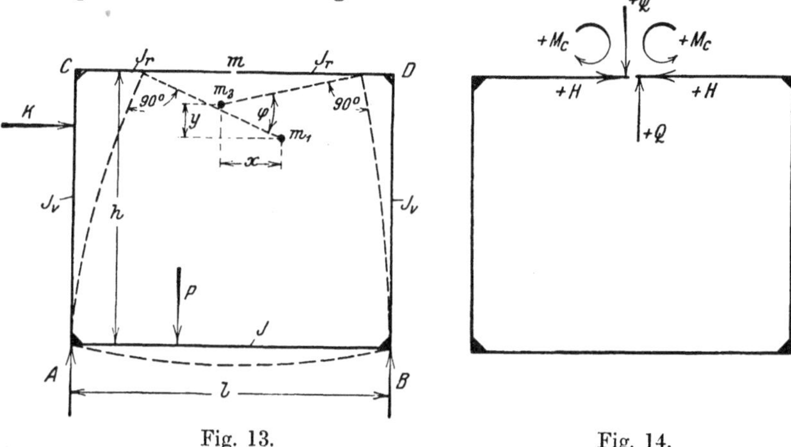

Fig. 13. Fig. 14.

Um die horizontale Verschiebung x aufzuheben, müssen in m zwei entgegengesetzt wirkende, gleich große Kräfte H, um die vertikale Verschiebung y aufzuheben, zwei entgegengesetzt wirkende, gleich große Kräfte Q, und um die Drehung φ der Stabenden aufzuheben, zwei entgegengesetzt wirkende, gleich große konstante Momente M_c angebracht werden, wie in Fig. 14 gezeigt.

Die gezeichneten Richtungen der drei Größen sollen als positiv angenommen werden.

Die Wirkung der drei Größen auf das offene System soll nun getrennt untersucht werden.

Aufgabe 10. Wirkung der Kräfte H.

Da die Stäbe C_{m_1} und D_{m_2} durch die Kräfte H nicht beansprucht werden, so ist die Aufgabe bereits in Aufgabe 8 gelöst. In Fig. 15 ist demnach nach Gl. (52)

$$x_H = \frac{H\,h^2 N}{\mathsf{E}\,J}\,, \qquad (63)$$

nach Gl. (55)

$$\operatorname{tang}\varphi_H = \frac{H\,h\,G}{E\,J} \quad \ldots \ldots \ldots \quad (64)$$

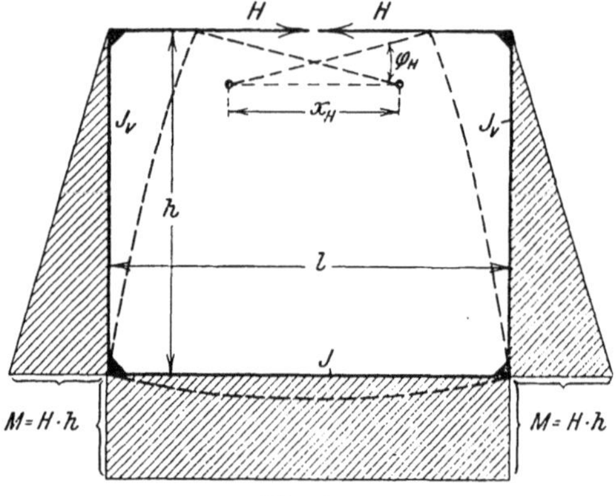

Fig. 15.

Die vertikale Verschiebung y_H ist natürlich $= 0$, da die Belastung symmetrisch ist.

Aufgabe 11. Wirkung der Kräfte Q.

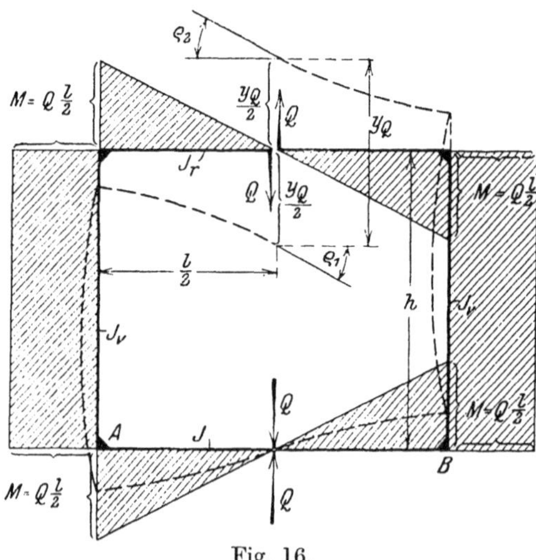

Fig. 16.

Denkt man sich in der Mitte des Stabes $A\,B$ ebenfalls zwei gleich große Kräfte Q angebracht, so läßt sich die Lösung ebenfalls aus Aufgabe 8 ableiten.

Es ist nämlich sinngemäß nach Gl. (51)

$$\frac{y_Q}{2} = \frac{Q\left(\frac{l}{2}\right)^2}{\mathsf{E}}\left(\frac{h}{J_v} + \frac{\frac{l}{2}}{3J_r} + \frac{\frac{l}{2}}{3J}\right)$$

und somit

$$y_Q = \frac{2Ql^2}{4\mathsf{E}}\left(\frac{h}{J_v} + \frac{l}{6J_r} + \frac{l}{6J}\right) = \frac{Ql^2O}{12\mathsf{E}J}, \quad . \; . \; . \quad (65)$$

wo

$$O = 6h\frac{J}{J_v} + l\frac{J}{J_r} + l \quad . \; . \; . \; . \; . \; . \; . \; . \quad (66)$$

eine konstante Größe ist.

Da die Winkel ϱ_1 und ϱ_2 gleich groß sind, so ist natürlich die Drehung $\varphi_Q = 0$; ebenfalls ist die horizontale Verschiebung $x_Q = 0$.

Aufgabe 12. Wirkung der Momente M_c.

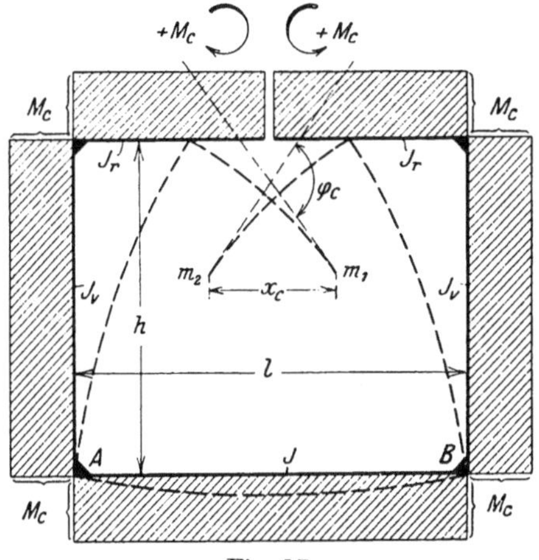

Fig. 17.

Denkt man sich das System in der Mitte des Stabes AB in zwei Hälften getrennt, so läßt die Lösung sich aus Aufgabe 9 ableiten. Es ist nämlich sinngemäß nach Gl. (59)

$$\frac{\operatorname{tang}\varphi_c}{2} = \frac{M_c}{\mathsf{E}}\left(\frac{h}{J_v} + \frac{\frac{l}{2}}{J_r} + \frac{\frac{l}{2}}{J}\right),$$

somit

$$\operatorname{tang}\varphi_c = \frac{2M_c}{\mathsf{E}}\left(\frac{h}{J_v} + \frac{l}{2J_r} + \frac{l}{2J}\right) = \frac{M_cR}{\mathsf{E}J}, \quad . \; . \; . \quad (67)$$

wo

$$R = l + 2h\frac{J}{J_v} + l\frac{J}{J_r} \quad . \; . \; . \; . \; . \; . \; . \; . \quad (68)$$

eine konstante Größe ist.

Da die Biegung der Stäbe C_{m_1} und D_{m_2} auf die horizontale Verschiebung x_c keinen Einfluß hat, so ist ferner nach Gl. (60)

$$x_c = \frac{M_c h G}{E J}, \qquad (69)$$

die vertikale Verschiebung y_c ist $= 0$.

Nach Ermittlung der drei Werte x_0, y_0 und φ_0 für irgendeine äußere Belastung des offenen Systems lassen sich nun die drei Unbekannten H, Q und M_c aus den folgenden drei Gleichungen bestimmen. Es muß nämlich sein:

Die Summe der horizontalen Verschiebungen

$$\Sigma x = x_H + x_Q + x_c + x_0 = 0 \quad \text{oder} \quad x_H + x_c + x_0 = 0\,. \qquad (70)$$

Die Summe der vertikalen Verschiebungen

$$\Sigma y = y_H + y_Q + y_c + y_0 = 0 \quad \text{oder} \quad y_Q + y_0 = 0\,. \qquad (71)$$

Die Summe der Winkeldrehungen

$$\Sigma \varphi = \varphi_H + \varphi_Q + \varphi_c + \varphi_0 = 0 \quad \text{oder} \quad \varphi_H + \varphi_c + \varphi_0 = 0\,. \qquad (72)$$

Aufgabe 13. Der Querträger AB ist durch Einzellasten belastet.

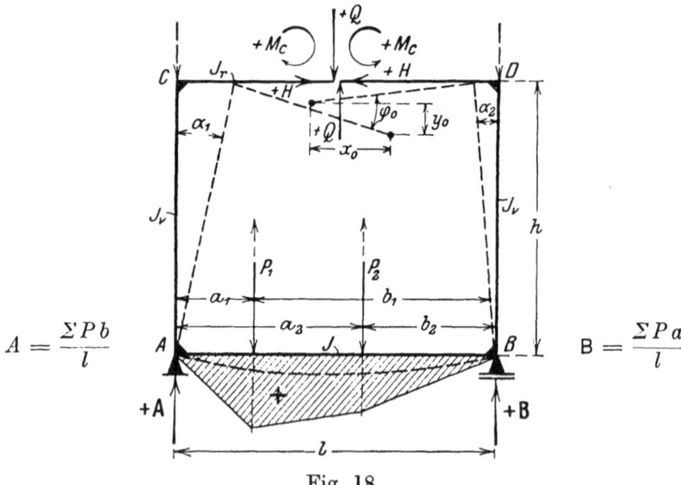

Fig. 18.

Für jede Belastung des Querträgers ist:

$$x_0 = h \operatorname{tang} \alpha',$$

$$y_0 = \frac{l}{2} \operatorname{tang} \alpha'',$$

$$\varphi_0 = \operatorname{tang} \alpha',$$

wo α' die Summe und α'' die Differenz der Biegungswinkel α_1 und α_2 des Querträgers bedeuten.

Aus den Gl. (63), (69) und (70) erhält man:

$$\frac{H h^2 N}{\mathsf{E} J} + \frac{M_c h G}{\mathsf{E} J} + h \operatorname{tang} \alpha' = 0\,,$$

$$H = -\frac{\mathsf{E} J}{N h^2}\left(\frac{M_c h G}{\mathsf{E} J} + h \operatorname{tang} \alpha'\right) = -\frac{\mathsf{E} J}{N h^2}\left(\frac{M_c h G}{\mathsf{E} J} + x_0\right) \qquad (73)$$

und aus den Gl. (64), (67) und (72):

$$\frac{H h G}{\mathsf{E} J} + \frac{M_c R}{\mathsf{E} J} + \operatorname{tang} \alpha' = 0\,,$$

$$H = -\frac{\mathsf{E} J}{h G}\left(\frac{M_c R}{\mathsf{E} J} + \operatorname{tang} \alpha'\right) = -\frac{\mathsf{E} J}{h G}\left(\frac{M_c R}{\mathsf{E} J} + \varphi_0\right) \;.\;.\; \qquad (74)$$

Aus den letzten beiden Gleichungen erhält man dann:

$$\frac{\mathsf{E} J}{h N}\left(\frac{M_c h G}{\mathsf{E} J} + \operatorname{tang} \alpha'\right) = \frac{\mathsf{E} J}{h G}\left(\frac{M_c R}{\mathsf{E} J} + \operatorname{tang} \alpha'\right),$$

$$M_c\left(\frac{G}{\mathsf{E} J N} - \frac{R}{\mathsf{E} J G}\right) = \operatorname{tang} \alpha'\left(\frac{1}{G} - \frac{1}{N}\right) = \operatorname{tang} \alpha' \frac{N-G}{G N}\,,$$

$$M_c\left(\frac{G^2-R N}{\mathsf{E} J N G}\right) = \operatorname{tang} \alpha' \frac{N-G}{G N}\,,$$

woraus

$$M_c = \mathsf{E} J \operatorname{tang} \alpha' \frac{N-G}{G^2-R N} \;.\;.\;.\;.\;.\;.\;. \qquad (75)$$

Setzt man diesen Wert in Gl. (74) ein, so erhält man:

$$H = -\frac{\mathsf{E} J}{h G}\left(R \operatorname{tang} \alpha' \frac{N-G}{G^2-R N} + \operatorname{tang} \alpha'\right)$$

$$= -\frac{\mathsf{E} J}{h G} \operatorname{tang} \alpha'\left(\frac{R(N-G)}{G^2-R N} + \frac{G^2-R N}{G^2-R N}\right),$$

woraus

$$H = -\frac{\mathsf{E} J \operatorname{tang} \alpha'}{h} \frac{G-R}{G^2-R N} \;.\;.\;.\;.\;.\;.\;. \qquad (76)$$

Aus den Gl. (65) und (71) ergibt sich ferner

$$\frac{Q l^2 O}{12 \mathsf{E} J} + \frac{l}{2} \operatorname{tang} \alpha'' = 0\,,$$

woraus

$$Q = -\frac{6 \mathsf{E} J \operatorname{tang} \alpha''}{O l} \;.\;.\;.\;.\;.\;.\;.\;.\;. \qquad (77)$$

In dem vorliegenden Belastungsfall, wo der Querträger durch Einzellasten belastet ist, hat man nun:

nach Gl. (16)

$$\operatorname{tang}\alpha' = \sum \frac{P\,b\,a}{2\,\mathsf{E}J},$$

nach Gl. (17)

$$\operatorname{tang}\alpha'' = \sum \frac{P\,b\,a\,(b-a)}{6\,\mathsf{E}J\,l};$$

durch Einsetzen dieser Werte in die Gl. (75), (76) und (77) erhält man dann die folgenden Formeln zur Berechnung der Unbekannten H, Q und M_c:

$$H = -\frac{\Sigma P\,b\,a}{2\,h} \cdot \frac{R-G}{RN-G^2}, \quad \ldots \ldots \quad (78)$$

$$M_c = \frac{\Sigma P\,b\,a}{2} \cdot \frac{G-N}{RN-G^2}, \quad \ldots \ldots \quad (79)$$

$$Q = -\frac{\Sigma P\,b\,a\,(b-a)}{O\,l^2}. \quad \ldots \ldots \quad (80)$$

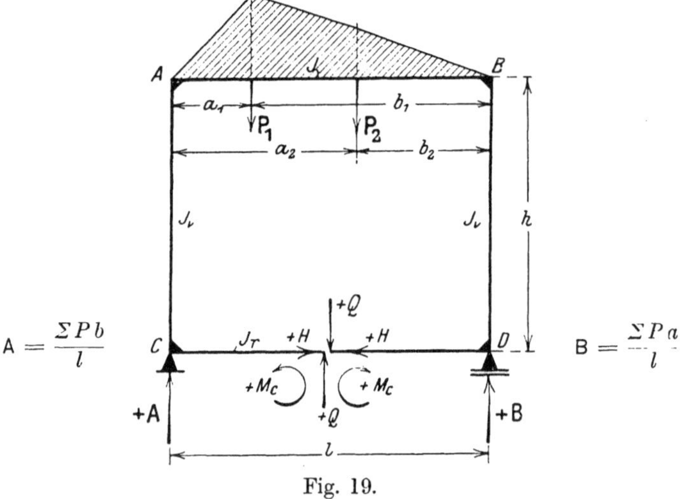

Fig. 19.

Denkt man sich in Fig. 18 die Lasten P nach oben wirkend und die Auflagerung des Rahmens bei C und D, so wird die Momentenfläche negativ und somit auch die Winkel $\operatorname{tang}\alpha'$ und $\operatorname{tang}\alpha''$. Es wechseln dann alle drei Unbekannte die Vorzeichen. Denkt man sich nun ferner das ganze System um eine horizontale Achse um 180° gedreht, so entsteht der in Fig. 19 gezeigte Rahmen mit Querträger oben und unbelastetem Riegel unten.

Die Formeln lauten dann:

$$H = \frac{\Sigma P b a}{2h} \frac{R-G}{RN-G^2}, \quad \ldots \ldots \quad (81)$$

$$M_c = -\frac{\Sigma P b a}{2} \frac{G-N}{RN-G^2}, \quad \ldots \ldots \quad (82)$$

$$Q = \frac{\Sigma P b a (b-a)}{O l^2}. \quad \ldots \ldots \quad (83)$$

In den Ausdrücken

$$\frac{G-R}{G^2-RN} \quad \text{und} \quad \frac{N-G}{G^2-RN}$$

[vgl. Gl. (75) u. (76)] wurden in Zähler und Nenner die Vorzeichen gewechselt, um positive Zahlenwerte zu erhalten.

Die in Fig. 18 und 19 gezeichneten Richtungen der drei Unbekannten sind bei der ganzen Entwicklung als positiv angenommen; ergeben sich also bei der Berechnung negative Werte, so wirken die Unbekannten in entgegengesetzter Richtung.

Aufgabe 14. Der Querträger ist durch eine gleichmäßig verteilte Belastung p pro Längeneinheit belastet.

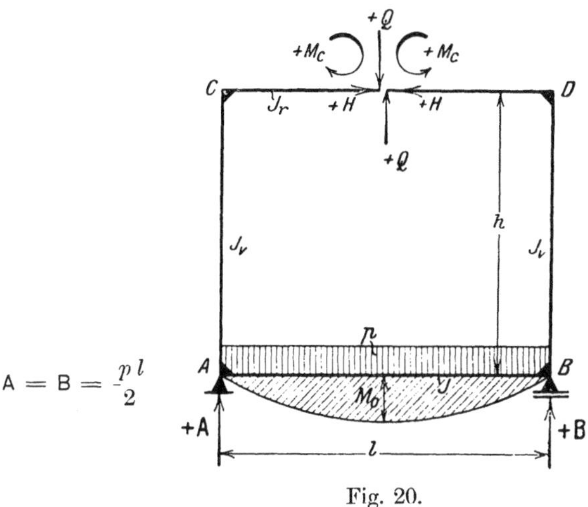

Fig. 20.

Nach Gl. (41) ist

$$\operatorname{tang} \alpha' = \frac{p l^3}{12 \mathrm{E} J} \quad \text{und} \quad \operatorname{tang} \alpha'' = 0,$$

somit erhält man aus den Gl. (65), (66) und (67):

$$M_c = \frac{p\,l^3}{12}\,\frac{G-N}{RN-G^2} = \frac{2\,M_0\,l}{3}\,\frac{G-N}{RN-G^2}\,, \quad \ldots \quad (84)$$

$$H = -\frac{p\,l^3}{12\,h}\,\frac{R-G}{NR-G^2} = -\frac{2\,M_0\,l}{3\,h}\,\frac{R-G}{RN-G^2}\,; \quad \ldots \quad (85)$$

$$Q = 0\,. \quad \ldots \quad (86)$$

wo M_0 das Moment in der Querträgermitte bedeutet.

Denkt man sich wie in der vorigen Aufgabe die Belastung p nach oben wirkend, die Auflagerung bei C und D und das ganze System um eine horizontale Achse um 180° gedreht, so entsteht der in Fig. 21 gezeigte Rahmen mit Querträger oben.

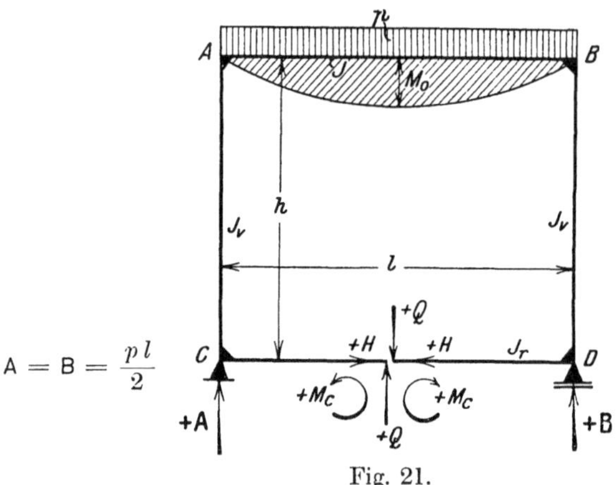

Fig. 21.

Da die Momentenfläche vor der Umdrehung negativ war, so ist $\operatorname{tang}\alpha'$ negativ und M_c und H wechseln Vorzeichen. Es ist demnach:

$$M_c = -\frac{p\,l^3}{12}\,\frac{G-N}{RN-G^2} = -\frac{2\,M_0\,l}{3}\,\frac{G-N}{RN-G^2}\,, \quad \ldots \quad (87)$$

$$H = \frac{p\,l^3}{12\,h}\,\frac{R-G}{RN-G^2} = \frac{2\,M_0\,l}{3\,h}\,\frac{R-G}{RN-G^2}\,, \quad \ldots \quad (88)$$

$$Q = 0\,. \quad \ldots \quad (89)$$

Aufgabe 15. Die konsolartige Verlängerung des Querträgers ist belastet.

Das Moment der äußeren Belastung beträgt

$$M_0 = P\,e + \frac{p\,e^2}{2}\,;$$

da das Moment negativ ist, so wird sowohl $\operatorname{tang}\alpha'$ als auch $\operatorname{tang}\alpha''$ negativ:

nach Gl. (23) ist

$$\operatorname{tang}\alpha' = -\frac{M_0\, l}{2\,\mathrm{E}J},$$

nach Gl. (24)

$$\operatorname{tang}\alpha'' = -\frac{M_0\, l}{6\,\mathrm{E}J}.$$

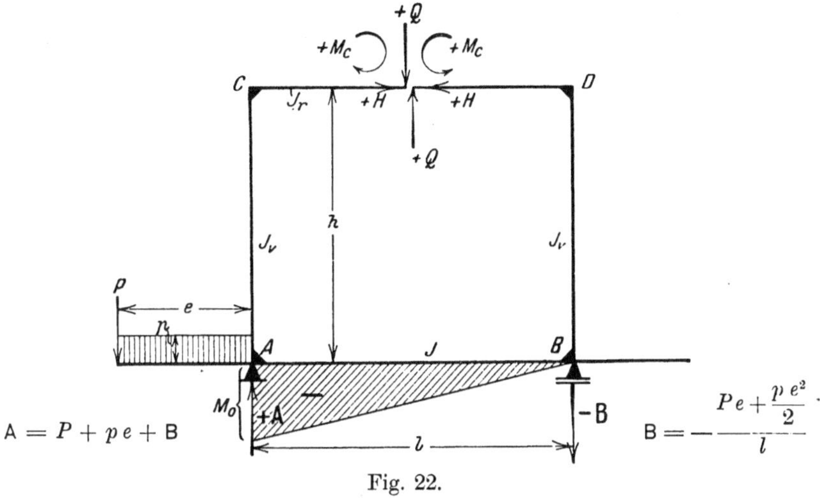

Fig. 22.

Durch Einsetzen dieser Werte in die Gl. (75), (76) und (77) erhält man:

$$M_c = -\frac{M_0\, l}{2}\,\frac{G-N}{RN-G^2}, \quad \ldots \ldots \quad (90)$$

$$H = \frac{M_0\, l}{2\,h}\,\frac{R-G}{NR-G^2}, \quad \ldots \ldots \quad (91)$$

$$Q = \frac{M_0}{O}. \quad \ldots \ldots \quad (92)$$

Ist der rechte Kragarm belastet, so ist das Moment ebenfalls negativ und $\operatorname{tang}\alpha'$ negativ, wogegen $\operatorname{tang}\alpha''$ positiv ist, da der Biegungswinkel α_1 bei A kleiner ist als der Biegungswinkel α_2 bei B. Demnach behalten M_c und H dieselben Vorzeichen, wogegen Q das Vorzeichen wechselt, und es ist

$$Q = -\frac{M_0}{O}. \quad \ldots \ldots \quad (93)$$

Denkt man sich wieder die Belastung P und p nach oben wirkend, die Auflagerung bei C und D und das ganze System um einer horizontalen Achse um 180° gedreht, so entsteht der in Fig. 23 gezeigte Rahmen.

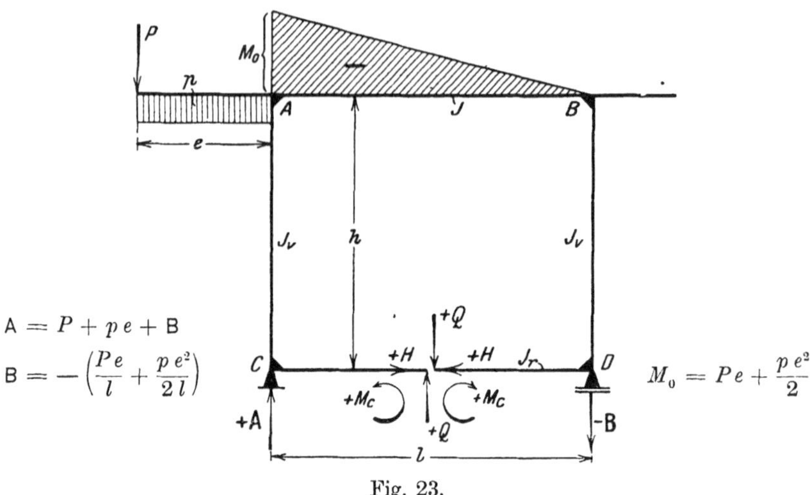

Fig. 23.

Da die Momentenfläche vor der Umdrehung positiv war und somit auch $\operatorname{tang}\alpha'$ und $\operatorname{tang}\alpha''$ positiv, so wechseln die Gl. (90), (91) und (92) die Vorzeichen, und es ist:

$$M_c = \frac{M_0 l}{2} \frac{G-N}{RN-G^2}, \quad (94)$$

$$H = -\frac{M_0 l}{2h} \frac{R-G}{RN-G^2}, \quad (95)$$

$$Q = -\frac{M_0}{O}$$

wie in Gl. (93).

Ist der rechte Kragarm belastet, ebenfalls nach unten, so behalten M_c und H Vorzeichen wie in den Gl. (94) und (95), wogegen Q das Vorzeichen wechselt. Es ist somit

$$Q = \frac{M_0}{O}$$

nach Gl. (92) zu berechnen.

In allen diesen Gleichungen ist natürlich der Wert von M_0 positiv einzusetzen, da die negative Richtung der Belastung in den Formeln bereits berücksichtigt worden ist.

Aufgabe 16. Die Vertikale ist durch eine Einzellast K belastet.

a) Für die in Fig. 24 gezeichnete Richtung von K.

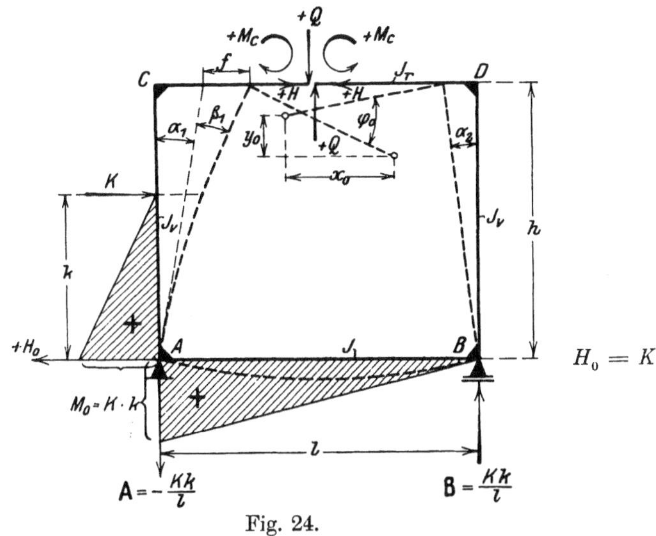

Fig. 24.

Bei A ist ein festes, bei B ein bewegliches Auflager angenommen worden. Bei A entsteht somit eine horizontale Auflagerkraft $H_0 = K$.

Durch die Biegung des Querträgers AB ist nach Aufgabe 13:

$$x_0 = h \operatorname{tang} \alpha' ,$$

$$y_0 = \frac{l}{2} \operatorname{tang} \alpha'' ,$$

$$\varphi_0 = \operatorname{tang} \alpha' .$$

Durch die Biegung der bei A als eingespannt zu betrachtenden Vertikale CA entsteht die horizontale Verschiebung f und der Winkel β_1 und man hat die folgenden Gleichungen:

$$x_0 = h \operatorname{tang} \alpha' + f ,$$

$$y_0 = \frac{l}{2} (\operatorname{tang} \alpha'' + \operatorname{tang} \beta_1) = \frac{l}{2} \operatorname{tang} \varphi_0'' ,$$

$$\operatorname{tang} \varphi_0' = \operatorname{tang} \alpha' + \operatorname{tang} \beta_1 .$$

Nach den Gl. (23) und (24) ist:

$$\operatorname{tang} \alpha' = \frac{M_0 l}{2 \mathrm{E} J} = \frac{K k l}{2 \mathrm{E} J} ,$$

$$\operatorname{tang} \alpha'' = \frac{M_0 l}{6 \mathrm{E} J} = \frac{K k l}{6 \mathrm{E} J} ,$$

und nach den Gl. (29) und (33):

$$\operatorname{tang}\beta_1 = \frac{K\,k^2}{2\,\mathsf{E}J_v}\,,$$

$$f = \frac{K\,k^2}{6\,\mathsf{E}J_v}(3\,h - k)\,.$$

Durch Einsetzen dieser Werte in die obigen Gleichungen erhält man dann:

$$x_0 = \frac{K\,k\,l\,h}{2\,\mathsf{E}J} + \frac{K\,k^2}{6\,\mathsf{E}J_v}(3\,h - k) = \frac{K\,k}{2\,\mathsf{E}J}\left[l\,h + k\left(h - \frac{k}{3}\right)\frac{J}{J_v}\right], \quad (96)$$

$$y_0 = \frac{l}{2}\left(\frac{K\,k\,l}{6\,\mathsf{E}J} + \frac{K\,k^2}{2\,\mathsf{E}J_v}\right) = \frac{K\,k\,l}{4\,\mathsf{E}J}\left(\frac{l}{3} + k\frac{J}{J_v}\right), \quad (97)$$

$$\operatorname{tang}\varphi_0 = \frac{K\,k\,l}{2\,\mathsf{E}J} + \frac{K\,k^2}{2\,\mathsf{E}J_v} = \frac{K\,k}{2\,\mathsf{E}J}\left(l + k\frac{J}{J_v}\right) = \frac{K\,k\,G'}{2\,\mathsf{E}J}, \quad (98)$$

wo

$$G' = l + k\frac{J}{J_v}\,; \quad (99)$$

nach der Gl. (73) ist nun

$$H = -\frac{\mathsf{E}J}{N\,h^2}\left(\frac{M_c\,h\,G}{\mathsf{E}J} + \frac{K\,k\,E}{6\,\mathsf{E}J}\right) \quad (100)$$

und nach Gl. (74)

$$H = -\frac{\mathsf{E}J}{h\,G}\left(\frac{M_c\,R}{\mathsf{E}J} + \frac{K\,k\,G'}{2\,\mathsf{E}J}\right), \quad (101)$$

wo

$$E = 3\,l\,h + k\,(3\,h - k)\frac{J}{J_v}\,. \quad (102)$$

Aus den Gl. (100) und (101) erhält man:

$$\frac{M_c\,R}{h\,G} + \frac{K\,k\,G'}{2\,h\,G} = \frac{M_c\,G}{N\,h} + \frac{K\,k\,E}{6\,N\,h^2}\,,$$

$$M_c\left(\frac{R}{h\,G} - \frac{G}{N\,h}\right) = \frac{K\,k}{2\,h}\left(\frac{E}{3\,N\,h} - \frac{G'}{G}\right),$$

$$M_c\left(\frac{R\,N - G^2}{G\,N}\right) = \frac{K\,k}{6\,N\,h\,G}(E\,G - 3\,h\,N\,G')\,,$$

woraus

$$M_c = \frac{K\,k}{6\,h\,(R\,N - G^2)}(E\,G - 3\,h\,N\,G')\,. \quad (103)$$

Dieser Wert wird nun in Gl. (100) eingesetzt und man hat:

$$H = -\frac{1}{N h^2}\left(\frac{K k h G}{6 h (R N - G^2)}(E G - 3 h N G') + \frac{K k E}{6}\right),$$

$$= -\frac{K k}{6 N h^2 (R N - G^2)}(G^2 E - 3 h N G G' + E R N - E G^2),$$

woraus

$$H = -\frac{K k}{6 h^2 (R N - G^2)}(E R - 3 h G G') \quad . \quad . \quad . \quad (104)$$

Aus den Gl. (65), (97) und (71) erhält man ferner

$$\frac{Q l^2 O}{12 \mathrm{E} J} + \frac{K k l}{4 \mathrm{E} J}\left(\frac{l}{3} + k \frac{J}{J_v}\right) = 0,$$

woraus

$$Q = -\frac{K k}{O l}\left(l + 3 k \frac{J}{J_v}\right) = -\frac{K k T'}{O l}, \quad . \quad . \quad . \quad (105)$$

wo

$$T' = l + 3 k \frac{J}{J_v} \quad . \quad . \quad . \quad . \quad . \quad . \quad . \quad . \quad (106)$$

ist.

Ist $k = h$, d. h. die Kraft K greift in C an, so hat man nach Gl. (53) und (102)

$$E = 3 h l + 2 h^2 \frac{J}{J_v} = 3 h \left(l + \frac{2}{3} h \frac{J}{J_v}\right) = 3 h N,$$

nach Gl. (56) und (99)

$$G' = l + h \frac{J}{J_v} = G.$$

Aus der Gl. (103) ergibt sich dann

$$M_c = \frac{K k}{6 h (R N - G^2)}(3 h N G - 3 h N G) = 0, \quad . \quad . \quad (107)$$

ferner aus Gl. (104)

$$H = -\frac{K h}{6 h^2 (R N - G^2)}(3 h N R - 3 h G^2) = -\frac{K}{2} \quad . \quad . \quad (108)$$

und aus Gl. (105)

$$Q = -\frac{K h}{O l}\left(l + 3 h \frac{J}{J_v}\right) = -\frac{K h T}{O l}, \quad . \quad . \quad . \quad . \quad (109)$$

wo

$$T = l + 3 h \frac{J}{J_v} \quad . \quad . \quad . \quad . \quad . \quad . \quad . \quad . \quad (110)$$

eine konstante Größe ist.

Für die in Fig. 25 gezeichneten Richtungen und Angriffspunkte der Kraft K hat man:

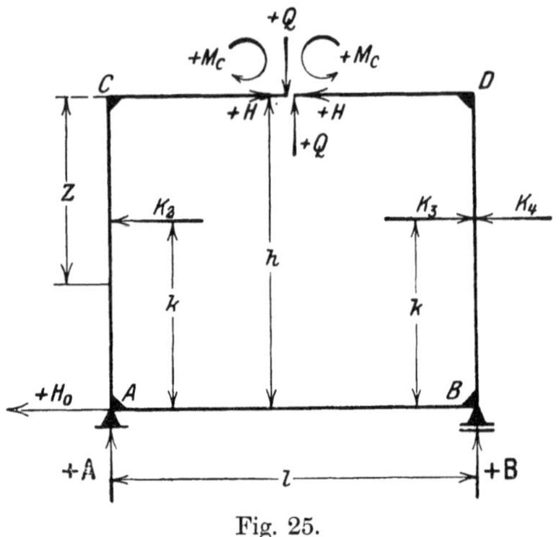

Fig. 25.

b) Für K_2.

Da die Momentenflächen negativ werden, so wechseln sämtliche drei Unbekannten das Vorzeichen und es ist:

$$M_c = -\frac{K\,k}{6\,h\,(RN - G^2)}\,(EG - 3\,h\,NG') \quad . \quad . \quad . \quad (103\,\mathrm{a})$$

aus Gl. (103),

$$H = \frac{K\,k}{6\,h^2\,(RN - G^2)}\,(ER - 3\,h\,GG') \quad . \quad . \quad . \quad (104\,\mathrm{a})$$

aus Gl. (104),

$$Q = \frac{K\,h\,T'}{O\,l} \quad . \quad . \quad . \quad . \quad . \quad . \quad . \quad . \quad . \quad . \quad . \quad . \quad (105\,\mathrm{a})$$

aus Gl. (105),

$$H_0 = -K\,, \qquad \mathsf{A} = \frac{K\,k}{l}\,, \qquad \mathsf{B} = -\frac{K\,k}{l}\,.$$

c) Für K_3.

Die Momentenflächen sind hier ebenfalls negativ und M und H somit nach den Gl. (103a) und (104a) zu berechnen; dagegen wird

$$\operatorname{tang}\varphi_0'' = \operatorname{tang}\alpha'' + \operatorname{tang}\beta$$

positiv, und es ist daher Q nach Gl. (105) zu berechnen.

$$H_0 = K\,, \qquad \mathsf{A} = -\frac{K\,k}{l}\,, \qquad \mathsf{B} = \frac{K\,k}{l}\,.$$

d) Für K_4.

Die Momentenflächen sind positiv, aber $\tang \varphi_0''$ negativ, und daher sind M_c und H nach den Gl. (103) und (104), wogegen Q nach Gl. (105a) zu berechnen ist.

$$H_0 = -K\,, \quad \mathsf{A} = \frac{K\,k}{l}\,, \quad \mathsf{B} = -\frac{K\,k}{l}\,.$$

Greift bei C und D je eine gleich große Kraft K_1 resp. K_3 an, so ergibt sich:

$$H_0 = 2\,K\,, \quad A = -\frac{2\,K\,h}{l}\,, \quad B = \frac{2\,K\,h}{l}\,,$$

$$H = -\frac{K}{2} + \frac{K}{2} = 0\,, \quad M_c = 0\,,$$

$$Q = -\frac{2\,K\,h\,T}{O\,l} \quad \ldots\ldots\ldots\ldots \quad (111)$$

In diesem Falle hat man demnach nur mit einer Unbekannten Q zu rechnen.

Haben die Kräfte umgekehrte Richtungen wie K_2 und K_4, so ist Q positiv.

Die Biegungslinie der Vertikalen hat im Abstande Z von C resp. D einen Wendepunkt, und zwar da, wo das Moment $= 0$ ist. Es ergibt sich demnach:

$$\frac{Q\,l}{2} + K\,Z = 0\,,$$

$$\frac{2\,K\,h\,T\,l}{O\,l\,2} = K\,Z\,,$$

$$Z = \frac{T\,h}{O} \quad \ldots\ldots\ldots \quad (112)$$

Z hat natürlich denselben Wert, wenn nur bei C oder D eine Kraft K angreift.

Die wagerechte Verschiebung der Punkte C und D durch eine bei C oder D angreifende Kraft K berechnet sich folgendermaßen:

durch $\frac{K}{2}$ n. Gl. (30): $f_1 = \frac{K\,h^3}{6\,\mathsf{E}\,J_v}\,,$

„ Q „ „ (34): $f_2 = \frac{Q\,l}{2}\,\frac{h^2}{2\,\mathsf{E}\,J_v} = -\frac{K\,h^3\,T}{4\,O\,\mathsf{E}\,J_v}\,,$

$$f = f_1 + f_2 = \frac{K\,h^3}{12\,\mathsf{E}\,J_v}\left(2 + \frac{3\,T}{O}\right) \quad \ldots\ldots \quad (113)$$

Denkt man sich in Fig. 24 die Auflagerung bei C und D und hierauf das ganze System um einer horizontalen Achse um 180° gedreht, so entsteht der in Fig. 26 gezeigte Rahmen mit Querträger oben.

e) Für die in Fig. 26 gezeichnete Richtung von K.

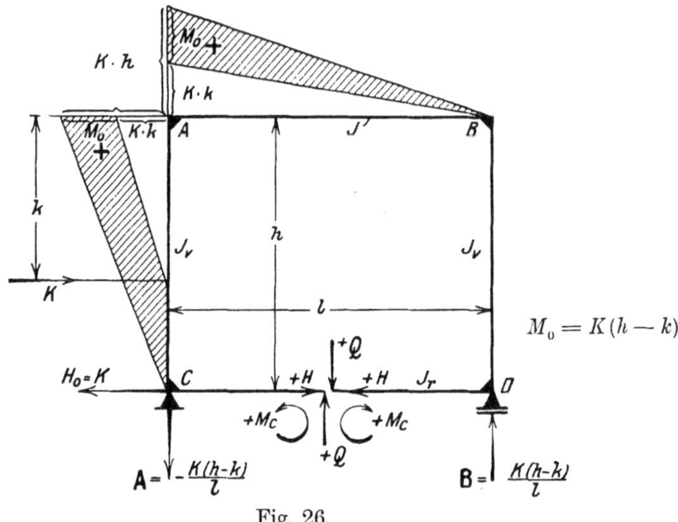

Fig. 26.

In diesem Falle kommt die Wirkung der horizontalen Auflagerkraft $H_0 = K$ auch in Betracht. Nach den Gl. (96), (97) und (98) entstehen durch diese Kraft:

$$H = \frac{K}{2}, \qquad M_c = 0 .$$

$$Q = \frac{K h T}{O l} .$$

Die Werte haben positives Vorzeichen, da die Momentenflächen $K h$ vor der Umdrehung negativ waren. In entgegengesetzter Richtung wirken die durch die Last K entstehenden Unbekannten, welche in den Gl. (103), (104) und (105) ermittelt wurden, somit hat man:

$$H = \frac{K}{2} - \frac{K k}{6 h^2 (RN - G^2)} (ER - 3 h G G') , \quad . \quad . \quad (114)$$

$$M_c = + \frac{K k}{6 h (RN - G^2)} (EG - 3 h N G') \qquad \text{aus Gl. (103)},$$

$$Q = \frac{K (h T - k T')}{O l} . \quad . \quad . \quad . \quad . \quad . \quad . \quad . \quad . \quad . \quad . \quad . \quad (115)$$

Für die in Fig. 27 gezeichneten Richtungen und Angriffspunkte der Kraft K hat man:

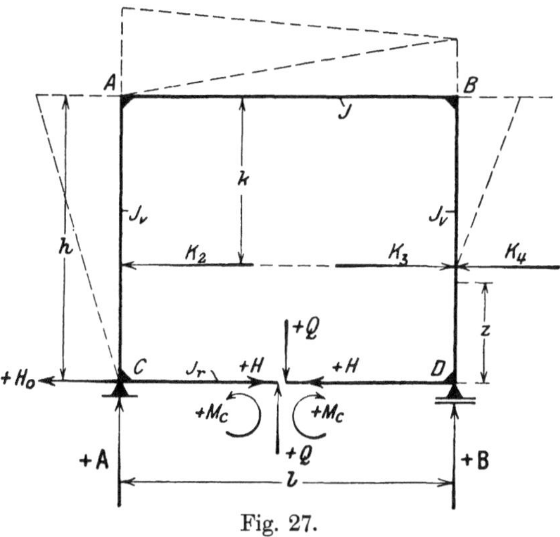

Fig. 27.

f) Für K_2.

Da die Momentenflächen M_0 vor der Umdrehung positiv waren, so wechseln alle Unbekannten das Vorzeichen und es ist:

$$H = -\frac{K}{2} + \frac{K\,k}{6\,h^2(RN - G^2)}(ER - 3\,h\,GG')\,, \quad \text{(114a)}$$

$$Q = -\frac{K}{O\,l}(h\,T - k\,T')\,. \quad \text{(115a)}$$

M_c ist negativ und somit nach Gl. (103a) zu berechnen.

$$H_0 = -K\,, \qquad \mathsf{A} = \frac{K(h-k)}{l}\,, \qquad \mathsf{B} = -\frac{K(h-k)}{l}\,.$$

g) Für K_3.

Die Momentenflächen sind in Fig. 27 punkiert angedeutet und vor der Umdrehung negativ, somit ist

$$H = \frac{K}{2} + \frac{K\,k}{6\,h^2(RN - G^2)}(ER - 3\,h\,GG')\,. \quad \text{(114b)}$$

Q ist positiv wie in Gl. (115), M_c ist negativ wie in Gl. (103a).

$$H_0 = K\,, \qquad \mathsf{A} = -\frac{K(h-k)}{l}\,, \qquad \mathsf{B} = -\frac{K(h-k)}{l}\,.$$

h) Für K_4.

Die Momentenflächen sind wie bei K_3, aber positiv, und somit:

$$H = -\frac{K}{2} - \frac{K\,k}{6\,h^2(RN-G^2)}(ER - 3\,h\,G\,G')\,, \quad . \quad . \qquad (114\text{c})$$

Q ist negativ wie in Gl. (115a), M_c ist positiv wie in Gl. (103).

$$H_0 = -K\,, \qquad \mathsf{A} = \frac{K(h-k)}{l}\,, \qquad \mathsf{B} = -\frac{K(h-k)}{l}\,.$$

Wirken zwei gleich große Kräfte K_1 und K_3 in gleicher Höhe k, so heben sich die Momente M_c gegenseitig auf, und es ergibt sich ferner:

$$M_c = 0\,, \quad H_0 = 2\,K\,,$$

$$H = K\,,$$

$$Q = \frac{2\,K}{O\,l}(h\,T - k\,T')\,. \quad . \quad . \quad . \quad . \quad . \quad . \qquad (116)$$

Greifen die Kräfte K_1 und K_3 bei A resp. B an, so hat man in die obige Formel $k = 0$ einzusetzen und erhält

$$Q = \frac{2\,K\,h\,T}{O\,l} \quad . \quad . \quad . \quad . \quad . \quad . \quad . \quad . \quad . \quad . \qquad (117)$$

wie in Gl. (111).

Der Abstand z des Wendepunktes bestimmt sich dann aus der Gl. (112).

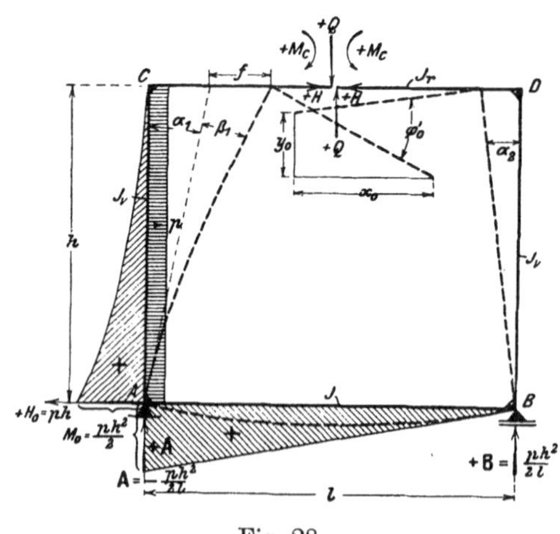

Fig. 28.

Aufgabe 17. Die Vertikale ist durch eine gleichmäßig verteilte Last p pro Längeneinheit belastet (Fig. 28).

a) p wirkt an der Vertikale CA nach innen gerichtet.

Genau wie in Aufgabe 16 ist:

$$x_0 = h \operatorname{tang} \alpha' + f,$$

$$y_0 = \frac{l}{2} (\operatorname{tang} \alpha'' + \operatorname{tang} \beta_1),$$

$$\operatorname{tang} \varphi_0' = \operatorname{tang} \alpha' + \operatorname{tang} \beta_1,$$

ferner:

$$\operatorname{tang} \alpha' = \frac{M_0 l}{2 \mathsf{E} J} = \frac{p h^2 l}{4 \mathsf{E} J},$$

$$\operatorname{tang} \alpha'' = \frac{M_0 l}{6 \mathsf{E} J} = \frac{p h^2 l}{12 \mathsf{E} J},$$

und nach den Gl. (44) und (45):

$$\operatorname{tang} \beta_1 = \frac{p h^3}{6 \mathsf{E} J_v},$$

$$f = \frac{p h^4}{8 \mathsf{E} J_v}.$$

Durch Enisetzen dieser Werte in die ersten drei Gleichungen erhält man:

$$x_0 = \frac{p h^3 l}{4 \mathsf{E} J} + \frac{p h^4}{8 \mathsf{E} J_v} = \frac{p h^3}{8 \mathsf{E} J} \left(2 l + h \frac{J}{J_v}\right) = \frac{p h^3}{8 \mathsf{E} J} (G + l), \quad (118)$$

$$y_0 = \frac{l}{2} \left(\frac{p h^2 l}{12 \mathsf{E} J} + \frac{p h^3}{6 \mathsf{E} J_v}\right) = \frac{p h^2 l}{24 \mathsf{E} J} \left(l + 2 h \frac{J}{J_v}\right) = \frac{p h^2 l L}{24 \mathsf{E} J}, \quad (119)$$

$$\operatorname{tang} \varphi_0' = \frac{p h^2 l}{4 \mathsf{E} J} + \frac{p h^3}{6 \mathsf{E} J_v} = \frac{p h^2}{4 \mathsf{E} J} \left(l + \frac{2 h}{3} \frac{J}{J_v}\right) = \frac{p h^2 N}{4 \mathsf{E} J} \quad . \; . \; . \; . \quad (120)$$

Wie in den Gl. (100) und (101) hat man dann:

$$H = -\frac{\mathsf{E} J}{N h^2} \left(\frac{M_v h G}{\mathsf{E} J} + \frac{p h^3}{8 \mathsf{E} J} (G + l)\right), \quad . \; . \; . \quad (121)$$

$$H = -\frac{\mathsf{E} J}{h G} \left(\frac{M_c R}{\mathsf{E} J} + \frac{p h^2 N}{4 \mathsf{E} J}\right), \quad . \; . \; . \; . \; . \; . \; . \; . \quad (122)$$

woraus:

$$\frac{1}{N h^2} \left(M_c h G + \frac{p h^3}{8} (G + l)\right) = \frac{1}{h G} \left(M_c R + \frac{p h^2 N}{4}\right),$$

$$M_c \left(\frac{R}{h G} - \frac{G}{h N}\right) = \frac{p h}{4} \left(\frac{G + l}{2 N} - \frac{N}{G}\right),$$

$$\frac{M_c}{h} \left(\frac{R N - G^2}{G N}\right) = \frac{p h}{8} \left(\frac{(G + l) G - 2 N^2}{N G}\right),$$

$$M_c = \frac{p h^2 ((G + l) G - 2 N^2)}{8 (R N - G^2)} \quad . \; . \; . \; . \; . \quad (123)$$

Diesen Wert setzt man nun in die Gl. (121) ein und erhält:

$$H = -\frac{1}{N h^2}\left(\frac{p h^3 G\left(G(G+l) - 2N^2\right)}{8(RN - G^2)} + \frac{p h^3}{8}(G+l)\right)$$

$$= -\frac{p h^3}{8 h^2 N}\left(\frac{G\left(G(G+l) - 2N^2\right) + (RN - G^2)(G+l)}{RN - G^2}\right),$$

$$H = -\frac{p h}{8}\,\frac{R(G+l) - 2NG}{RN - G^2} \quad \ldots\ldots \quad (124)$$

Aus den Gl. (65), (71) und (119) erhält man ferner

$$\frac{Q l^2 O}{12 \mathrm{E} J} + \frac{p h^2 l L}{24 \mathrm{E} J} = 0,$$

woraus:

$$Q = -\frac{p h^2 L}{2 O l} \quad \ldots\ldots\ldots\ldots \quad (125)$$

Für die in Fig. 29 gezeichneten Richtungen und Lage der Belastung p erhält man in analoger Weise wie in Aufgabe 16.

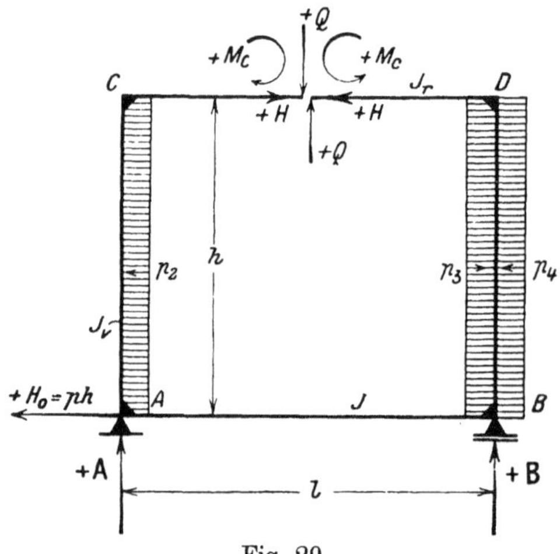

Fig. 29.

b) Für p_2 an der Vertikale AC nach außen gerichtet.

$$M_c = -\frac{p h^2\left((G+l)G - 2N^2\right)}{8(RN - G^2)}, \quad \ldots\ldots \quad (123\mathrm{a})$$

$$H = \frac{p h}{8}\,\frac{R(G+l) - 2NG}{RN - G^2}, \quad \ldots\ldots \quad (124\mathrm{a})$$

$$Q = \frac{p h^2 L}{2 O l}, \quad \ldots\ldots\ldots \quad (125\mathrm{a})$$

$$H_0 = -p h, \qquad \mathsf{A} = \frac{p h^2}{2 l}, \qquad \mathsf{B} = -\frac{p h^2}{2 l}.$$

c) Für p_3 an der Vertikale DB nach außen gerichtet.

M_c ist negativ nach Gl. (123a),
H ,, positiv ,, ,, (124a),
Q ,, negativ ,, ,, (125),

$$H_0 = +p\,h\,, \quad \mathsf{A} = -\frac{p\,h^2}{2\,l}\,, \quad \mathsf{B} = \frac{p\,h^2}{2\,l}\,.$$

d) Für p_4 an der Vertikale DB nach innen gerichtet.

M_c ist positiv nach Gl. (123),
H ,, negativ ,, ,, (124),
Q ,, positiv ,, ,, (125a),

$$H_0 = -p\,h\,, \quad \mathsf{A} = \frac{p\,h^2}{2\,l}\,, \quad \mathsf{B} = -\frac{p\,h^2}{2\,l}\,.$$

Denkt man sich wie vorher in Fig. 28 die Auflagerung in C und D und hiernach das ganze System um einer horizontalen Achse um 180° gedreht, so entsteht der in Fig. 30 gezeigte Rahmen mit Querträger oben.

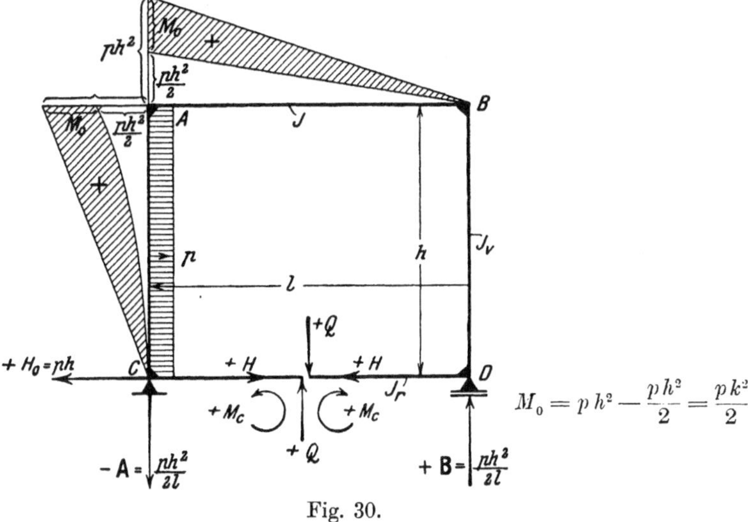

Fig. 30.

In diesem Falle kommt also wie in Aufgabe 16 die Wirkung der horizontalen Auflagerkraft $H_0 = p\,h$ in Betracht. In analoger Weise ist dann die Wirkung der Kraft $p\,h$ nach den Gl. (107), (108) und (109):

$$H = \frac{p\,h}{2}\,, \quad M_c = 0\,,$$

$$Q = \frac{p\,h^2\,T}{O\,l}\,.$$

e) Für die oben gezeichnete Richtung der Belastung p an der Vertikale CA erhält man aus den Gl. (123), (124) und (125):

$$H = \frac{p\,h}{2} - \frac{p\,h}{8}\,\frac{R(G+l)-2\,N\,G}{RN-G^2}, \quad \ldots \ldots \quad (126)$$

$$M_c = \frac{p\,h^2\left((G+l)\,G-2\,N^2\right)}{8\,(RN-G^2)}$$

nach Gl. (123),

$$Q = \frac{p\,h^2\,T}{O\,l} - \frac{p\,h^2\,L}{2\,O\,l},$$

$$Q = \frac{p\,h^2}{O\,l}\left(L - \frac{l}{2}\right). \quad \ldots \ldots \ldots \ldots \quad (127)$$

Für die in Fig. 31 gezeichneten Richtungen und Lagen der Belastung p ergibt sich in gleicher Weise wie unter f), g) und h) Aufgabe 16.

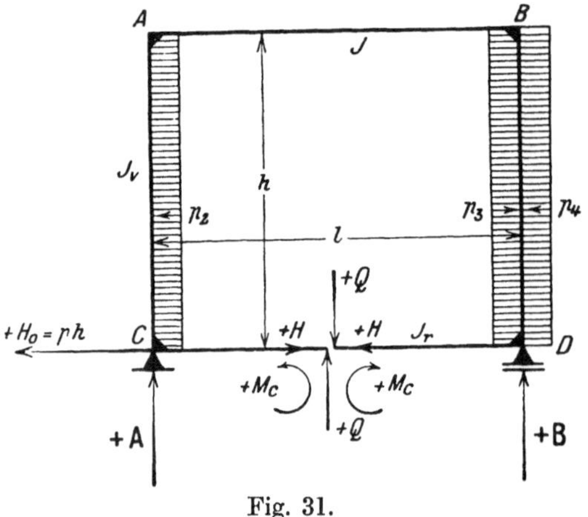

Fig. 31.

f) Für p_2 an der Vertikale CA nach außen gerichtet.

$$H = -\frac{p\,h}{2} + \frac{p\,h}{8}\,\frac{R\,(G+l)-2\,N\,G}{RN-G^2}, \quad \ldots \ldots \quad (128)$$

$$Q = -\frac{p\,h^2}{O\,l}\left(L - \frac{l}{2}\right), \quad \ldots \ldots \ldots \ldots \quad (129)$$

M_c ist negativ nach Gl. (123a):

$$H_0 = -p\,h\,, \qquad \mathsf{A} = \frac{p\,h^2}{2\,l}, \qquad \mathsf{B} = -\frac{p\,h^2}{2\,l}.$$

g) Für p_3 an der Vertikale DB nach außen gerichtet.

$$H = \frac{p\,h}{2} + \frac{p\,h}{8}\,\frac{R\,(G+l) - 2\,N\,G}{R\,N - G^2}, \quad \ldots \ldots \tag{130}$$

Q ist positiv nach Gl. (127),
M_c „ negativ „ „ (123a),

$$H_0 = p\,h\,. \quad \mathsf{A} = -\frac{p\,h^2}{2\,l}\,, \quad \mathsf{B} = \frac{p\,h^2}{2\,l}\,.$$

h) Für p_4 an der Vertikale DB nach innen gerichtet.

$$H = -\frac{p\,h}{2} - \frac{p\,h}{8}\,\frac{R\,(G+l) - 2\,N\,G}{R\,N - G^2}, \quad \ldots \ldots \tag{131}$$

Q ist negativ nach Gl. (129),
M_c „ positiv „ „ (123),

$$H_0 = -p\,h\,, \quad \mathsf{A} = \frac{p\,h^2}{2\,l}\,, \quad \mathsf{B} = -\frac{p\,h^2}{2\,l}\,.$$

Aufgabe 18. Es soll die Wirkung einer Temperaturänderung von t° C untersucht werden. Denkt man sich den Querträger $A\,B$ im Schatten liegend und den Riegel $C\,D$ von der Sonne bestrahlt, so verlängert sich dieser um die Strecke $\varepsilon\,t\,l$. Die Endpunkte des durchgeschnittenen Riegels verschieben sich somit gegenseitig um

$$x_0 = \varepsilon\,t\,l\,.$$

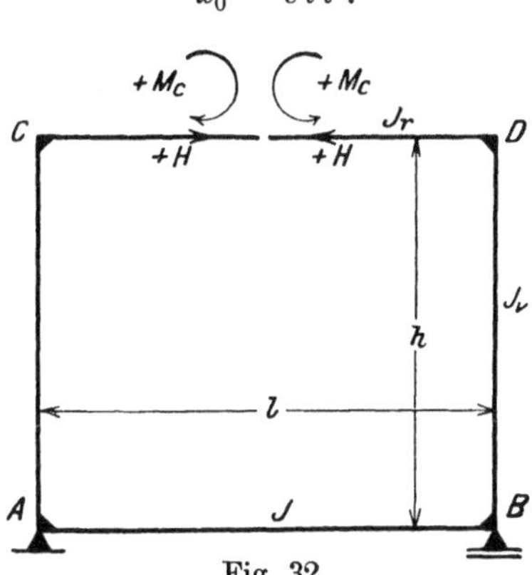

Fig. 32.

Da φ_0 und $y_0 = 0$ sind, so erhält man aus den Gl. (73) und (74):

$$H = -\frac{\mathsf{E}\,J}{N\,h^2}\left(\frac{M_c\,h\,G}{\mathsf{E}\,J} + \varepsilon\,t\,l\right), \quad \ldots \ldots \tag{132}$$

$$H = -\frac{\mathsf{E}\,J}{h\,G}\left(\frac{M_c\,R}{\mathsf{E}\,J} + 0\right) = -\frac{M_c\,R}{h\,G}\,,$$

$$\frac{1}{N h^2}\left(\frac{M_c h G}{\mathsf{E} J} + \varepsilon t l\right) = \frac{1}{h G}\left(\frac{M_c R}{\mathsf{E} J}\right),$$

$$M_c\left(\frac{G}{N \mathsf{E} J} - \frac{R}{G \mathsf{E} J}\right) = -\frac{\varepsilon t l}{N h},$$

woraus

$$M_c^t = \frac{\mathsf{E} J \varepsilon t l G}{h (RN - G^2)} \quad \ldots \ldots \ldots \quad (133)$$

Dieser Wert wird in die obige Gleichung eingesetzt und man erhält

$$H^t = -\frac{\mathsf{E} J \varepsilon t l R}{h^2 (RN - G^2)}, \quad Q = 0, \quad \ldots \ldots \quad (134)$$

Tritt die Temperaturerhöhung im Querträger AB auf, so wird x_0 negativ und beide Unbekannten wechseln das Vorzeichen. Wird die Auflagerung in C und D gedacht und das ganze System um eine horizontale Achse um 180° gedreht, so entsteht der in Fig. 33 gezeigte Rahmen.

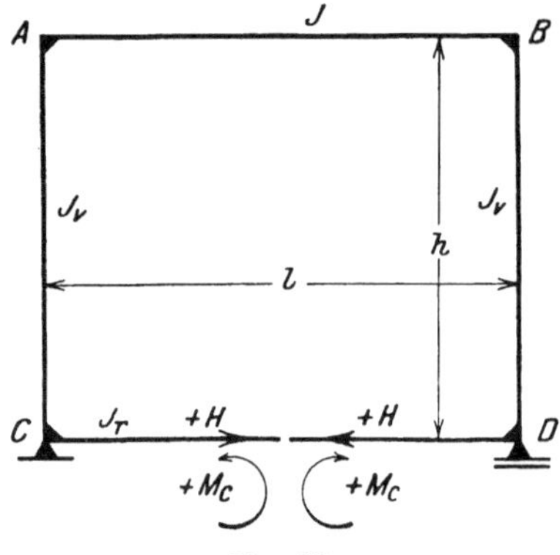

Fig. 33.

Es ist dann:

$$M_c^t = -\frac{\mathsf{E} J \varepsilon t l G}{h (RN - G^2)}, \quad \ldots \ldots \ldots \quad (133a)$$

$$H^t = \frac{\mathsf{E} J \varepsilon t l R}{h^2 (RN - G^2)} \quad \ldots \ldots \ldots \quad (134a)$$

§ 6. Dreifach statisch unbestimmter, an den Auflagern eingespannter Rahmen mit starren Eckverbindungen.

Die Berechnung dieses Systems läßt sich sehr leicht von der Berechnung des in § 5 behandelten geschlossenen Rahmens ableiten.

Man denkt sich in Fig. 34 das Fundament durch einen starren Riegel CD ersetzt, dessen Trägheitsmoment $J_r = \infty$ ist. Die Konstanten O und R, in welchen J_r enthalten ist, ändern sich dann in folgender Weise nach Gl. (66):

$$O = 6h\frac{J}{J_v} + l\frac{J}{J_r} + l\,,$$

$$l\frac{J}{J_r} = l\frac{J}{\infty} = 0\,,$$

$$O' = l + 6h\frac{J}{J_v} = 6\left(l + h\frac{J}{J_v}\right) - 5l = (6G - 5l) \quad . \quad (135)$$

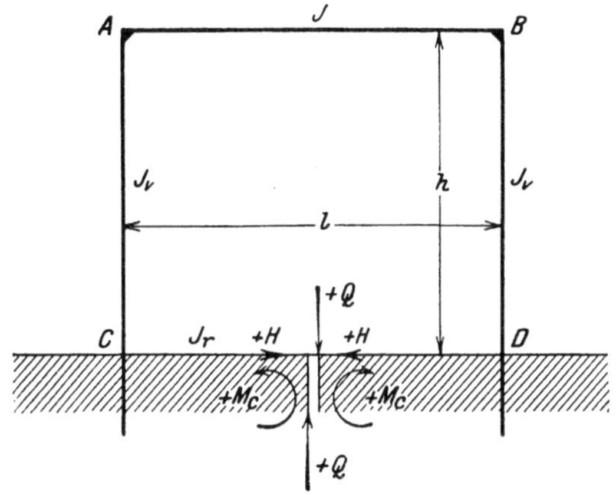

Fig. 34.

oder

$$O' = 3\left(l + 2h\frac{J}{J_v}\right) - 2l = (3L - 2l)\,,$$

nach Gl. (68):

$$R = l + 2h\frac{J}{J_v} + l\frac{J}{J_r}\,,$$

$$R' = l + 2h\frac{J}{J_v} + 0 = L\,. \quad . \quad . \quad . \quad . \quad . \quad (136)$$

Die in § 5 entwickelten Formeln lassen sich also ohne weiteres verwenden, wenn man für O und R die Werte O' und R' einsetzt.

Für die in Fig. 35 gezeichneten Belastungsfälle ergibt sich dann:

Aufgabe 19.

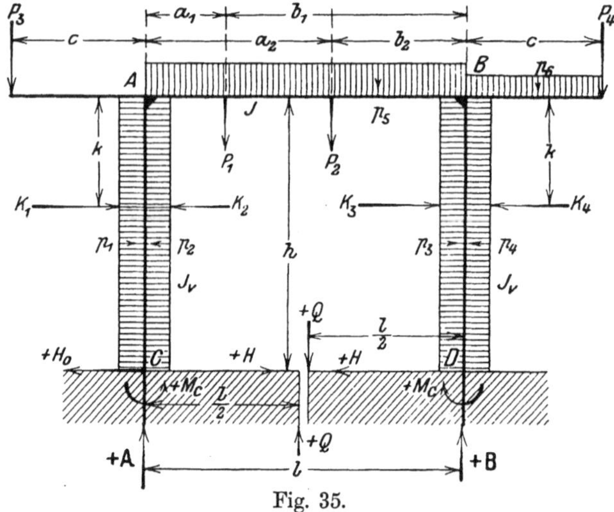

Fig. 35.

a) Belastung des Querträgers AB durch die Einzellasten P_1 und P_2. Nach den Gl. (81), (82) und (83) ist:

$$H = \frac{\Sigma P b a}{2h} \frac{L-G}{LN-G^2}, \quad (137)$$

$$M_c = -\frac{\Sigma P b a}{2} \frac{G-N}{LN-G^2}, \quad (138)$$

$$Q = \frac{\Sigma P b a (b-a)}{l^2(3L-2l)}. \quad (139)$$

$$H_0 = 0, \quad \mathsf{A} = \frac{\Sigma P b}{l}, \quad \mathsf{B} = \frac{\Sigma P a}{l}.$$

b) Belastung des Querträgers durch die gleichmäßig verteilte Last p_5. Nach den Gl. (87), (88) und (89) ist:

$$M_c = -\frac{p l^3}{12} \frac{G-N}{LN-G^2} = -\frac{2 M_0 l}{3} \frac{G-N}{LN-G^2}, \quad (140)$$

$$H = \frac{p l^3}{12 h} \frac{L-G}{LN-G^2} = \frac{2 M_0 l}{3 h} \frac{L-G}{LN-G^2}, \quad (141)$$

$$Q = 0. \quad (142)$$

$$H_0 = 0, \quad \mathsf{A} = \mathsf{B} = \frac{p l}{2},$$

wo M_0 das Moment in der Mitte des Querträgers bedeutet.

c) Belastung des rechten Kragarms des Querträgers durch die Einzellast P_4 und die gleichmäßig verteilte Last p_6.

Das Moment bei B beträgt

$$M_0 = Pc + \frac{pc^2}{2};$$

nach den Gl. (94), (95) und (92) ist:

$$M_c = \frac{M_0 l}{2} \frac{G-N}{LN-G^2}, \quad \ldots \ldots \quad (143)$$

$$H = -\frac{M_0 l}{2h} \frac{L-G}{LN-G^2}, \quad \ldots \ldots \quad (144)$$

$$Q = \frac{M_0}{3L-2l}. \quad \ldots \ldots \quad (145)$$

$$H_0 = 0, \quad \mathsf{A} = -\left(\frac{Pc}{l} + \frac{pc^2}{2l}\right), \quad \mathsf{B} = +(P + pc + \mathsf{A}).$$

Das Moment M_0 ist positiv in die Gleichungen einzusetzen.

d) Belastung des linken Kragarms des Querträgers durch die Einzellast P_3.

Das Moment bei A beträgt:

$$M_0 = Pc,$$

M_c ist positiv nach Gl. (143),

H „ negativ „ „ (144),

und nach Gl. (93) ist:

$$Q = -\frac{M_0}{3L-2l}. \quad \ldots \ldots \quad (146)$$

$$H_0 = 0, \quad \mathsf{A} = +(P + \mathsf{B}), \quad \mathsf{B} = -\frac{Pc}{l}.$$

e) Belastung der Vertikale CA durch K_1.

Nach den Gl. (103), (114) und (115) ist:

$$M_c = \frac{Kk}{6h(LN-G^2)}(EG - 3hNG'), \quad \ldots \ldots \quad (147)$$

$$H = \frac{K}{2} - \frac{Kk}{6h^2(LN-G^2)}(EL - 3hGG'), \quad \ldots \quad (148)$$

$$Q = +\frac{K(hT - kT')}{l(3L-2l)}. \quad \ldots \ldots \quad (149)$$

$$H_0 = +K, \quad \mathsf{A} = -\frac{K(h-k)}{l}, \quad \mathsf{B} = +\frac{K(h-k)}{l}.$$

f) Belastung der Vertikale CA durch K_2.

Nach den Gl. (103a), (114a) und (115a) ist:

$$M_c = -\frac{K k}{6h(LN-G^2)}(EG - 3hNG'), \quad \ldots\ldots \quad (147a)$$

$$H = -\frac{K}{2} + \frac{K k}{6h^2(LN-G^2)}(EL - 3hGG'), \quad \ldots \quad (148a)$$

$$Q = -\frac{K(Th - kT')}{l(3L - 2l)} \quad \ldots\ldots\ldots\ldots \quad (149a)$$

$$H_0 = -K, \quad A = +\frac{K(h-k)}{l}, \quad B = -\frac{K(h-k)}{l}.$$

g) Belastung der Vertikale DB durch K_3.

Nach Aufgabe 16g erhält man:

$$H = \frac{K}{2} + \frac{K k}{6h^2(LN-G^2)}(EL - 3hGG') \quad \ldots \quad (148b)$$

M_c ist negativ nach Gl. (129a),

Q „ positiv „ „ (131).

$$H_0 = +K, \quad A = -\frac{K(h-k)}{l}, \quad B = +\frac{K(h-k)}{l}.$$

h) Belastung der Vertikale DB durch K_4.

Nach Aufgabe 16h erhält man:

$$H = -\frac{K}{2} - \frac{K k}{6h^2(LN-G^2)}(EL - 3hGG') \quad \ldots \quad (148c)$$

M_c ist positiv nach Gl. (147),

Q „ negativ „ „ (149a).

$$H_0 = -K, \quad A = +\frac{K(h-k)}{l}, \quad B = -\frac{K(h-k)}{l}.$$

Greift die Last K in der Höhe des Querträgers A—B an, so hat man in sämtlichen Formeln $k = 0$ zu setzen. M_c wird dann $= 0$ und in der Formel für H verschwindet das letzte Glied. Somit ergibt sich für K_1:

$$H = \frac{K}{2}, \quad \ldots\ldots\ldots\ldots \quad (150)$$

$$Q = \frac{K h T}{l(3L - 2l)} \quad \ldots\ldots\ldots \quad (151)$$

Für die anderen Richtungen der Last sind die Vorzeichen wie unter f), g) und h) angegeben.

Es soll die durch eine bei A angreifende Last K_1 hervorgerufene wagerechte Verschiebung des Querträgers berechnet werden.

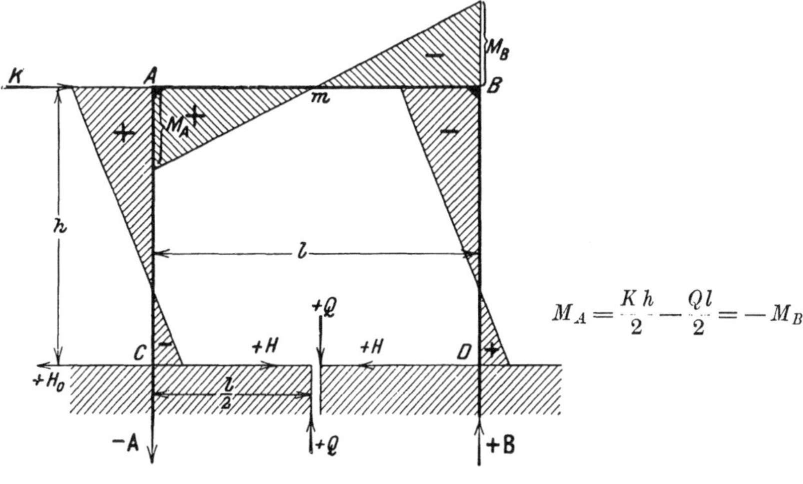

$$M_A = \frac{K\,h}{2} - \frac{Q\,l}{2} = -M_B$$

Fig. 36.

Die in einer Linie liegen bleibenden Punkte A, m und B denkt man sich festgehalten und bestimmt die nach links gehende Verschiebung des Punktes C. Der Biegungswinkel bei A ergibt sich nach Gl. (21) zu

$$\operatorname{tang}\alpha_1 = \frac{M_A\,l}{6\,\mathsf{E}J},$$

und demnach ist die Durchbiegung bei C durch die Biegung des Querträgers

$$f_1 = \frac{M_A\,l\,h}{6\,\mathsf{E}J} = \frac{l\,h}{12\,\mathsf{E}J}(K\,h - Q\,l)\,.$$

Die Durchbiegung der Vertikale ergibt sich zu

$$f_2 = \frac{K}{2}\,\frac{h^3}{3\,\mathsf{E}J_v}$$

für H_0 und H nach Gl. (30),

$$f_3 = -\frac{Q\,l}{2}\,\frac{h^2}{2\,\mathsf{E}J_v},$$

für Q nach Gl. (34); demnach ist

$$f = f_1 + f_2 + f_3 = \frac{l\,h}{12\,\mathsf{E}J}(K\,h - Q\,l) + \frac{K\,h^3}{6\,\mathsf{E}J_v} - \frac{Q\,l\,h^2}{4\,\mathsf{E}J_v}$$

$$= \frac{h}{12\,\mathsf{E}J}(K\,h\,L - Q\,l\,T) = \frac{K\,h^2}{12\,\mathsf{E}J}\left(L - \frac{T^2}{3\,L - 2\,l}\right),$$

oder nach Umformung

$$f = \frac{K h^2 (T^2 - l^2)}{36\,\mathsf{E} J (2\,T - l)} \quad \ldots \ldots \ldots \quad (152)$$

i) Belastung der Vertikale CA durch p_1, nach innen wirkend.

Aus Aufgabe 17e erhält man:

$$H = + \frac{p h}{2} - \frac{p h}{8} \frac{L(G + l) - 2\,N G}{L N - G^2}, \quad \ldots \ldots \quad (153)$$

$$M_c = \frac{p h^2}{8} \frac{((G + l) G - 2\,N^2)}{(L N - G^2)}, \quad \ldots \ldots \quad (154)$$

$$Q = \frac{p h^2 \left(L - \frac{l}{2}\right)}{l (3\,L - 2\,l)} \quad \ldots \ldots \ldots \quad (155)$$

$$H_0 = + p h, \quad \mathsf{A} = - \frac{p h^2}{2\,l}, \quad \mathsf{B} = \frac{p h^2}{2\,l}.$$

k) Belastung der Vertikale CA durch p_2, nach außen wirkend.

Aus Aufgabe 17f erhält man:

$$H = - \frac{p h}{2} + \frac{p h}{8} \frac{L(G + l) - 2\,N G}{L N - G^2}, \quad \ldots \ldots \quad (153\text{a})$$

$$Q = - \frac{p h^2 \left(L - \frac{l}{2}\right)}{l (3\,L - 2\,l)}, \quad \ldots \ldots \ldots \quad (155\text{a})$$

$$M_c = - \frac{p h^2}{8} \frac{((G + l) G - 2\,N^2)}{(L N - G^2)} \quad \ldots \ldots \quad (154\text{a})$$

$$H_0 = - p h, \quad \mathsf{A} = \frac{p h^2}{2\,l}, \quad \mathsf{B} = - \frac{p h^2}{2\,l}.$$

l) Belastung der Vertikale DB durch p_3, nach außen wirkend.

Aus Aufgabe 17g erhält man:

$$H = \frac{p h}{2} + \frac{p h}{8} \frac{L(G + l) - 2\,N G}{L N - G^2} \quad \ldots \ldots \quad (153\text{b})$$

Q ist positiv nach Gl. (155),

M_c „ negativ „ „ (154a).

$$H_0 = + p h, \quad \mathsf{A} = - \frac{p h^2}{2\,l}, \quad \mathsf{B} = \frac{p h^2}{2\,l}.$$

m) Belastung der Vertikale DB durch p_4, nach innen wirkend.

Aus Aufgabe 17h erhält man:

$$H = -\frac{p\,h}{2} - \frac{p\,h}{8}\,\frac{L(G+l) - 2\,NG}{LN - G^2} \quad . \quad . \quad . \quad . \qquad (153\text{c})$$

Q ist negativ nach Gl. (155a),

M_c „ positiv „ „ (154).

$$H_0 = -p\,h\,, \qquad \mathsf{A} = \frac{p\,h^2}{2\,l}\,, \qquad \mathsf{B} = -\frac{p\,h^2}{2\,l}\,.$$

n) Für eine Temperaturerhöhung des Querträgers um t^0 C.

Nach den Gl. (133a) und (134a) ergibt sich:

$$M_c^t = -\frac{\mathsf{E}J\,\varepsilon\,t\,l\,G}{h(LN - G^2)}\,, \quad . \quad . \quad . \quad . \quad . \quad . \quad . \qquad (156)$$

$$H^t = \frac{\mathsf{E}J\,\varepsilon\,t\,l\,L}{h^2(LN - G^2)}\,. \quad . \quad . \quad . \quad . \quad . \quad . \qquad (157)$$

Q ist natürlich $= 0$.

§ 7. Zweifach statisch unbestimmter geschlossener Rahmen mit starren Eckverbindungen und Gelenk in der Mitte des unbelasteten horizontalen Stabes.

Dieses System ist nur zweifach, statisch unbestimmt, da M_c wegfällt, also $= 0$ ist. H ändert sich infolgedessen, wogegen Q unverändert bleibt.

Aufgabe 20.

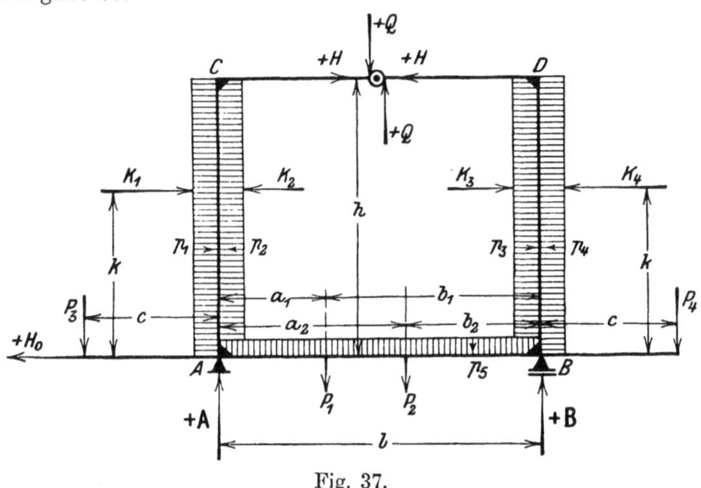

Fig. 37.

a) Belastung P_1 und P_2.

Setzt man in Gl. (73) $M_c = 0$, so erhält man:

$$H = -\frac{\mathsf{E} J \operatorname{tang} \alpha'}{N h}, \quad \ldots \ldots \ldots \quad (158)$$

$$H = -\frac{\Sigma P b a}{2 N h}; \quad \ldots \ldots \ldots \quad (159)$$

ferner ist

$$Q = -\frac{\Sigma P b a (b - a)}{O l^2}$$

nach Gl. (80).

$$H_0 = 0, \qquad \mathsf{A} = \frac{\Sigma P b}{l}, \qquad \mathsf{B} = \frac{\Sigma P a}{l}.$$

b) Belastung p_5.

Nach Aufgabe 14 ist

$$\operatorname{tang} \alpha' = \frac{p l^3}{12 \mathsf{E} J}$$

und somit nach Gl. (158)

$$H = -\frac{p l^3}{12 h N} = -\frac{2 M_0 l}{3 h N}, \quad \ldots \ldots \quad (160)$$

wo M_0 das Moment in der Mitte des Querträgers bedeutet.

$$H_0 = 0, \qquad Q = 0, \qquad \mathsf{A} = \mathsf{B} = \frac{p l}{2}.$$

c) Belastung P_3.

Nach Aufgabe 15 ist

$$M_0 = P c, \qquad \operatorname{tang} \alpha' = -\frac{M_0 l}{2 \mathsf{E} J},$$

somit

$$H = \frac{M_0 l}{2 h N}, \quad \ldots \ldots \ldots \quad (161)$$

$$Q = \frac{M_0}{O}$$

nach Gl. (92).

$$H_0 = 0, \qquad \mathsf{B} = -\frac{P c}{l}, \qquad \mathsf{A} = P + \mathsf{B}.$$

d) Belastung P_4.

Es ist:

$$M_0 = P c,$$

nach Gl. (161)

$$H = \frac{M_0 l}{2 h N},$$

nach Gl. (93)

$$Q = -\frac{M_0}{O}.$$

$$H_0 = 0, \quad \mathsf{A} = -\frac{P c}{l}, \quad \mathsf{B} = P + \mathsf{A}.$$

e) Belastung K_1.

Nach Gl. (100) erhält man:

$$H = -\frac{K k E}{6 h^2 N}, \qquad (162)$$

$$Q = -\frac{K k T'}{O l}$$

nach Gl. (105).

$$H_0 = K, \quad \mathsf{A} = -\frac{K k}{l}, \quad \mathsf{B} = \frac{K k}{l}.$$

f) Belastung K_2.

Nach Aufgabe 16b erhält man:

$$H = \frac{K k E}{6 h^2 N}, \qquad (162a)$$

$$Q = \frac{K k T'}{O l}$$

nach Gl. (105a).

$$H_0 = -K, \quad \mathsf{B} = -\frac{K k}{l}, \quad \mathsf{A} = \frac{K k}{l}.$$

g) Belastung K_3.

Q ist negativ nach Gl. (105),

H ,, positiv ,, ,, (162a).

$$H_0 = K, \quad \mathsf{A} = -\frac{K k}{l}, \quad \mathsf{B} = \frac{K k}{l}.$$

h) Belastung K_4.

H ist negativ nach Gl. (162),

Q ,, positiv ,, ,, (105a).

$$H_0 = -K, \quad \mathsf{A} = \frac{K k}{l}, \quad \mathsf{B} = -\frac{K k}{l}.$$

i) Belastung p_1.

Nach Gl. (121) erhält man

$$H = -\frac{p\,h(G+l}{8\,N}, \quad \ldots \ldots \ldots \quad (163)$$

ferner

$$Q = -\frac{p\,h^2 L}{2\,O\,l}$$

nach Gl. (125).

$$H_0 = p\,h\,, \quad \mathsf{A} = -\frac{p\,h^2}{2\,l}, \quad \mathsf{B} = \frac{p\,h^2}{2\,l}.$$

k) Belastung p_2.

Nach Aufgabe 16b erhält man:

$$H = \frac{p\,h(G+l)}{8\,N}, \quad \ldots \ldots \ldots \quad (163\,\mathrm{a})$$

$$Q = \frac{p\,h^2 L}{2\,O\,l}$$

nach Gl. (125a).

$$H_0 = -p\,h\,, \quad \mathsf{A} = \frac{p\,h^2}{2\,l}, \quad \mathsf{B} = -\frac{p\,h^2}{2\,l}.$$

l) Belastung p_3.

H ist positiv nach Gl. (163a),

Q „ negativ „ „ (125).

$$H_0 = p\,h\,, \quad \mathsf{A} = -\frac{p\,h^2}{2\,l}, \quad \mathsf{B} = \frac{p\,h^2}{2\,l}.$$

m) Belastung p_4.

H ist negativ nach Gl. (163),

Q „ positiv „ „ (125a).

$$H_0 = -p\,h\,, \quad \mathsf{A} = \frac{p\,h^2}{2\,l}, \quad \mathsf{B} = -\frac{p\,h^2}{2\,l}.$$

n) Durch eine Temperaturerhöhung des Riegels CD um t^0 C entsteht nach Gl. (132) ein Horizontaldruck von

$$H = -\frac{\mathsf{E}\,J\,\varepsilon\,t\,l}{N\,h^2} \quad \ldots \ldots \ldots \ldots \quad (164)$$

$$H_0 = 0\,, \quad \mathsf{A} = 0\,, \quad \mathsf{B} = 0\,.$$

Aufgabe 21. Das System in Fig. 37 wird um eine horizontale Achse um 180° gedreht und man erhält den in Fig. 38 gezeigten Rahmen mit Gelenk in der Mitte des unten liegenden Riegels CD.

a) Belastung P_1 und P_2.

Nach Gl. (158) erhält man wie in Aufgabe 13

$$H = \frac{\Sigma P b a}{2 N h}, \quad \ldots\ldots\ldots \quad (159\mathrm{a})$$

ferner ist

$$Q = \frac{\Sigma P b a (b - a)}{O l^2}$$

nach Gl. (83).

$$H_0 = 0, \quad \mathsf{A} = \sum \frac{P b}{l}, \quad \mathsf{B} = \sum \frac{P a}{l}.$$

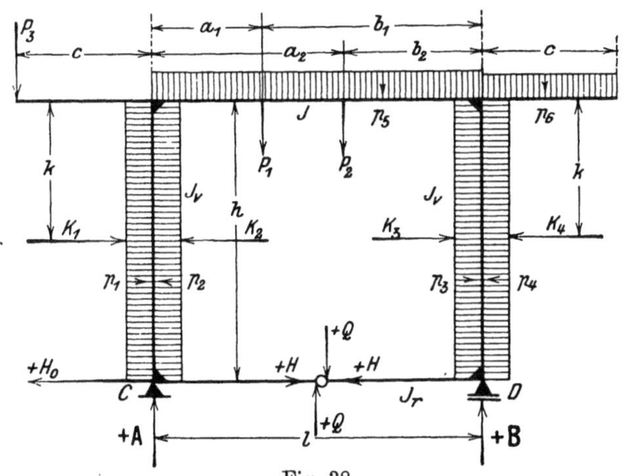

Fig. 38.

b) Belastung p_5.

Nach Gl. (160) erhält man wie in Aufgabe 14

$$H = \frac{p l^3}{12 h N} = \frac{2 M_0 l}{3 h N}, \quad \ldots\ldots \quad (160\mathrm{a})$$

wo M_0 das Moment in der Mitte des Querträgers bedeutet.

$$H = 0, \quad Q = 0, \quad \mathsf{A} = \mathsf{B} = \frac{p l}{2}.$$

c) Belastung P_3.

Nach den Aufgaben 15 und 20c erhält man:

$$M_0 = P c,$$

$$H = -\frac{M_0 l}{2 h N}, \quad \ldots\ldots\ldots \quad (161\mathrm{a})$$

nach Gl. (93) $$Q = -\frac{M_0}{O},$$

$$H_0 = 0, \quad \mathsf{B} = -\frac{P c}{l}, \quad \mathsf{A} = P + \mathsf{B}.$$

d) Belastung p_6.

$$M_0 = \frac{p c^2}{2},$$

$$H = -\frac{M_0 l}{2 h N}$$

nach Gl. (161a),

$$Q = \frac{M_0}{O}$$

nach Gl. (92).

$$H_0 = 0, \quad A = -\frac{p c^2}{2 l}, \quad B = p c + A.$$

e) Belastung K_1.

Nach den Aufgaben 16e und 20e erhält man:

$$H = \frac{K}{2} - \frac{K k E}{6 h^2 N}, \quad \ldots \ldots \quad (165)$$

$$Q = \frac{K}{O l}(h T - k T')$$

nach Gl. (115).

$$H_0 = K, \quad A = -\frac{K(h-k)}{l}, \quad B = \frac{K(h-k)}{l}.$$

f) Belastung K_2.

Nach den Aufgaben 16f und 20f erhält man:

$$H = -\frac{K}{2} + \frac{K k E}{6 h^2 N}, \quad \ldots \ldots \quad (165a)$$

$$Q = -\frac{K}{O l}(h T - k T')$$

nach Gl. (115a).

$$H_0 = -K, \quad B = -\frac{K(h-k)}{l}, \quad A = \frac{K(h-k)}{l}.$$

g) Belastung K_3.

Nach den Aufgaben 16g und 20g erhält man:

$$H = \frac{K}{2} + \frac{K k E}{6 h^2 N}, \quad \ldots \ldots \quad (165b)$$

Q ist positiv nach Gl. (115).

$$H_0 = K, \quad A = -\frac{K(h-k)}{l}, \quad B = \frac{K(h-k)}{l}.$$

h) Belastung K_4.

Nach den Aufgaben 16h und 20h erhält man:

$$H = -\frac{K}{2} - \frac{K k E}{6 h^2 N}, \quad \ldots\ldots\ldots \quad (165c)$$

Q ist negativ nach Gl. (115a).

$$H_0 = -K, \qquad \mathsf{A} = \frac{K(h-k)}{l}, \qquad \mathsf{B} = -\frac{K(h-k)}{l}.$$

i) Belastung p_1.

Nach den Aufgaben 17e und 20i erhält man:

$$H = \frac{p h}{2} - \frac{p h (G + l)}{8 N}, \quad \ldots\ldots\ldots \quad (166)$$

$$Q = \frac{p h^2}{O l}\left(L - \frac{l}{2}\right)$$

nach Gl. (127).

$$H_0 = p h, \qquad \mathsf{A} = -\frac{p h^2}{2 l}, \qquad \mathsf{B} = \frac{p h^2}{2 l}.$$

k) Belastung p_2.

Nach den Aufgaben 17f und 20k erhält man:

$$H = -\frac{p h}{2} + \frac{p h (G + l)}{8 N}, \quad \ldots\ldots \quad (166a)$$

$$Q = -\frac{p h^2}{O l}\left(L - \frac{l}{2}\right)$$

nach Gl. (129).

$$H_0 = -p h, \qquad \mathsf{B} = -\frac{p h^2}{2 l}, \qquad \mathsf{A} = \frac{p h^2}{2 l}.$$

l) Belastung p_3.

Nach den Aufgaben 17g und 20l erhält man:

$$H = \frac{p h}{2} + \frac{p h (G + l)}{8 N}, \quad \ldots\ldots \quad (166b)$$

Q ist positiv nach Gl. (127).

$$H_0 = p h, \qquad \mathsf{B} = \frac{p h^2}{2 l}, \qquad \mathsf{A} = -\frac{p h^2}{2 l}.$$

m) Belastung p_4.

Nach den Aufgaben 17h und 20m erhält man:

$$H = -\frac{p h}{2} - \frac{p h (G + l)}{8 N}, \quad \ldots\ldots \quad (166c)$$

Q ist negativ nach Gl. (129).

$$H_0 = -p h, \qquad \mathsf{B} = -\frac{p h^2}{2 l}, \qquad \mathsf{A} = \frac{p h^2}{2 l}.$$

o) **Durch eine Temperaturerhöhung des Querträgers AB entsteht ein Horizontaldruck, dessen Größe nach Gl. (164) beträgt:**

$$H_t = \frac{\mathsf{E} J \varepsilon t l}{N h^2} \quad \text{. . . . .} \quad (164\text{a})$$

$$H_0 = 0\,, \quad \mathsf{A} = 0\,, \quad \mathsf{B} = 0\,.$$

Aufgabe 22. Es soll der Einfluß der durch die Längskräfte hervorgerufenen Längenänderungen der Stäbe untersucht werden.

Denkt man sich im Riegel eine positive Horizontalkraft H wirken, so wird derselbe um die Strecke $\Delta l_r = \frac{H l}{\mathsf{E} F_r}$ verlängert. Durch diese Horizontalkraft entsteht gleichzeitig im Querträger eine Druckkraft $= H$, welche eine Verkürzung des letzteren um $\Delta l = \frac{H l}{\mathsf{E} F}$ bewirkt.

Nach Gl. 52 beträgt die durch Biegung hervorgerufene gegenseitige Verschiebung der Punkte C und D in Fig. 11

$$\delta = \frac{H h^2 N}{\mathsf{E} J}\,.$$

Bei Berücksichtigung der Längenänderungen beträgt dann die Verschiebung:

$$\Sigma \delta = \frac{H h^2 N}{\mathsf{E} J} + \frac{H l}{\mathsf{E} F} - \frac{H l}{\mathsf{E} F_r}$$

$$= \frac{H h^2}{\mathsf{E} J}\left[N + \frac{J l}{h^2}\left(\frac{1}{F} - \frac{1}{F_r}\right)\right] = \frac{H h^2 N'}{\mathsf{E} J}\,,$$

wo

$$N' = N + \frac{J l}{h^2}\left(\frac{1}{F} - \frac{1}{F_r}\right) \quad \text{. . . . .} \quad (167)$$

ist.

Statt N ist also N' in allen Gleichungen einzusetzen. Wie im folgenden durch Zahlenbeispiele gezeigt werden soll, ist aber der Einfluß der Längenänderungen, also der Unterschied zwischen N und N', so gering, daß er in allen praktischen Fällen vernachlässigt werden darf.

§ 8. Einfach statisch unbestimmter Rahmen mit starren Eckverbindungen und zwei Gelenken.

Dieses System ist nur einfach statisch unbestimmt, da auch die Querkraft Q wegfällt, und somit nur eine unbekannte Größe H übrig bleibt. Da die Querkraft Q auf den Horizontaldruck H keinen Einfluß hat, so bleibt H für alle Belastungsfälle unverändert wie in § 7.

Für den in Fig. 39 gezeigten Rahmen sind die in Aufgabe 20 entwickelten Formeln für H zu verwenden.

Für den in Fig. 40 gezeigten Rahmen sind die in Aufgabe 21 entwickelten Formeln für H zu verwenden.

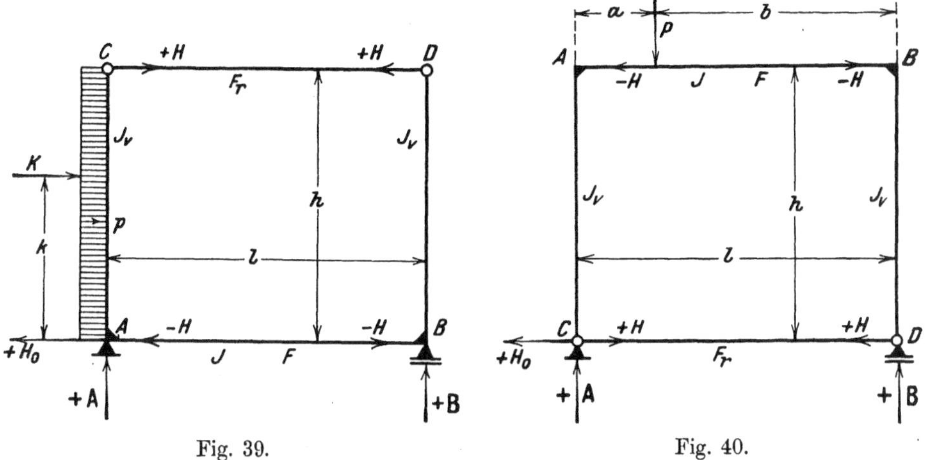

Fig. 39. Fig. 40.

Denkt man sich den Riegel CD durch das Erdreich bzw. Fundament ersetzt, so entsteht der in Fig. 41 gezeigte Rahmen mit zwei festen Auflagergelenken in C und D.

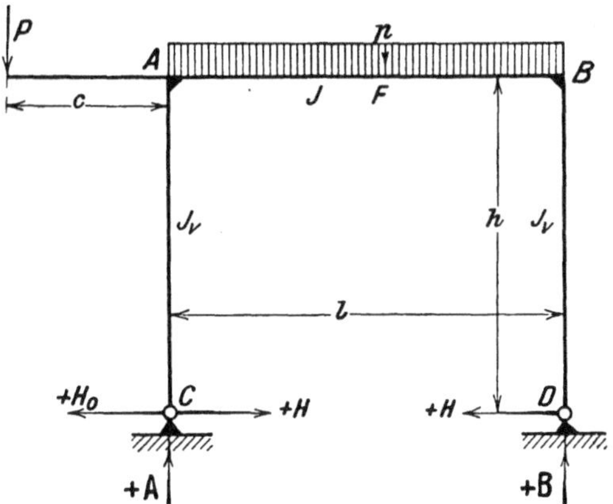

Fig. 41.

Für dieses System sind natürlich ebenfalls die in Aufgabe 21 entwickelten Formeln gültig. Sollen die Längenänderungen berücksichtigt werden, so ist die Konstante N in diesem Falle nach Gl. (167)

$$N'' = N + \frac{J\,l}{h^2 F}, \qquad (167\text{a})$$

da $F_r = \infty$ und somit $\frac{1}{F_r} = 0$ ist.

Es ist immer zu beachten, daß die durch die äußere Belastung entstehende horizontale Auflagerkraft H_0 im linken Auflager wirkt, da dies bei Entwicklung der Formeln angenommen wurde.

Aufgabe 23. Es sollen die in Fig. 39 entstehenden Durchbiegungen bestimmt werden.

a) Durchbiegung in der Mitte des Querträgers durch die Last K.

Denkt man sich den Riegel CD entfernt, so ist die Durchbiegung nach Gl. (18)

$$f_1 = \frac{M_0\,l^2}{16\,\mathrm{E}\,J} = \frac{K\,k\,l^2}{16\,\mathrm{E}\,J}.$$

Die durch die Horizontalkraft hervorgerufene entgegengesetzte Durchbiegung beträgt nach Gl. (57)

$$f_2 = \frac{H\,h\,l^2}{8\,\mathrm{E}\,J},$$

und somit ist

$$f = \frac{K\,k\,l^2}{16\,\mathrm{E}\,J} + \frac{H\,h\,l^2}{8\,\mathrm{E}\,J};$$

nach Gl. (162) ist nun

$$H = -\frac{K\,k\,E}{6\,h^2 N},$$

woraus

$$f = \frac{K\,k\,l^2}{16\,\mathrm{E}\,J}\left(1 - \frac{E}{3\,h\,N}\right). \qquad (168)$$

b) Verschiebung des Angriffspunktes der Last K durch dieselbe.

Die Verschiebung durch K beträgt

$$f_1 = f' + k \operatorname{tang}\alpha_1,$$

nach Gl. (30) ist

$$f' = \frac{K\,k^3}{3\,\mathrm{E}\,J_v},$$

nach Gl. (21)

$$\operatorname{tang}\alpha_1 = \frac{M_0\,l}{3\,\mathrm{E}\,J} = \frac{K\,k\,l}{3\,\mathrm{E}\,J},$$

somit

$$f_1 = \frac{K k^3}{3 E J_v} + \frac{K k^2 l}{3 E J} = \frac{K k^2}{3 E J}\left(l + k \frac{J}{J_v}\right) = \frac{K k^2 G'}{3 E J}.$$

Die Verschiebung durch H ergibt sich zu

$$f_2 = f'' + k \operatorname{tang} \alpha_1 ,$$

nach Gl. (32) ist

$$f'' = \frac{H k^2}{6 E J_v}(3 h - k) ,$$

nach Gl. (25)

$$\operatorname{tang} \alpha_1 = \frac{H h l}{2 E J}$$

und somit

$$f_2 = \frac{H k^2}{6 E J_v}(3 h - k) + \frac{H h l k}{2 E J} = \frac{H k}{6 E J}\left((3 h - k) k \frac{J}{J_v} + 3 h l\right) ,$$

$$H = -\frac{K k E}{6 h^2 N}$$

eingesetzt, ergibt

$$f_2 = -\frac{K k^2 E}{36 h^2 N E J}\left(k (3 h - k) \frac{J}{J_v} + 3 h l\right) = -\frac{K k^2 E^2}{36 h^2 N E J} ,$$

es ist dann

$$f = f_1 + f_2 = \frac{K k^2}{3 E J}\left(G' - \frac{E^2}{12 h^2 N}\right) , \quad . \quad . \quad . \quad (169)$$

Wirkt die Last K bei C, so ist $k = h$ zu setzen und man erhält

$$f = \frac{K h^2 (2 G - l)}{12 E J} = \frac{H h^2 L}{12 E J} \quad . \quad . \quad . \quad . \quad . \quad (170)$$

c) Verschiebung des Punktes C durch die Last K.

Die Verschiebung durch K beträgt

$$f_1 = f' + h \operatorname{tang} \alpha_1 ,$$

nach Gl. (33) ist

$$f' = \frac{K k^2}{6 E J_v}(3 h - k)$$

und somit

$$f_1 = \frac{K k^2}{6 E J_v}(3 h - k) + \frac{h K k l}{3 E J} .$$

Die Verschiebung durch H beträgt nach Gl. (52)

$$f_2 = \frac{H h^2 N}{2 E J} = -\frac{K k E}{12 E J} ,$$

woraus

$$f = f_1 + f_2 = \frac{K k}{6 E J}\left(k(3h - k)\frac{J}{J_v} + 2hl - \frac{E}{2}\right) = \frac{K k (E - 2hl)}{12 E J} . \quad (171)$$

Setzt man $k = h$, so erhält man den in Gl. (170) gefundenen Wert für f.

d) Durchbiegung in der Mitte des Querträgers durch die Belastung p.

Wie bei a) ist

$$f = \frac{M_0 l^2}{16 E J} + \frac{H h l^2}{8 E J},$$

nach Gl. (163) ist

$$H = -\frac{p h (G + l)}{8 N},$$

ferner

$$M_0 = \frac{p h^2}{2},$$

und somit erhält man

$$f = \frac{p h^2 l^2}{32 E J}\left(1 + \frac{G + l}{2N}\right) = \frac{p h^2 l^2 (J N + l)}{128 E J N} \quad . \quad . \quad . \quad (172)$$

e) Verschiebung des Punktes C durch die Belastung p.

Die Verschiebung durch p beträgt

$$f_1 = f' + h \operatorname{tang} \alpha_1 ,$$

nach Gl. (45) ist

$$f' = \frac{p h^4}{8 E J_v},$$

ferner ist

$$\operatorname{tang} \alpha_1 = \frac{M_0 l}{3 E J} = \frac{p h^2 l}{6 E J}$$

und somit

$$f_1 = \frac{p h^4}{8 E J_v} + \frac{p h^3 l}{6 E J} = \frac{p h^3 (3G + l)}{24 E J};$$

wie bei c) ist die Verschiebung durch H

$$f_2 = \frac{H h^2 N}{2 E J} = -\frac{p h^3 (G + l)}{16 E J}$$

und man erhält:

$$f = f_1 + f_2 = \frac{p h^3}{8 E J}\left(G + \frac{l}{3} - \frac{(G + l)}{2}\right),$$

$$f = \frac{p h^3 (3G - l)}{48 E J} \quad . \quad . \quad . \quad . \quad . \quad . \quad . \quad . \quad . \quad . \quad (173)$$

Aufgabe 24. Die in Fig. 40 entstehenden Durchbiegungen sollen bestimmt werden.

a) Durchbiegung in der Mitte des Querträgers.

Ist a kleiner als $\frac{l}{2}$, so ist die Durchbiegung durch die Last P nach Gl. (10)

$$f_1 = \frac{P b a}{6 E J}\left(l - \frac{b}{2} - \frac{l^2}{8 b}\right),$$

die Durchbiegung durch H ist nach Gl. (57)

$$f_2 = -\frac{H h l^2}{8 E J};$$

nach Gl. (158) ist nun

$$H = \frac{P b a}{2 N h}$$

und somit:

$$f_2 = -\frac{P b a l^2}{16 E J N}.$$

$$f = f_1 + f_2 = \frac{P b a}{48 E J}\left(8 l - 4 b - \frac{l^2}{b} - \frac{3 l^2}{N}\right). \quad . \quad . \quad (174)$$

Ist a größer als $\frac{l}{2}$, so hat man nach Gl. (9)

$$f = \frac{P b a}{48 E J}\left(8 l - 4 a - \frac{l^2}{a} - \frac{3 l^2}{N}\right). \quad . \quad . \quad . \quad (174a)$$

Greift die Last P in der Mitte des Querträgers an, so hat man $a = b = \frac{l}{2}$ zu setzen und erhält

$$f = \frac{P l^3 (4 N - 3 l)}{192 E J N} \quad . \quad . \quad . \quad . \quad . \quad . \quad . \quad . \quad . \quad (175)$$

b) Verschiebung des Punktes A.

Man denkt sich den Querträger $A B$ festgehalten und bestimmt die Verschiebung von C.

Es ist

$$f = h \operatorname{tang} \alpha_1 - \frac{H h^2 N}{2 E J},$$

nach Gl. (13) ist

$$\operatorname{tang} \alpha_1 = \frac{P b a (2 l - a)}{6 l E J}$$

und demnach:

$$f = \frac{P b a (2l - a) h}{6 l \mathsf{E} J} - \frac{P b a h^2 N}{4 \mathsf{E} J N h},$$

$$f = \frac{P b a h}{12 \mathsf{E} J}\left(4 - \frac{2a}{l} - 3\right) = \frac{P b a h}{12 \mathsf{E} J}\left(1 - \frac{2a}{l}\right) \quad . \quad . \quad . \quad (176)$$

Setzt man in diese Gleichung $a = \frac{l}{2}$, so wird $f = 0$, da bei symmetrischer Belastung keine seitliche Verschiebung stattfindet.

Aufgabe 25. Die in Fig. 41 entstehenden Durchbiegungen sollen bestimmt werden.

a) Durchbiegung in der Mitte des Querträgers durch die Belastung p.

Nach Gl. (160a) ist

$$H = \frac{p l^3}{12 h N},$$

die Durchbiegung des statisch bestimmten Systems durch die Belastung p ist nach Gl. (38)

$$f_1 = \frac{5 p l^4}{384 \mathsf{E} J}$$

und die Durchbiegung durch H nach Gl. (57)

$$f_2 = -\frac{H h l^2}{8 \mathsf{E} J} = -\frac{p l^5 h}{96 h N \mathsf{E} J},$$

somit ist

$$f = f_1 + f_2 = \frac{5 p l^4}{384 \mathsf{E} J} - \frac{p l^5}{96 N \mathsf{E} J} = \frac{p l^4}{96 \mathsf{E} J}\left(\frac{5}{4} - \frac{l}{N}\right) \quad . \quad . \quad . \quad (177)$$

b) Durchbiegung in der Mitte des Querträgers durch die Last P.

Nach Gl. (161a) ist

$$H = -\frac{M_0 l}{2 h N}, \qquad M_0 = P c\,.$$

Die Durchbiegung des statisch bestimmten Systems durch P ist nach Gl. (19)

$$f_1 = -\frac{M_0 l^2}{16 \mathsf{E} J},$$

ferner ist wie bei a)

$$f_2 = -\frac{H h l^2}{8 \mathsf{E} J} = \frac{M_0 l^3}{16 N \mathsf{E} J},$$

und man erhält

$$f = f_1 + f_2 = \frac{M_0 l^2}{16 \mathsf{E} J}\left(\frac{l}{N} - 1\right) = \frac{P c l^2}{16 \mathsf{E} J}\left(\frac{l}{N} - 1\right) \quad . \quad . \quad . \quad (178)$$

§ 9. Zahlenbeispiele zu den Aufgaben 13 bis 25.

Beispiel 1. Der in Fig. 42 gezeigte Brückenendrahmen soll berechnet werden. Im Riegel CD tritt eine Temperaturerhöhung um $t = 20°$ C auf.

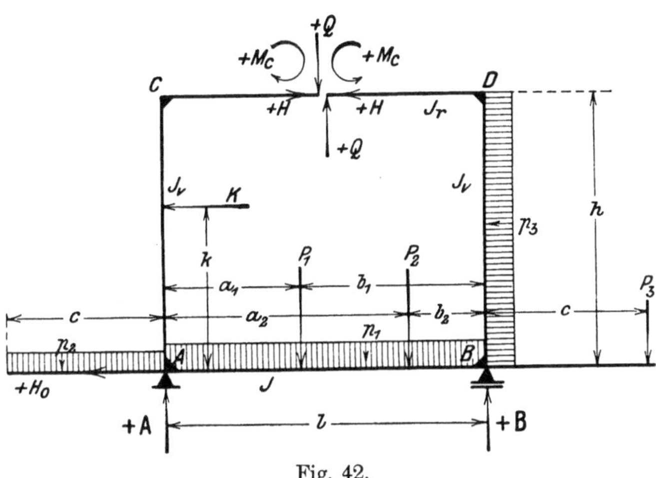

Fig. 42.

Es sei:

$l = 8{,}0$ m, $\quad h = 6{,}0$ m, $\quad c = 3{,}0$ m, $\quad P_1 = 5000$ kg, $\quad p_1 = 1000$ kg pro m,

$a_1 = 3{,}0$ m, $\quad b_1 = 5{,}0$ m, $\quad k = 4{,}0$ m, $\quad P_2 = 8000$ kg, $\quad p_2 = \;\;600$ kg pro m,

$a_2 = 6{,}0$ m, $\quad b_2 = 2{,}0$ m, $\quad K = 1000$ kg, $\quad P_3 = 2000$ kg, $\quad p_3 = \;\;400$ kg pro m,

$J = 60000 \text{ cm}^4, \quad J_v = 20000 \text{ cm}^4, \quad J_r = 10000 \text{ cm}^4.$

a) Belastung P_1 und P_2.

Nach den Gl. (78), (79) und (80) ist:

$$H = -\frac{\Sigma P b a}{2h} \cdot \frac{R-G}{RN-G^2}, \qquad M_c = \frac{\Sigma P b a}{2} \cdot \frac{G-N}{RN-G^2},$$

$$Q = -\frac{\Sigma P b a (b-a)}{O l^2}.$$

Die Konstanten berechnen sich folgendermaßen:

nach Gl. (53) $\quad N = l + \frac{2 \cdot h}{3} \frac{J}{J_v} = 8{,}0 + \frac{2 \cdot 6{,}0}{3} 3 = 20,$

nach Gl. (56) $\quad G = l + h \frac{J}{J_v} = 8{,}0 + 6{,}0 \cdot 3 = 26,$

nach Gl. (68) $\quad R = l + 2h \frac{J}{J_v} + l \frac{J}{J_r} = 8{,}0(1 + 6) + 2 \cdot 6{,}0 \cdot 3 = 92,$

nach Gl. (66) $\quad O = l + 6h \frac{J}{J_v} + l \frac{J}{J_r} = 8{,}0(1 + 6) + 6 \cdot 6{,}0 \cdot 3 = 164.$

Es ist dann:

$$RN - G^2 = 92 \cdot 20 - 26^2 = 1164, \quad \frac{R-G}{RN-G^2} = \frac{92-26}{1164} = \frac{11}{194} = 0{,}0567.$$

$$\frac{G-N}{RN-G^2} = \frac{6}{1164} = \frac{1}{194} = 0{,}0052,$$

$$\Sigma P b a = 5000 \cdot 3{,}0 \cdot 5{,}0 + 8000 \cdot 6{,}0 \cdot 2{,}0 = 171\,000.$$

$$\Sigma P b a (b-a) = 5000 \cdot 3{,}0 \cdot 5{,}0(5{,}0-3{,}0) + 8000 \cdot 6{,}0 \cdot 2{,}0(2{,}0-6{,}0) = 234\,000$$

$$H = -\frac{171\,000}{2 \cdot 6{,}0} \cdot \frac{11}{194} = -808 \text{ kg}, \quad M_c = + \frac{171\,000}{2} \frac{1}{194} = +441 \text{ kgm},$$

$$Q = -\frac{234\,000}{164 \cdot 8{,}0^2} = -22 \text{ kg}.$$

Die Momente an den Eckpunkten betragen:

$$M_C = 441 - 22 \cdot \frac{8{,}0}{2} = +353 \text{ kgm},$$

$$M_D = 441 + 22 \cdot \frac{8{,}0}{2} = +529 \text{ kgm},$$

$$M_A = 353 - 808 \cdot 6{,}0 = -4495 \text{ kgm},$$

$$M_B = 529 - 808 \cdot 6{,}0 = -4319 \text{ kgm}.$$

Die Längskräfte in den Stäben betragen:

im Riegel CD: $S_r = -808$ kg,
„ Querträger AB: $S = +808$ kg,
„ Vertikale CA: $S_{v_1} = +22$ kg,
„ „ DB: $S_{v_2} = -22$ kg.

b) Belastung p_1.

Nach den Gl. (84), (85) und (86) ist:

$$H = -\frac{p l^3}{12 h} \frac{R-G}{RN-G^2} = -\frac{1000 \cdot 8{,}0^3}{12 \cdot 6{,}0} \frac{11}{194} = -403 \text{ kg},$$

$$M_c = +\frac{p l^3}{12} \frac{G-N}{RN-G^2} = +\frac{1000 \cdot 8{,}0^3}{12} \frac{1}{194} = +220 \text{ kgm},$$

$$Q = 0;$$

ferner ist:

$$M_C = M_D = M_c = 220 \text{ kgm},$$

$$M_A = M_B = 220 - 403 \cdot 6{,}0 = -2198 \text{ kgm},$$

$$S = +403 \text{ kg}, \quad S_r = -403 \text{ kg}, \quad S_v = 0.$$

c) Belastung p_2.

Es ist $M_0 = \frac{p c^2}{2} = \frac{600 \cdot 3{,}0^2}{2} = 2700$ kgm.

Nach den Gl. (90), (91) und (92) erhält man:

$$H = +\frac{M_0 l}{2 h} \frac{R-G}{RN-G^2} = +\frac{2700 \cdot 8{,}0}{2 \cdot 6{,}0} \cdot \frac{11}{194} = +102 \text{ kg},$$

$$M_c = -\frac{M_0 l}{2} \frac{G-N}{RN-G^2} = -\frac{2700 \cdot 8{,}0}{2} \cdot \frac{1}{194} = -56 \text{ kgm},$$

$$Q = +\frac{M_0}{O} = +\frac{2700}{164} = +16 \text{ kg};$$

ferner ist:

$$M_C = -\,56 + \;\;16 \cdot \frac{8{,}0}{2} = +\;\;\;8 \text{ kgm}, \qquad S_r = +102 \text{ kg},$$

$$M_D = -\,56 - \;\;16 \cdot \frac{8{,}0}{2} = -120 \text{ kgm}, \qquad S = -102 \text{ kg},$$

$$M_A = +\;\;\;8 + 102 \cdot 6{,}0 = +620 \text{ kgm}, \qquad S_{o_1} = -\;\;16 \text{ kg},$$

$$M_B = -120 + 102 \cdot 6{,}0 = +492 \text{ kgm}. \qquad S_{o_2} = +\;\;16 \text{ kg}.$$

d) Belastung P_3.

Es ist $M_0 = P\,c = 2000 \cdot 3{,}0 = 6000$ kgm.

Nach den Gl. (90), (91) und (93) erhält man:

$$H = +\frac{M_0\, l}{2\,h}\,\frac{R-G}{R\,N-G^2} = +\frac{6000 \cdot 8{,}0}{2 \cdot 6{,}0} \cdot \frac{11}{194} = +227 \text{ kg},$$

$$M_c = -\frac{M_0\, l}{2}\,\frac{G-N}{R\,N-G^2} = -\frac{6000 \cdot 8{,}0}{2} \cdot \frac{1}{194} = -124 \text{ kgm},$$

$$Q = -\frac{M_0}{O} = -\frac{6000}{164} = -\;\;37 \text{ kg};$$

ferner ist:

$$M_C = -124 - \;\;37 \cdot \frac{8{,}0}{2} = -\;\;272 \text{ kgm}, \qquad S_r = +227 \text{ kg},$$

$$M_D = -124 + \;\;37 \cdot \frac{8{,}0}{2} = +\;\;\;24 \text{ kgm}, \qquad S = -227 \text{ kg},$$

$$M_A = -272 + 227 \cdot 6{,}0 = +1090 \text{ kgm}, \qquad S_{o_1} = +\;\;37 \text{ kg},$$

$$M_B = +\;\;24 + 227 \cdot 6{,}0 = +1386 \text{ kgm}. \qquad S_{o_2} = -\;\;37 \text{ kg}.$$

e) Belastung K.

Nach den Gl. (103a), (104a) und (105a) ist:

$$M_c = -\frac{K\,k}{6\,h(R\,N-G^2)}(E\,G - 3\,h\,N\,G'),$$

$$H = \frac{K\,k}{6\,h^2(R\,N-G^2)}(E\,R - 3\,h\,G\,G'),$$

$$Q = \frac{K\,k\,T'}{O\,l},$$

nach Gl. (99) ist $\quad G' = l + k\,\frac{J}{J_v} = 8{,}0 + 4{,}0 \cdot 3 = 20,$

„ „ (102) „ $\quad E = 3\,l\,h + k(3\,h - k)\,\frac{J}{J_v}$

$$= 3 \cdot 8{,}0 \cdot 6{,}0 + 4{,}0(3 \cdot 6{,}0 - 4{,}0)3 = 312,$$

„ „ (105) „ $\quad T' = l + 3\,h\,\frac{J}{J_v} = 8{,}0 + 3 \cdot 4{,}0 \cdot 3 = 44,$

und somit ergibt sich:

$$M_c = -\frac{1000 \cdot 4{,}0}{6 \cdot 6{,}0 \cdot 1164}(312 \cdot 26 - 3 \cdot 6{,}0 \cdot 20 \cdot 20) = -\;87 \text{ kgm},$$

$$H = \frac{1000 \cdot 4{,}0}{6 \cdot 6{,}0^2 \cdot 1164}(312 \cdot 92 - 3 \cdot 6{,}0 \cdot 26 \cdot 20) = +308 \text{ kg},$$

$$Q = \frac{1000 \cdot 4{,}0 \cdot 44}{164 \cdot 8{,}0} = +134 \text{ kg};$$

ferner ist:

$$M_C = -87 + 134 \cdot \frac{8,0}{2} = +449 \text{ kgm}, \qquad S_r = +308 \text{ kg},$$

$$M_D = -87 - 134 \cdot \frac{8,0}{2} = -623 \text{ kgm}, \qquad S = -308 \text{ kg},$$

$$M_A = +449 + 308 \cdot 6,0 - 1000 \cdot 4,0 = -1703 \text{ kgm}, \qquad S_{c_1} = -134 \text{ kg},$$

$$M_B = -623 + 308 \cdot 6,0 = +1225 \text{ kgm}. \qquad S_{c_2} = +134 \text{ kg}.$$

$$H_0 = -1000 \text{ kg}, \qquad A = +\frac{1000 \cdot 4,0}{8,0} = +500 \text{ kg}, \qquad B = -500 \text{ kg}.$$

f) Belastung p_3.

Nach Aufgabe 17d ist:

$$M_c = +\frac{p\,h^2 (G(G+l) - 2\,N^2)}{8(RN - G^2)}, \qquad \text{nach Gl. (123)}$$

$$H = -\frac{p\,h (R(G+l) - 2\,NG)}{8(RN - G^2)}, \qquad \text{nach Gl. (124)}$$

$$Q = +\frac{p\,h^2 L}{20\,l}, \qquad \text{nach Gl. (125a)}$$

nach Gl. (62) ist:

$$L = l + 2\,h \frac{J}{J_c} = 8,0 + 2 \cdot 6,0 \cdot 3 = 44\,.$$

Es ergibt sich dann:

$$M_c = \frac{400 \cdot 6,0^2 (26(26 + 8,0) - 2 \cdot 20^2)}{8 \cdot 1164} = +130 \text{ kgm},$$

$$H = -\frac{400 \cdot 6,0 (92(26 + 8,0) - 2 \cdot 20 \cdot 26)}{8 \cdot 1164} = -538 \text{ kg}.$$

$$Q = \frac{400 \cdot 6,0^2 \cdot 44}{2 \cdot 164 \cdot 8,0} = +241 \text{ kg};$$

ferner ist:

$$M_C = 130 + 241 \cdot \frac{8,0}{2} = +1094 \text{ kgm}, \qquad S_r = -538 \text{ kg},$$

$$M_D = 130 - 241 \cdot \frac{8,0}{2} = -834 \text{ kgm}, \qquad S = +583 \text{ kg},$$

$$M_A = 1094 - 538 \cdot 6,0 = -2134 \text{ kgm}, \qquad S_{c_1} = -241 \text{ kg},$$

$$M_B = -834 - 538 \cdot 6,0 + \frac{400 \cdot 6,0^2}{2} = +3138 \text{ kgm}. \qquad S_{c_2} = +241 \text{ kg}.$$

$$H_0 = -400 \cdot 6,0 = -2400 \text{ kg}, \qquad A = +\frac{400 \cdot 6,0^2}{2 \cdot 8,0} = +900 \text{ kg},$$

$$B = -900 \text{ kg}.$$

g) Wirkung der Temperaturerhöhung des Riegels CD.

Nach den Gl. (133) und (134) ist:

$$M_c^t = \frac{\mathsf{E}\,J\,\varepsilon\,t\,l\,G}{h(RN - G^2)} \quad \text{und} \quad H = -\frac{\mathsf{E}\,J\,\varepsilon\,t\,l\,R}{h^2(RN - G^2)};$$

hier müssen alle Längen in Zentimetern eingesetzt werden, da E und J in Kilogramm pro Quadratzentimeter resp. cm^4 ausgedrückt sind. Es ist somit:

$$G = 2600\,, \quad R = 9200\,, \quad RN - G^2 = 11640000\,,$$

$$\mathsf{E}\varepsilon = 2000000 \cdot 0{,}0000118 = 23{,}6\,,$$

$$M_c = \frac{60000 \cdot 23{,}6 \cdot 20 \cdot 800 \cdot 2600}{600 \cdot 11640000} = 8434 \text{ kgcm} = \text{rd. } 84 \text{ kgm},$$

$$H = -\frac{60000 \cdot 23{,}6 \cdot 20 \cdot 800 \cdot 9200}{600^2 \cdot 11640000} = -50 \text{ kg};$$

ferner ist:

$$M_C = M_D = 84 \text{ kgm}, \qquad S_r = -50 \text{ kg},$$

$$M_A = M_B = 84 - 50 \cdot 6{,}0 = -216 \text{ kgm}. \qquad S = +50 \text{ kg},$$

$$S_v = 0 \quad \text{do.} \quad Q = 0\,.$$

Beispiel 2. Zu Aufgabe 19, Fig. 35.

Die Abmessungen sind wie im Beispiel 1.

Zu a): Belastung P_1 und P_2.

Nach den Gl. (137), (138 und (139) ist:

$$H = \frac{\Sigma P b a}{2h} \frac{L - G}{LN - G^2}\,,$$

$$M_c = -\frac{\Sigma P b a}{2} \frac{G - N}{LN - G^2}\,,$$

$$Q = \frac{\Sigma P b a (b - a)}{3L - 2l}\,.$$

Aus Beispiel 1 erhält man:

$$LN - G^2 = 44 \cdot 20 - 26^2 = 204\,,$$

$$\frac{L - G}{LN - G^2} = \frac{44 - 26}{204} = \frac{3}{34} = 0{,}0882\,,$$

$$\frac{G - N}{LN - G^2} = \frac{26 - 20}{204} = \frac{1}{34} = 0{,}0294\,.$$

Die Größe und Lage der Lasten P_1 und P_2 soll auch wie in Beispiel 1 sein, und man erhält dann:

$$H = \frac{171000}{2 \cdot 6{,}0} \cdot \frac{3}{34} = 1257 \text{ kg},$$

$$M_c = -\frac{171000}{2} \cdot \frac{1}{34} = -2514 \text{ kgm},$$

$$Q = \frac{234000}{8{,}0^2(3 \cdot 44 - 2 \cdot 8{,}0)} = 32 \text{ kg}.$$

Ferner ist:

$$M_C = +2514 - 32 \cdot \frac{8{,}0}{2} = +2386 \text{ kgm},$$

$$M_D = +2514 + 32 \cdot \frac{8{,}0}{2} = +2642 \text{ kgm},$$

$$M_A = +2386 - 1257 \cdot 6{,}0 = -5156 \text{ kgm},$$

$$M_B = +2642 - 1257 \cdot 6{,}0 = -4900 \text{ kgm},$$

$$\mathsf{A} = \frac{5000 \cdot 5{,}0 + 8000 \cdot 2{,}0}{8{,}0} = 5125 \text{ kg},$$

$$\mathsf{B} = 13000 - 5125 = 7875 \text{ kg},$$

$$S = -1257 \text{ kg},$$

$$S_{c_1} = -5125 - 32 = -5157 \text{ kg},$$

$$S_{c_2} = -7875 + 32 = -7843 \text{ kg}.$$

Zu b): Belastung $p_5 = 1000$ kg pro Meter.

Nach den Gl. (140), (141) und (142) ist:

$$M_c = -\frac{p l^3}{12} \frac{G-N}{LN-G^2}, \quad H = \frac{p l^3}{12 h} \frac{L-G}{LN-G^2},$$

$$Q = 0,$$

und somit ergibt sich:

$$M_c = -\frac{1000 \cdot 8{,}0^3}{12} \cdot \frac{1}{34} = -1255 \text{ kgm},$$

$$H = \frac{1000 \cdot 8{,}0^3}{12 \cdot 6{,}0} \cdot \frac{3}{34} = +\ 628 \text{ kg},$$

$$M_C = M_D = +1255 \text{ kgm},$$

$$M_A = M_B = +1255 - 628 \cdot 6{,}0 = -2513 \text{ kgm},$$

$$\mathsf{A} = \mathsf{B} = 1000 \cdot \frac{8{,}0}{2} = 4000 \text{ kg},$$

$$S = -628 \text{ kg},$$

$$S_c = -4000 \text{ kg}.$$

Zu c): Belastung P_4 und p_6.

Es sei $P_4 = 2000$ kg, $p_6 = 600$ kg pro Meter, $c = 3{,}0$ m. Das Moment der äußeren Belastung bei B beträgt:

$$M_0 = -\left(2000 \cdot 3{,}0 + \frac{600 \cdot 3{,}0^2}{2}\right) = -8700 \text{ kgm}.$$

Nach den Gl. (143), (144) und (145) ist

$$M_c = \frac{M_0 l}{2} \frac{G-N}{LN-G^2} = \frac{8700 \cdot 8{,}0}{2} \cdot \frac{1}{34} = +1023 \text{ kgm},$$

$$H = -\frac{M_0 l}{2 h} \frac{L-G}{LN-G^2} = -\frac{8700 \cdot 8{,}0}{2 \cdot 6{,}0} \cdot \frac{3}{34} = -\ 512 \text{ kg},$$

$$Q = \frac{M_0}{3 L - 2 l} = \frac{8700}{3 \cdot 44 - 2 \cdot 8{,}0} = 75 \text{ kg}.$$

$$M_C = -1023 - 75 \cdot \frac{8{,}0}{2} = -1323 \text{ kgm},$$

$$M_D = -1023 + 75 \cdot \frac{8{,}0}{2} = -\ 723 \text{ kgm},$$

$$M_A = -1323 + 512 \cdot 6{,}0 = +1749 \text{ kgm},$$

$M_B = -\ 723 + 512 \cdot 6{,}0 = +2349$ kgm für die Vertikale,

$M_B = +2349 - 8700 = -6351$ kgm für den Querträger.

$$\mathsf{A} = -\frac{8700}{8{,}0} = -1088 \text{ kg},$$

$$\mathsf{B} = 1088 + 2000 + 600 \cdot 3{,}0 = 4888 \text{ kg},$$

$$S = +512 \text{ kg},$$

$$S_{e_1} = +1088 - 75 = +1013 \text{ kg},$$

$$S_{e_2} = -4888 + 75 = -4813 \text{ kg}.$$

Zu g): Belastung K_3.

Es sei

$$K = 1000 \text{ kg}, \qquad k = 4{,}0 \text{ m}.$$

Nach den Gl. (147a), (148b) und (149) ist:

$$M_c = -\frac{K\,k}{6\,h(LN-G^2)}(EG - 3\,h\,NG'),$$

$$H = \frac{K}{2} + \frac{K \cdot k}{6\,h^2(LN-G^2)}(EL - 3\,h\,GG'),$$

$$Q = \frac{K(h\,T - k\,T')}{l(3\,L - 2\,l)}.$$

Wie in Beispiel 1, e) ist

$$G' = 20, \qquad E = 312, \qquad T' = 44$$

und nach Gl. (110)

$$T = l + 3\,h\frac{J}{J_v} = 8{,}0 + 3 \cdot 6{,}0 \cdot 3 = 62,$$

somit erhält man:

$$M_c = -\frac{1000 \cdot 4{,}0}{6 \cdot 6{,}0 \cdot 204}(312 \cdot 26 - 3 \cdot 6{,}0 \cdot 20 \cdot 20) = -497 \text{ kgm},$$

$$H = \frac{1000}{2} + \frac{1000 \cdot 4{,}0}{6 \cdot 6{,}0^2 \cdot 204}(312 \cdot 44 - 3 \cdot 6{,}0 \cdot 26 \cdot 20) = 897 \text{ kg},$$

$$Q = \frac{1000}{8{,}0(3 \cdot 44 - 2 \cdot 8{,}0)}(6 \cdot 62 - 4 \cdot 44) = 211 \text{ kg}.$$

$$M_C = +497 - 212 \cdot \frac{8{,}0}{2} = -351 \text{ kgm},$$

$$M_D = +497 + 212 \cdot \frac{8{,}0}{2} = +1345 \text{ kgm},$$

$$M_A = -351 \cdot +(1000 - 897)\,6{,}0 = +267 \text{ kgm},$$

$$M_B = +1345 - 897 \cdot 6{,}0 + 1000 \cdot 4{,}0 = -37 \text{ kgm}.$$

$$H_0 = +1000 \text{ kg}, \qquad \mathsf{A} = -\frac{1000 \cdot 2{,}0}{8{,}0} = -250 \text{ kg},$$

$$\mathsf{B} = +250 \text{ kg}, \qquad S = -897 \text{ kg},$$

$$S_{e_1} = +250 - 212 = +38 \text{ kg}, \qquad S_{e_2} = -250 + 212 = -38 \text{ kg}.$$

Zu k): Belastung $p_2 = 400$ kg pro m.

Nach den Gl. (153a), (154a) und (155a) ist:

$$H = -\frac{p h}{2} + \frac{p h}{8} \frac{L(G+l) - 2NG}{LN - G^2} = -\frac{400 \cdot 6{,}0}{2} + \frac{400 \cdot 6{,}0}{8} \cdot$$

$$\cdot \frac{44(26 + 8{,}0) - 2 \cdot 20 \cdot 26}{204} = -529 \text{ kg},$$

$$M_c = -\frac{p h^2}{8} \frac{G(G+l) - 2N^2}{LN - G^2} = -\frac{400 \cdot 6{,}0^2}{8} \frac{26(26 + 8{,}0) - 2 \cdot 20^2}{204} = -741 \text{ kgm},$$

$$Q = -\frac{p h^2 \left(L - \frac{l}{2}\right)}{l(3L - 2l)} = -\frac{400 \cdot 6{,}0^2 \left(44 - \frac{8{,}0}{2}\right)}{8{,}0(3 \cdot 44 - 2 \cdot 8{,}0)} = -621 \text{ kg};$$

ferner ist:

$$M_C = +\ 741 + 621 \cdot \frac{8{,}0}{2} = +3225 \text{ kgm},$$

$$M_D = +\ 741 - 621 \cdot \frac{8{,}0}{2} = -1743 \text{ kgm},$$

$$M_A = +3225 - (2400 - 529)\, 6{,}0 + \frac{400 \cdot 6{,}0^2}{2} = -801 \text{ kgm},$$

$$M_B = -1743 + 529 \cdot 6{,}0 = +1431 \text{ kgm},$$

$S = +529$ kg, $S_{c_1} = -900 + 621 = -279$ kg, $S_{c_2} = +900 - 621 = +279$ kg,

$H_0 = -400 \cdot 6{,}0 = -2400$ kg, $\mathsf{A} = +\dfrac{400 \cdot 6{,}0^2}{2 \cdot 8{,}0} = +900$ kg, $\mathsf{B} = -900$ kg.

Zu o): Die Temperatur des Querträgers erhöht sich um 20° C.

Nach den Gl. (156) und (157) hat man:

$$M_c^t = -\frac{\mathsf{E} J \varepsilon t l G}{h(LN - G^2)} = -\frac{60000 \cdot 23{,}6 \cdot 20 \cdot 800 \cdot 2600}{600 \cdot 2040000} = -48126 \text{ kgcm}, = -481 \text{ kgm},$$

$$H^t = \frac{\mathsf{E} J \varepsilon t l L}{h^2(LN - G^2)} = \frac{60000 \cdot 23{,}6 \cdot 20 \cdot 800 \cdot 4400}{600^2 \cdot 2040000} = +136 \text{ kg}.$$

Hier müssen alle Längen in Zentimeter eingesetzt werden und somit ist:

$$G = 2600, \quad L = 4400, \quad LN - G^2 = 2040000, \quad \mathsf{E}\varepsilon = 23{,}6.$$

Die Eckmomente betragen:

$$M_C = M_D = +481 \text{ kgm},$$

$$M_A = M_B = +481 - 136 \cdot 6{,}0 = -335 \text{ kgm}.$$

Beispiel 3. Zu Aufgabe 23, Fig. 39.

Es sei wie in Beispiel 1:

$l = 8{,}0$ m, $h = 6{,}0$ m, $k = 4{,}0$ m, $K = 1000$ kg, $p = 400$ kg pro m,

$J = 60000 \text{ cm}^4$, $J_c = 20000 \text{ cm}^4$, somit $\dfrac{J}{J_c} = \dfrac{60000}{20000} = 3$.

a) Belastung durch K.

Nach Gl. (162) ist:

$$H = -\frac{K k E}{6 h^2 N}.$$

Die Konstanten berechnen sich zu:

nach Gl. (53):

$$N = l + \frac{2h}{3}\frac{J}{J_v} = 8{,}0 + \frac{2 \cdot 6{,}0}{3} \cdot 3 = 20,$$

nach Gl. (102):

$$E = 3lh + k(3h - k)\frac{J}{J_v} = 3 \cdot 8{,}0 \cdot 6{,}0 + 4{,}0(3 \cdot 6{,}0 - 4{,}0) = 312,$$

und demnach ist:

$$H = -\frac{1000 \cdot 4{,}0 \cdot 312}{6 \cdot 6{,}0^2 \cdot 20} = -289 \text{ kg.}$$

Die Durchbiegung in der Mitte des Querträgers beträgt nach Gl. (168):

$$f = \frac{K k l^2}{16 EJ}\left(1 - \frac{E}{3hN}\right) = \frac{1000 \cdot 400 \cdot 800^2}{16 \cdot 2000000 \cdot 60000}\left(1 - \frac{312}{3 \cdot 6{,}0 \cdot 20}\right) = 0{,}018 \text{ cm.}$$

b) Die horizontale Verschiebung des Angriffspunktes der Last K beträgt nach Gl. (169)

$$f = \frac{K k^2}{3 EJ}\left(G' - \frac{E^2}{12 h^2 N}\right);$$

nach Gl. (99) ist:

$$G' = l + k\frac{J}{J_v} = 8{,}0 + 4{,}0 \cdot 3 = 20$$

und somit:

$$f = \frac{1000 \cdot 400^2 \cdot 100}{3 \cdot 2000000 \cdot 60000}\left(20 - \frac{312^2}{12 \cdot 6{,}0^2 \cdot 20}\right) = 0{,}39 \text{ cm.}$$

c) Die horizontale Verschiebung des Punktes C beträgt nach Gl. (171):

$$f = \frac{K k(E - 2hl)}{12 EJ} = \frac{1000 \cdot 400 \cdot 100^2(312 - 2 \cdot 6{,}0 \cdot 8{,}0)}{12 \cdot 2000000 \cdot 60000} = 0{,}60 \text{ cm.}$$

Wirkt die Last K im Punkte C, so ist die Verschiebung eines Punktes nach Gl. (170):

$$f = \frac{K h^2 L}{12 EJ},$$

nach Gl. (62) ist:

$$L = l + 2h\frac{J}{J_v} = 8{,}0 + 2 \cdot 6{,}0 \cdot 3 = 44$$

und somit

$$f = \frac{1000 \cdot 600^2 \cdot 4400}{12 \cdot 2000000 \cdot 60000} = 1{,}1 \text{ cm.}$$

d) Belastung p.

Nach Gl. (163) ist:

$$H = -\frac{p h(G + l)}{8N},$$

nach Gl. (56) ist

$$G = l + h\frac{J}{J_v} = 8{,}0 + 6{,}0 \cdot 3 = 26$$

und somit:

$$H = -\frac{400 \cdot 6{,}0(26 + 8{,}0)}{8 \cdot 20} = -510 \text{ kg.}$$

Die Durchbiegung in der Querträgermitte beträgt nach Gl. (172):

$$f = \frac{p\,h^2\,l^2(7\,N + l)}{128 \cdot \mathsf{E}\,J\,N} = \frac{4{,}00 \cdot 800^2 \cdot 600^2(7 \cdot 20 + 8{,}0)}{128 \cdot 2000000 \cdot 60000 \cdot 20} = 0{,}44 \text{ cm}.$$

e) **Die Verschiebung des Punktes** C beträgt nach Gl. (173):

$$f = \frac{p \cdot h^3(3\,G - l)}{48\,\mathsf{E}\,J} = \frac{4{,}00 \cdot 600^3 \cdot 100(3 \cdot 26 - 8{,}0)}{48 \cdot 2000000 \cdot 60000} = 1{,}05 \text{ cm}.$$

f) **Durch eine Temperaturerhöhung des Riegels** CD um 20° C entsteht nach Gl. (164) ein Horizontaldruck von

$$H_t = -\frac{\mathsf{E}\,J\,\varepsilon\,t\,l}{N\,h^2} = -\frac{60000 \cdot 23{,}6 \cdot 20 \cdot 800}{2000 \cdot 600^2} = -31{,}5 \text{ kg}.$$

$$\mathsf{E}\,\varepsilon = 23{,}6\,.$$

g) **Die Längenänderungen des Riegels und des Querträgers** sollen berücksichtigt werden.

Nach Gl. (167) ist dann:

$$N' = N + \frac{J\,l}{h^2}\left(\frac{1}{F} - \frac{1}{F_r}\right).$$

Es sei der Querschnitt des Querträgers $F = 100$ qcm und derjenige des Riegels $F_r = 30$ qcm, somit erhält man

$$N' = 2000 + \frac{60\,000 \cdot 800}{600^2}\left(\frac{1}{100} - \frac{1}{30}\right) = 2000 - 3 = 1997\,.$$

Der Einfluß der Längenänderungen ist also sehr gering, nur 0,15%, und darf stets vernachlässigt werden.

Beispiel 4. Der in Fig. 43 gezeigte Rahmen hat dieselben Abmessungen wie in Beispiel 1.

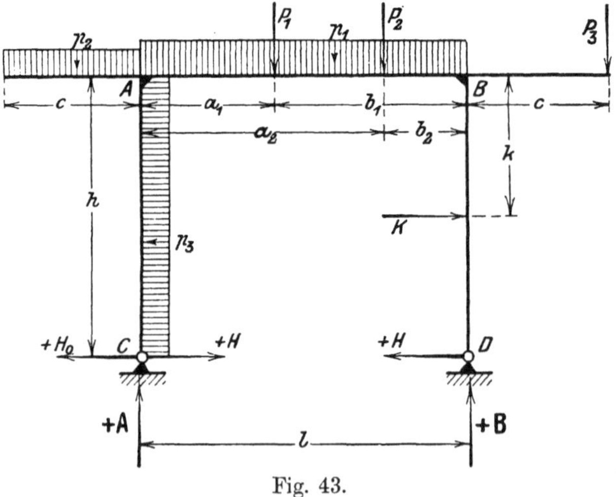

Fig. 43.

a) **Belastung** P_1 **und** P_2.

Nach Gl. (158) ist:

$$H = +\frac{\Sigma P\,b\,a}{2\,N\,h}\,.$$

Aus Beispiel 1 hat man $\Sigma P b a = 171000$, $N = 20$, demnach ergibt sich:

$$H = +\frac{171000}{2 \cdot 6{,}0 \cdot 20} = +713 \text{ kg},$$

$$\mathsf{A} = \frac{\Sigma P b}{l} = +\frac{5000 \cdot 5{,}0 + 8000 \cdot 2{,}0}{8{,}0} = +5125 \text{ kg},$$

$$\mathsf{B} = 5000 + 8000 - 5125 = +7875 \text{ kg}, \qquad H_0 = 0 .$$

b) Belastung $p_1 = 1000$ kg pro Meter.

Nach Gl. (160a) ist:

$$H = +\frac{p\,l^3}{12\,h\,N} = +\frac{1000 \cdot 8{,}0^3}{12 \cdot 6{,}0 \cdot 20} = +356 \text{ kg},$$

$$\mathsf{A} = \mathsf{B} = +\frac{1000 \cdot 8{,}0}{2} = +4000 \text{ kg}, \qquad H_0 = 0 .$$

c) Belastung $P_3 = 2000$ kg, $c = 3{,}0$ m.

Nach Gl. (161a) ist:

$$H = -\frac{M_0\,l}{2\,h\,N} = -\frac{2000 \cdot 3{,}0 \cdot 8{,}0}{2 \cdot 6{,}0 \cdot 20} = -200 \text{ kg}.$$

$$H_0 = 0\,, \qquad \mathsf{A} = -\frac{2000 \cdot 3{,}0}{8{,}0} = -750 \text{ kg}, \qquad \mathsf{B} = 2000 + 750 = +2750 \text{ kg}.$$

d) Belastung $p_2 = 600$ kg pro Meter.

Nach Gl. (161a) ist:

$$H = -\frac{M_0\,l}{2\,h\,N} = -\frac{600 \cdot 3{,}0^2 \cdot 8{,}0}{2 \cdot 2 \cdot 6{,}0 \cdot 20} = -90 \text{ kg}.$$

$$H_0 = 0\,, \qquad \mathsf{B} = -\frac{600 \cdot 3{,}0^2}{2 \cdot 8{,}0} = -338 \text{ kg},$$

$$\mathsf{A} = +600 \cdot 3{,}0 + 338 = +2138 \text{ kg}.$$

e) Belastung $K = 1000$ kg, $k = 4{,}0$ m.

Nach Gl. (165b) ist:

$$H = \frac{K}{2} + \frac{K\,k\,E}{6\,h^2\,N}\,,$$

aus Beispiel 1 hat man $E = 312$, und somit ist:

$$H = \frac{1000}{2} + \frac{1000 \cdot 4{,}0 \cdot 312}{6 \cdot 6{,}0^2 \cdot 20} = +789 \text{ kg}.$$

$$H_0 = +1000 \text{ kg}, \qquad \mathsf{A} = -\frac{1000\,(6{,}0 - 4{,}0)}{8{,}0} = -250 \text{ kg}, \qquad \mathsf{B} = +250 \text{ kg}.$$

f) Belastung $p_3 = 400$ kg pro Meter.

Nach Gl. (166a) ist:

$$H = -\frac{p\,h}{2} + \frac{p\,h\,(G + l)}{8\,N}\,,$$

aus Beispiel 1 hat man $G = 26$, und somit ist:

$$H = -\frac{400 \cdot 6{,}0}{2} + \frac{400 \cdot 6{,}0\,(26 + 8{,}0)}{8 \cdot 20} = -690 \text{ kg}.$$

$$H_0 = -400 \cdot 6{,}0 = -2400\,, \qquad \mathsf{A} = \frac{400 \cdot 6{,}0^2}{2 \cdot 8{,}0} = +900 \text{ kg}, \qquad \mathsf{B} = -900 \text{ kg}.$$

g) **Durch eine Temperaturerhöhung des Querträgers** um 20° C entsteht nach Gl. (164a):

$$H = +\frac{E\,J\,\varepsilon\,t\,l}{N\,h^2} = +\frac{60000 \cdot 23{,}6 \cdot 20 \cdot 800}{2000 \cdot 600^2} = +32 \text{ kg.}$$

Im ganzen ergibt sich demnach:

$$H = 713 + 356 - 200 - 90 + 789 - 690 + 32 = +910 \text{ kg,}$$

$$H_0 = 1000 - 2400 = -1400 \text{ kg,}$$

$$\mathsf{A} = 5125 + 4000 - 750 + 2138 - 250 + 900 = +11163 \text{ kg,}$$

$$\mathsf{B} = 7875 + 4000 + 2750 - 338 + 250 - 900 = +13637 \text{ kg.}$$

Die Momente bei A und B betragen dann:

$$M_A = -(1400 + 910)\,6{,}0 + \frac{400 \cdot 6{,}0^2}{2} = -6660 \text{ kgm} \quad \text{für die Vertikale,}$$

$$M_A = -6660 - \frac{600 \cdot 3{,}0^2}{2} = -9360 \text{ kgm} \quad \text{für den Querträger,}$$

$$M_B = -910 \cdot 6{,}0 + 1000 \cdot 4{,}0 = -1460 \text{ kgm} \quad \text{für die Vertikale,}$$

$$M_B = -1460 - 2000 \cdot 3{,}0 = -7460 \text{ kgm} \quad \text{für den Querträger.}$$

Die Längskraft im Stabe AB beträgt $S = +\ 910$ kg,

„ „ „ „ AC „ $S_{c_1} = -11163$ kg,

„ „ „ „ DB „ $S_{c_2} = -13637$ kg.

§ 10. Zweifach statisch unbestimmter Rahmen mit starren Eckverbindungen, welcher an einem Auflager eingespannt, am anderen gelenkartig gelagert ist.

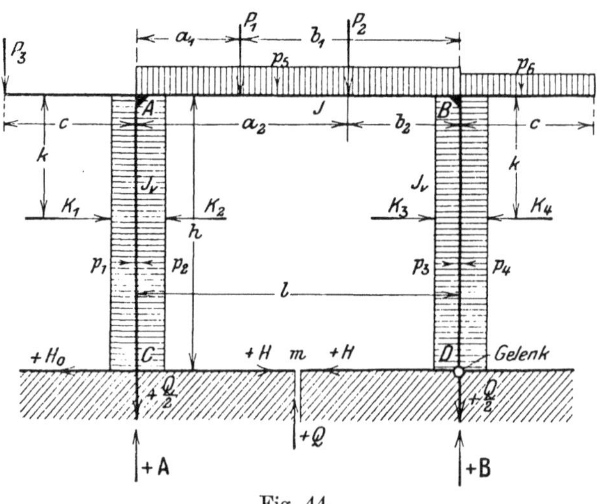

Fig. 44.

Wie in § 6, denkt man sich das linke Fundament durch einen starren Stab Cm ersetzt, dessen Trägheitsmoment $= \infty$ ist, und welcher also mit der Vertikale in C starr verbunden ist. Das System ist zweifach statisch unbestimmt. Es sind die Unbekannten H und Q zu ermitteln. Zur Lösung der Aufgabe denkt man sich zunächst das System bei C gelenkartig gelagert und untersucht die Wirkung der Größen H und Q auf dasselbe.

a) Einfluß der Horizontalkraft H.

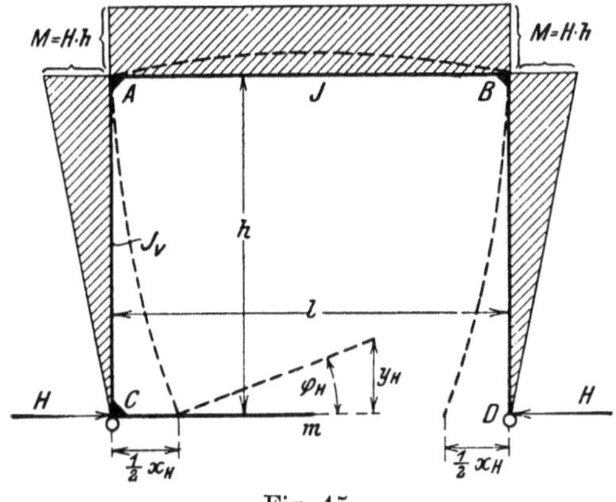

Fig. 45.

Nach den Gl. (63) und (64) hat man:

$$x_H = \frac{H h^2 N}{\mathsf{E} J}; \qquad \operatorname{tang} \varphi_H = \frac{H h G}{2 \mathsf{E} J},$$

ferner ist

$$y_H = \frac{l}{2} \operatorname{tang} \varphi_H = \frac{H h l G}{4 \mathsf{E} J}.$$

b) Einfluß der Querkraft Q.

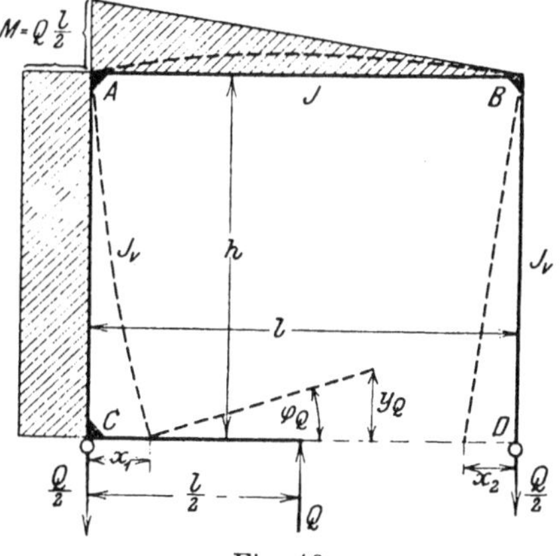

Fig. 46.

Aus Gl. (60) erhält man

$$x_Q = \frac{M h G}{2 \mathsf{E} J} = \frac{Q l h G}{4 \mathsf{E} J}.$$

Der Winkel φ beträgt:

1. durch die Biegung des Querträgers nach Gl. (21)

$$\operatorname{tang} \varphi_1 = \frac{M l}{3 \mathsf{E} J} = \frac{Q l^2}{6 \mathsf{E} J},$$

2. durch die Biegung der Vertikale nach Gl. (35)

$$\operatorname{tang} \varphi_2 = \frac{M h}{\mathsf{E} J_v} = \frac{Q l h}{2 \mathsf{E} J_v}$$

und demnach

$$\operatorname{tang} \varphi_Q = \frac{Q l^2}{6 \mathsf{E} J} + \frac{Q l h}{2 \mathsf{E} J_v} = \frac{Q l}{6 \mathsf{E} J}\left(l + 3 h \frac{J}{J_v}\right) = \frac{Q l T}{6 \mathsf{E} J};$$

ferner ist

$$y_Q = \frac{l}{2} \operatorname{tang} \varphi_Q = \frac{Q l^2 T}{12 \mathsf{E} J}.$$

Nennt man nun die durch die äußere Belastung erzeugten Verschiebungen x_0 und y_0, so hat man die folgenden zwei Hauptgleichungen:

$$\Sigma x = \frac{H h^2 N}{\mathsf{E} J} + \frac{Q l h G}{4 \mathsf{E} J} + x_0 = 0,$$

$$4 H h^2 N + Q l h G + 4 \mathsf{E} J x_0 = 0, \quad . \quad . \quad (179)$$

$$\Sigma y = \frac{H h l G}{4 \mathsf{E} J} + \frac{Q l^2 T}{12 \mathsf{E} J} + y_0 = 0,$$

$$3 H h l G + Q l^2 T + 12 \mathsf{E} J y_0 = 0, \quad . \quad . \quad (180)$$

aus Gl. (179) ergibt sich:

$$H = -\frac{Q l h G + 4 \mathsf{E} J x_0}{4 h^2 N}, \qquad Q = -\frac{4 H h^2 N + 4 \mathsf{E} J x_0}{l h G},$$

und aus Gl. (180):

$$H = -\frac{Q l^2 T + 12 \mathsf{E} J y_0}{3 h l G}, \qquad Q = -\frac{3 H h l G + 12 \mathsf{E} J y_0}{l^2 T},$$

woraus:

$$(Q l h G + 4 \mathsf{E} J x_0)\, 3 h l G = (Q l^2 T + 12 \mathsf{E} J y_0)\, 4 h^2 N,$$

$$Q = -\frac{12 \mathsf{E} J (4 h N y_0 - l G x_0)}{h l^2 (-3 G^2 + 4 N T)}; \quad . \quad . \quad . \quad . \quad (181)$$

ferner:

$$(4 H h^2 N + 4 \mathsf{E} J x_0)\, l^2 T = (3 H h l G + 12 \mathsf{E} J y_0)\, l h G,$$

$$H = \frac{4 \mathsf{E} J (3 h G y_0 - l T x_0)}{h^2 l (-3 G^2 + 4 N T)} \quad . \quad . \quad . \quad . \quad . \quad . \quad (182)$$

Aufgabe 26. Der Rahmen Fig. 44 ist mit den Einzellasten P_1 und P_2 belastet.

Für jede Belastung des Querträgers oder dessen Verlängerung ist:

$$x_0 = h \operatorname{tang} \alpha' ,$$

$$y_0 = \frac{l}{2} \operatorname{tang} \alpha_1 ,$$

wo α_1 den Biegungswinkel bei A und α' die Summe der Biegungswinkel bei A und B bedeuten.

Nach Gl. (16) hat man

$$\operatorname{tang} \alpha' = - \frac{\Sigma P b a}{2 \mathsf{E} J}$$

und nach Gl. (13)

$$\operatorname{tang} \alpha_1 = - \frac{\Sigma P b a (2 l - a)}{6 \mathsf{E} J l} ,$$

hier negativ, da das offene System nach außen gebogen wird; somit ist:

$$x_0 = - \frac{h}{2 \mathsf{E} J} \Sigma P b a ,$$

$$y_0 = - \frac{1}{12 \mathsf{E} J} \Sigma P b a (2 l - a) .$$

Diese Werte werden in die Gleichungen (181) und (182) eingesetzt und man erhält:

$$Q = - \frac{-4 N \Sigma P b a (2 l - a) + 6 l G \Sigma P b a}{l^2 (-3 G^2 + 4 N T)} , \quad . \quad . \quad . \quad (183)$$

$$H = \frac{-G \Sigma P b a (2 l - a) + 2 l T \Sigma P b a}{h l (-3 G^2 + 4 N T)} . \quad . \quad . \quad . \quad (184)$$

Beispiel 5. Zu Aufgabe 26, Fig. 44.
Es sei wie in Beispiel 1:

$$l = 8{,}0 \text{ m}, \quad h = 6{,}0 \text{ m}, \quad J = 60000 \text{ cm}^4 , \quad J_v = 20000 \text{ cm}^4 .$$

$$P_1 = 5000 \text{ kg}, \quad a_1 = 3{,}0 \text{ m}, \quad b_1 = 5{,}0 \text{ m},$$

$$P_2 = 8000 \text{ kg}, \quad a_2 = 6{,}0 \text{ m}, \quad b_2 = 2{,}0 \text{ m}.$$

Die Konstanten berechnen sich zu:

nach Gl. (53) $\quad N = l + \frac{2 h}{3} \frac{J}{J_v} = 8{,}0 + \frac{2 \cdot 6{,}0}{3} \cdot 3 = 20 ,$

nach Gl. (56) $\quad G = l + h \frac{J}{J_v} = 8{,}0 + 6{,}0 \cdot 3 = 26 ,$

nach Gl. (110) $\quad T = l + 3 h \frac{J}{J_v} = 8{,}0 + 3 \cdot 6{,}0 \cdot 3 = 62 .$

$$4 N T - 3 G^2 = 4 \cdot 20 \cdot 26 - 3 \cdot 26^2 = 2932 .$$

Ferner ergibt sich:

$$\begin{array}{rl} 5000\cdot 3{,}0\cdot 5{,}0 = \ \ 75000\cdot(2\cdot 8{,}0-3{,}0) = & 975000 \\ 8000\cdot 6{,}0\cdot 2{,}0 = \ \ \underline{96000}\cdot(2\cdot 8{,}0-6{,}0) = & \underline{960000} \\ \Sigma P b a = 171000 \quad \Sigma P b a(2l-a) = & 1935000 \end{array}$$

nach Gl. (183) und (184) ist dann

$$Q = -\frac{6\cdot 8{,}0\cdot 26\cdot 171000 - 4\cdot 20\cdot 1935000}{8{,}0^2\cdot 2932} = -312 \text{ kg},$$

$$H = \frac{2\cdot 8{,}0(3\cdot 26 - 2\cdot 8{,}0)\,171000 - 26\cdot 1935000}{6{,}0\cdot 8{,}0\cdot 2932} = +848 \text{ kg}.$$

Die Momente betragen dann

$$M_C = +312\cdot\frac{8{,}0}{2} = +1248 \text{ kgm},$$

$$M_A = +1248 - 848\cdot 6{,}0 = -3840 \text{ kgm},$$

$$M_D = 0,$$

$$M_B = -848\cdot 6{,}0 = -5088 \text{ kgm}.$$

Aufgabe 27. Der Rahmen Fig. 44 ist mit der gleichmäßig verteilten Last p_5 belastet.

Nach Gl. (40) ist

$$\operatorname{tang}\alpha_1 = -\frac{p\,l^3}{24\,E J}$$

und nach Gl. (41)

$$\operatorname{tang}\alpha' = -\frac{p\,l^3}{12\,E J}.$$

Aus der vorigen Aufgabe erhält man dann:

$$x_0 = h\operatorname{tang}\alpha' = -\frac{p\,l^3 h}{12\,E J},$$

$$y_0 = \frac{l}{2}\operatorname{tang}\alpha_1 = -\frac{p\,l^4}{48\,E J}.$$

Durch Einsetzen dieser Werte in die Gl. (181) und (182) erhält man:

$$Q = -\frac{p\,l^2(G-N)}{4NT-3G^2} = -\frac{8\,M_0(G-N)}{4NT-3G^2}, \quad \ldots\ldots \quad (185)$$

$$H = \frac{p\,l^3(9G-8l)}{12h(4NT-3G^2)} = \frac{2M_0\,l(9G-8l)}{3h(4NT-3G^2)}, \quad . \quad (186)$$

wo M_0 das Moment in der Mitte des Querträgers bedeutet.

Beispiel 6. Zu Aufgabe 27, Fig. 44.
Es sei $p_4 = 1000$ kg, sonstige Abmessungen wie in Beispiel 5.
Nach Gl. (185) und (186) ergibt sich dann

$$Q = -\frac{1000\cdot 8{,}0^2(26-20)}{2932} = -131 \text{ kg},$$

$$H = \frac{1000\cdot 8{,}0^3(9\cdot 26 - 8\cdot 8{,}0)}{12\cdot 6{,}0\cdot 2932} = +412 \text{ kg}.$$

Aufgabe 28. Die linke konsolartige Verlängerung des Querträgers Fig. 44 ist mit der Einzellast P_3 belastet.

Es ist

$$M_0 = P c ,$$

nach Gl. (23)

$$\operatorname{tang} \alpha' = \frac{M l}{2 E J} ,$$

nach Gl. (21)

$$\operatorname{tang} \alpha_1 = \frac{M l}{3 E J} .$$

Aus Aufgabe 26 erhält man dann:

$$x_0 = h \operatorname{tang} \alpha' = \frac{M l h}{2 E J} ,$$

$$y_0 = \frac{l}{2} \operatorname{tang} \alpha_1 = \frac{M l^2}{6 E J} .$$

Durch Einsetzen dieser Werte in die Gl. (181) und (182) erhält man:

$$Q = -\frac{2 M (4 N - 3 G)}{4 N T - 3 G^2} = -\frac{M (3 l - N)}{4 N T - 3 G^2} , \quad \ldots \quad (187)$$

$$H = \frac{2 M l (G - T)}{h (4 N T - 3 G^2)} = -\frac{4 M l (G - l)}{h (4 N T - 3 G^2)} . \quad \ldots \quad (188)$$

Das Moment M ist hier positiv einzusetzen.

Beispiel 7. Zu Aufgabe 28, Fig. 44.

Es sei

$$P_3 = 2000 \text{ kg}, \quad c = 3{,}0 \text{ m},$$

$$M_0 = 2000 \cdot 3{,}0 = 6000 \text{ kgm},$$

sonstige Abmessungen wie in Beispiel 5.

Aus den Gl. (187) und (188) erhält man

$$Q = -\frac{6000 \cdot (3 \cdot 8{,}0 - 20)}{2932} = -8 \text{ kg},$$

$$H = -\frac{4 \cdot 6000 \cdot 8{,}0 (26 - 8{,}0)}{6{,}0 \cdot 2932} = -196 \text{ kg}.$$

Die Momente betragen:

$$M_C = +8 \cdot \frac{8{,}0}{2} = +32 \text{ kgm},$$

$M_A = 32 + 196 \cdot 6{,}0 = +1208$ kgm für die Vertikale,

$M_A = +1208 - 6000 = -4792$ kgm für den Querträger,

$M_D = 0 , \quad M_B = +196 \cdot 6{,}0 = +1176$ kgm.

Aufgabe 29. Die rechte Verlängerung des Querträgers Fig. 44 ist mit der gleichmäßig verteilten Last p_6 belastet.

Hier ist:

$$\operatorname{tang}\alpha_1 = \frac{M_0 l}{6\,\mathsf{E}\,J} \quad \text{und} \quad \operatorname{tang}\alpha' = \frac{M_0 l}{2\,\mathsf{E}\,J}$$

und somit:

$$M_0 = \frac{p\,c^2}{2},$$

$$x_0 = h \operatorname{tang}\alpha' = \frac{M_0\,l\,h}{2\,\mathsf{E}\,J},$$

$$y_0 = \frac{l}{2}\operatorname{tang}\alpha_1 = \frac{M_0\,l^2}{12\,\mathsf{E}\,J}.$$

Durch Einsetzen dieser Werte in die Gl. (181) und (182) erhält man:

$$Q = -\frac{M_0(4N-6G)}{4NT-3G^2} = +\frac{M_0(5N-2l)}{4NT-3G^2}, \quad . \quad . \quad (189)$$

$$H = \frac{M_0\,l(G-2T)}{h(4NT-3G^2)} = -\frac{M_0(5G-4l)l}{h(4NT-3G^2)} \quad . \quad . \quad . \quad (190)$$

Aufgabe 30. Die Vertikalen in Fig. 44 sind durch Einzellasten K belastet.

a) Last K_1.

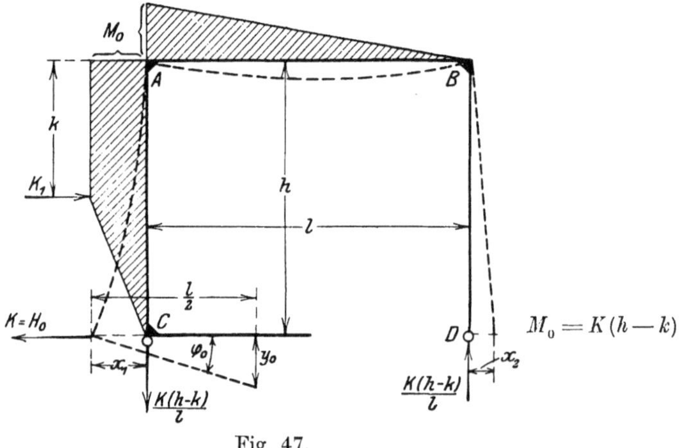

Fig. 47.

Die Momentenflächen des offenen Systems sind in Fig. 47 schraffiert. Es ist dann:

1. durch die Biegung des Querträgers AB

nach Gl. (23)

$$\operatorname{tang}\alpha' = -\frac{M_0\,l}{2\,\mathsf{E}\,J} = -\frac{K(h-k)\,l}{2\,\mathsf{E}\,J},$$

nach Gl. (21)

$$\operatorname{tang}\alpha_1 = -\frac{M_0 l}{3\,\mathsf{E}J} = -\frac{K(h-k)l}{3\,\mathsf{E}J},$$

$$x_1 + x_2 = h \cdot \operatorname{tang}\alpha' = -\frac{K(h-k)lh}{2\,\mathsf{E}J};$$

2. durch die Biegung der Vertikale AC
nach Gl. (30) und (33)

$$x_1' = -\frac{K h^3}{3\,\mathsf{E}J_v} + \frac{K k^2}{6\,\mathsf{E}J_v}(3h-k) = -\frac{K}{6\,\mathsf{E}J_v}\left(2h^3 - k^2(3h-k)\right),$$

nach Gl. (29)

$$\operatorname{tang}\beta_1 = -\frac{K h^2}{2\,\mathsf{E}J_v} + \frac{K k^2}{2\,\mathsf{E}J_v} = -\frac{K}{2\,\mathsf{E}J_v}(h^2-k^2)$$

und demnach:

$$x_0 = x_1 + x_2 + x_1' = -\frac{K}{6\,\mathsf{E}J}\left(3lh(h-k) + 2h^3\frac{J}{J_v} - k^2(3h-k)\frac{J}{J_v}\right),$$

$$x_0 = -\frac{K}{6\,\mathsf{E}J}(3h^2N - kE),$$

$$y_0 = \frac{l}{2}(\operatorname{tang}\alpha_1 + \operatorname{tang}\beta_1) = -\frac{Kl}{12\,\mathsf{E}J}\left(2l(h-k) + 3(h^2-k^2)\frac{J}{J_v}\right),$$

$$y_0 = -\frac{Kl}{12\,\mathsf{E}J}\left(h(3G-l) - k(3G'-l)\right).$$

Diese Werte werden nun in die Gl. (181) und (182) eingesetzt und man erhält:

$$Q = -\frac{12\,\mathsf{E}J\left(\frac{KlG}{6\,\mathsf{E}J}(3h^2N-kE) - 4hN\frac{Kl}{12\,\mathsf{E}J}\left(h(3G-l)-k(3G'-l)\right)\right)}{hl^2(4NT-3G^2)}$$

$$= -\frac{2K\left(G(3h^2N-kE) - 2hN[h(3G-l)-k(3G'-l)]\right)}{hl(4NT-3G^2)},$$

$$Q = +\frac{2K\left(-[2k(T'+l)-hT]hN + kGE\right)}{hl(4NT-3G^2)}, \qquad (191)$$

für $k = h$ erhält man $Q = 0$;

$$H = \frac{4\,\mathsf{E}J\left(\frac{KTl}{6\,\mathsf{E}J}(3h^2N-kE) - \frac{Kl\cdot 3hG}{12\,\mathsf{E}J}\left(h(3G-l)-k(3G'-l)\right)\right)}{h^2l(4NT-3G^2)},$$

$$H = \frac{K\left(2T(3h^2N-kE) - 3hG[h(T+l)-k(T'+l)]\right)}{3h^2(4NT-3G^2)}, \qquad (192)$$

für $k = h$ ist $H = 0$.

Greift die Kraft K bei A an, so hat man $k = 0$ zu setzen und erhält:

$$Q = \frac{K \cdot 2hNT}{l(4NT - 3G^2)}, \quad \ldots \ldots \ldots \quad (193)$$

$$H = \frac{K(2TN - G(3G - l))}{4NT - 3G^2} \quad \ldots \ldots \quad (194)$$

b) Last K_2.

Da diese Kraft umgekehrte Richtung hat, so wechseln beide Unbekannten Q und H das Vorzeichen, werden also negativ. Die Formeln (191) bis (194) bleiben sonst unverändert.

c) Last K_3.

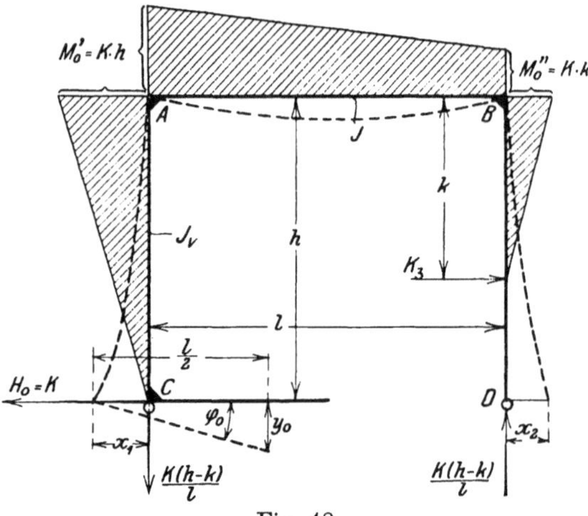

Fig. 48.

Fig. 48 zeigt die durch die Last K_3 entstehenden Momentflächen. Man erhält dann wie bei a):

1. durch die Biegung des Querträgers AB

$$\operatorname{tang}\alpha' = -\frac{M_0 l}{2EJ} = -\frac{K(h+k)l}{2EJ},$$

nach Gl. (21) und (22)

$$\operatorname{tang}\alpha_1 = -\frac{M_0' l}{3EJ} - \frac{M_0'' l}{6EJ} = -\frac{Kl}{6EJ}(2h + k),$$

$$x_1 + x_2 = -\frac{K(h+k)hl}{2EJ};$$

2. durch die Biegung der Vertikale AC

$$x_1 = -\frac{Kh^3}{3EJ_v}, \qquad \operatorname{tang}\beta_1 = -\frac{Kh^2}{2EJ_v};$$

3. durch die Biegung der Vertikale DB

$$x_2 = -\frac{K k^2}{6\,\mathsf{E} J_v}(3h - k)\,.$$

Demnach ist:

$$x_1 = \Sigma x = -\frac{K(h+k)hl}{2\,\mathsf{E} J} - \frac{K h^2}{6\,\mathsf{E} J_v}(3h-k) - \frac{K k^3}{3\,\mathsf{E} J_v}$$

$$= -\frac{K}{6\,\mathsf{E} J}\left(3hl(h+k) + k^2(3h-k)\frac{J}{J_v} + 2h^3\frac{J}{J_v}\right),$$

$$x_0 = -\frac{K}{6\,\mathsf{E} J}(kE + 3h^2 N)\,,$$

$$\operatorname{tang}\varphi_0 = \operatorname{tang}\alpha_1 + \operatorname{tang}\beta_1 = -\frac{K l}{6\,\mathsf{E} J}(2h+k) - \frac{K h^2}{2\,\mathsf{E} J_v}\,,$$

$$y_0 = \frac{l}{2}\operatorname{tang}\varphi_0 = -\frac{K l}{12\,\mathsf{E} J}\big(h(T+l) + kl\big)\,.$$

Durch Einsetzen dieser Werte in die Gl. (181) und (182) erhält man:

$$Q = -\frac{12\,\mathsf{E} J\left(Gl\frac{K}{6\,\mathsf{E} J}(kE + 3h^2N) - 4hN\frac{Kl}{12\,\mathsf{E} J}\big(h(T+l)+kl\big)\right)}{hl^2(4NT - 3G^2)}\,,$$

$$Q = \frac{2K\big(hN(hT + 2kl) - kGE\big)}{hl(4NT - 3G^2)}\,, \quad \ldots\ldots\ldots\ldots \quad (195)$$

$$\text{für } k = h \text{ ist } Q = 0;$$

ferner ergibt sich:

$$H = \frac{4\,\mathsf{E} J\left(Tl\frac{K}{6\,\mathsf{E} J}(kE + 3h^2N) - 3hG\frac{Kl}{12\,\mathsf{E} J}\big(h(T+l)+kl\big)\right)}{h^2 l(4NT - 3G^2)}\,,$$

$$H = \frac{K\big(T[h^2(G+2l) + 2kE] - 3hGl(h+k)\big)}{3h^2(4NT - 3G^2)}\,. \quad \ldots\ldots \quad (196)$$

Setzt man in dieser Formel $k = h$, so ergibt sich:

$$T\big(h^2(G+2l) + 2h\cdot 3hN\big) - 3hGl2h$$
$$= T\big(6h^2N - h^2 3(G - 2N)\big) - 6h^2 lG$$
$$= 3h^2\big(T(2N - G + 2N) - 2lG\big)$$
$$= 3h^2\big(4TN - G(3G - 2l) - 2lG\big) = 3h^2(4NT - 3G^2)\,,$$

und demnach wird $H = K$.

Greift die Kraft K_3 bei B an, so hat man in den obigen Gleichungen $k = 0$ zu setzen und erhält genau dieselben Werte wie in den Gl. (193) und (194).

d) Last K_4.

Die Unbekannten Q und H sind nach den Gl. (195) und (196) zu berechnen, sie erhalten aber negative Vorzeichen.

Beispiel 8. Zu Aufgabe 30, Fig. 44.

Die Abmessungen seien wie in den vorigen Beispielen, ferner $K = 1000$ kg und $k = 4{,}0$ m. Die Konstanten betragen dann nach Beispiel 5:

$$N = 20\,, \quad G = 26\,, \quad T = 62\,, \quad 4\,N\,T - 3\,G^2 = 2932:$$

nach Beispiel 3:

$$G' = 20\,, \quad E = 312\,.$$

Für die Last K_1 ergibt sich dann nach Gl. (191):

$$Q = \frac{2000\,(4 \cdot 26 \cdot 312 - 6 \cdot 20\,[2 \cdot 4(3 \cdot 20 - 8) - 6 \cdot 62])}{8 \cdot 6 \cdot 2932} = +386 \text{ kg},$$

nach Gl. (192)

$$H = \frac{1000\,(2 \cdot 62(3 \cdot 6^2 \cdot 20 - 4 \cdot 312) - 3 \cdot 6 \cdot 26\,[6(3 \cdot 26 - 8) - 4\,(3 \cdot 20 - 8)])}{3 \cdot 6^2 \cdot 2932} = +44 \text{ kg}.$$

Greift die Last K bei A an, so ergibt sich nach den Gl. (193) und (194):

$$Q = \frac{1000 \cdot 2 \cdot 6 \cdot 20 \cdot 62}{8 \cdot 2932} = +634 \text{ kg},$$

$$H = \frac{1000\,(2 \cdot 62 \cdot 20 - 26(3 \cdot 26 - 8))}{2932} = +225 \text{ kg},$$

$$H_0 = +1000 \text{ kg}.$$

Für die Last K_4 erhält man nach den Gl. (195) und (196):

$$Q = -\frac{2000\,(6 \cdot 20(6 \cdot 62 + 2 \cdot 4 \cdot 8) - 4 \cdot 26 \cdot 312)}{6 \cdot 8 \cdot 2932} = -282 \text{ kg},$$

$$H = -\frac{1000\,(62\,[6^2(26 + 2 \cdot 8) + 2 \cdot 4 \cdot 312] - 3 \cdot 6 \cdot 26 \cdot 8(6 + 4))}{3 \cdot 6^2 \cdot 2932} = -666 \text{ kg},$$

$$H_0 = -1000 \text{ kg}.$$

Greift die Last bei B an, so ergibt sich nach den Gl. (193) und (194) wie für K_1, aber negativ:

$$Q = -634 \text{ kg}, \qquad H = -225 \text{ kg}.$$

Die Spannkraft im Querträger beträgt:

für die Last K_1: $S = -44$ kg,

„ „ „ K_4: $S = -1000 + 666 = -334$ kg.

Aufgabe 31. Die Vertikalen in Fig. 44 sind durch eine gleichmäßig verteilte Belastung p belastet.

a) Belastung p_1.

Die Momentenflächen des offenen Systems sind in Fig. 49 schraffiert.

Die Verschiebungen betragen dann:

1. durch die Biegung des Querträgers AB

nach Gl. (23)

$$\operatorname{tang}\alpha' = -\frac{M_0 l}{2\,\mathsf{E}J} = -\frac{p h^2 l}{4\,\mathsf{E}J},$$

$$x_1 + x_2 = h \operatorname{tang}\alpha' = -\frac{p h^3 l}{4\,\mathsf{E}J},$$

nach Gl. (21)

$$\operatorname{tang}\alpha_1 = -\frac{M_0 l}{3\,\mathsf{E}J} = -\frac{p h^2 l}{6\,\mathsf{E}J};$$

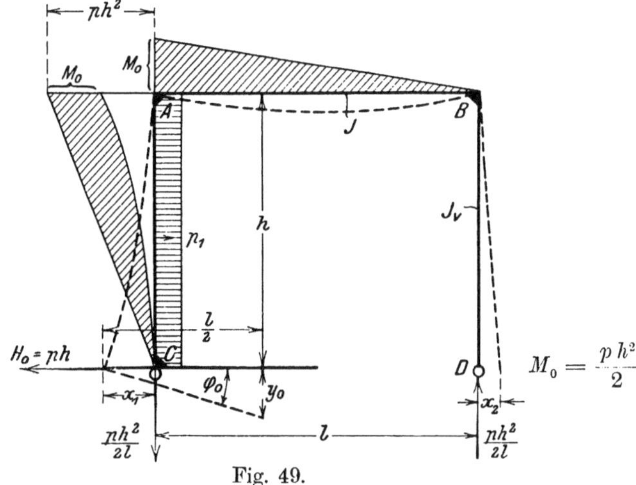

Fig. 49.

2. durch die Biegung der Vertikale CA

nach außen durch $H_0 = p\,h$,

nach Gl. (30)

$$x_1 = -\frac{p\,h\,h^3}{3\,\mathsf{E}J_v},$$

nach Gl. (29)

$$\operatorname{tang}\beta_1 = -\frac{p\,h\,h^2}{2\,\mathsf{E}J_v},$$

nach innen durch p,

nach Gl. (45)

$$x_1 = +\frac{p\,h^4}{8\,\mathsf{E}J_v},$$

nach Gl. (44)

$$\operatorname{tang}\beta_1 = +\frac{p\,h^3}{6\,\mathsf{E}J_v},$$

somit ergibt sich:

$$x_0 = -\left(\frac{p h^3 l}{4 \mathsf{E} J} + \frac{p h^4}{3 \mathsf{E} J_v} - \frac{p h^4}{8 \mathsf{E} J_v}\right) = -\frac{p h^3}{24 \mathsf{E} J}\left(6 l + 5 h \frac{J}{J_v}\right),$$

$$x_0 = -\frac{p h^3}{24 \mathsf{E} J}(5 G + l),$$

$$\operatorname{tang}\varphi = -\left(\frac{p h^2 l}{6 \mathsf{E} J} + \frac{p h^3}{2 \mathsf{E} J_v} - \frac{p h^3}{6 \mathsf{E} J_v}\right) = -\frac{p h^2}{6 \mathsf{E} J}\left(l + 2 h \frac{J}{J_v}\right),$$

$$y_0 = \frac{l}{2} \operatorname{tang}\varphi_0 = -\frac{p h^2 l}{12 \mathsf{E} J}(2 G - l).$$

Durch Einsetzen dieser Werte in die Gl. (181) und (182) erhält man:

$$Q = -\frac{12 \mathsf{E} J\left(G l \frac{p h^3}{24 \mathsf{E} J}(5 G + l) - 4 h N \frac{p h^2 l}{12 \mathsf{E} J}(2 G - l)\right)}{h l^2 (4 N T - 3 G^2)},$$

$$Q = -\frac{p h^2 (G(5 G + l) - 8 N (2 G - l))}{2 l (4 N T - 3 G^2)} = \frac{p h^2 (G(17 G - 3 l) - 8 l^2))}{6 l (4 N T - 3 G^2)}, \quad (197)$$

$$H = \frac{4 \mathsf{E} J\left(T l \frac{p h^3}{24 \mathsf{E} J}(5 G + l) - 3 h G \frac{p h^2 l}{12 \mathsf{E} J}(2 G - l)\right)}{h^2 l (4 N T - 3 G^2)},$$

$$H = \frac{p h (T(5 G + l) - 6 G (2 G - l))}{6 (4 N T - 3 G^2)} = \frac{p h (G(3 G - l) - 2 l^2)}{6 (4 N T - 3 G^2)}. \quad (198)$$

b) Belastung p_2.

Die Größen Q und H sind negativ und nach den Gl. (197) und (198) zu berechnen.

c) Belastung p_3.

Die Momentenflächen sind in Fig. 50 schraffiert.

Die Verschiebungen betragen:

1. durch die Biegung des Querträgers AB

$$\operatorname{tang}\alpha' = -\frac{M_0 l}{2 \mathsf{E} J} = -\frac{l}{2 \mathsf{E} J}\left(\frac{p h^2}{2} + p h^2\right) = -\frac{3 p h^2 l}{4 \mathsf{E} J},$$

$$x_1 + x_2 = h \operatorname{tang}\alpha' = -\frac{3 p h^3 l}{4 \mathsf{E} J},$$

$$\operatorname{tang}\alpha_1 = -\frac{M_0' l}{3 \mathsf{E} J} - \frac{M_0'' l}{6 \mathsf{E} J} = -\frac{l}{6 \mathsf{E} J}\left(2 p h^2 + \frac{p h^2}{2}\right) = -\frac{5 p h^2 l}{12 \mathsf{E} J};$$

2. durch die Biegung der Vertikale CA

$$x_1 = -\frac{p h^4}{3 \mathsf{E} J_v}, \qquad \operatorname{tang}\beta_1 = -\frac{p h^3}{2 \mathsf{E} J_v};$$

3. durch die Biegung der Vertikale DB

$$x_2 = -\frac{p h^4}{8 \mathsf{E} J_v}.$$

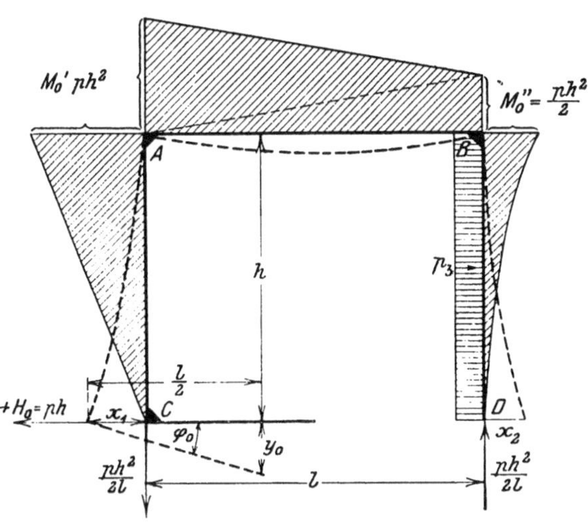

Fig. 50.

Somit ergibt sich:

$$x_0 = -\left(\frac{3 p h^3 l}{4 \mathsf{E} J} + \frac{p h^4}{3 \mathsf{E} J_v} + \frac{p h^4}{8 \mathsf{E} J_v}\right) = -\frac{p h^3}{24 \mathsf{E} J}\left(18 l + 11 h \frac{J}{J_v}\right),$$

$$x_0 = -\frac{p h^3}{24 \mathsf{E} J}(11 G + 7 l),$$

$$\operatorname{tang}\varphi_0 = -\left(\frac{5 p h^2 l}{12 \mathsf{E} J} + \frac{p h^3}{2 \mathsf{E} J_v}\right) = -\frac{p h^2}{12 \mathsf{E} J}\left(5 l + 6 h \frac{J}{J_v}\right) = -\frac{p h^2}{12 \mathsf{E} J}(6 G - l),$$

$$y_0 = \frac{l}{2} \operatorname{tang}\varphi_0 = -\frac{p h^2 l}{24 \mathsf{E} J}(6 G - l).$$

Durch Einsetzen dieser Werte in die Gl. (181) und (182) erhält man:

$$Q = -\frac{12 \mathsf{E} J\left(G l \frac{p h^3}{24 \mathsf{E} J}(11 G + 7 l) - 4 h N \frac{p h^2 l}{24 \mathsf{E} J}(6 G - l)\right)}{h l^2 (4 N T - 3 G^2)},$$

$$Q = -\frac{p h^2 \big(G(11 G + 7 l) - 4 N (6 G - l)\big)}{2 l (4 N T - 3 G^2)} = +\frac{p h^2 \big(5 G (3 G - l) - 4 l^2\big)}{6 l (4 N T - 3 G^2)}; \quad (199)$$

ferner:

$$H = \frac{4 \mathsf{E} J\left(T l \frac{p h^3}{24 \mathsf{E} J}(11 G + 7 l) - 3 h G \frac{p h^2 l}{24 \mathsf{E} J}(6 G - l)\right)}{h^2 l (4 N T - 3 G^2)},$$

$$H = \frac{p h \big(T(11 G + 7 l) - 3 G (6 G - l)\big)}{6 (4 N T - 3 G^2)} = \frac{p h \big(G (15 G + 2 l) - 14 l^2\big)}{6 (4 N T - 3 G^2)}. \quad (200)$$

d) Belastung p_4.

Die Größen Q und H sind negativ und werden nach den Gl. (199) und (200) berechnet.

Beispiel 9. Zu Aufgabe 31, Fig. 44.

Die Abmessungen seien wie in den vorigen Beispielen, ferner $p = 400$ kg pro Meter.

Für p_2 ergibt sich dann nach den Gl. (197) und (198):

$$Q = -\frac{400 \cdot 6{,}0^2 (26(17 \cdot 26 - 3 \cdot 8{,}0) - 8 \cdot 8{,}0^2)}{6 \cdot 8{,}0 \cdot 2932} = -1060 \text{ kg},$$

$$H = -\frac{400 \cdot 6{,}0 (26(3 \cdot 26 - 8{,}0) - 2 \cdot 8{,}0^2)}{6 \cdot 2932} = -231 \text{ kg},$$

$$H_0 = -p\,h = -400 \cdot 6{,}0 = -2400 \text{ kg}.$$

Die Spannkraft im Querträger beträgt $S = +231$ kg.

Für p_3 ergibt sich nach den Gl. (199) und (200):

$$Q = \frac{400 \cdot 6{,}0^2 (5 \cdot 26(3 \cdot 26 - 8{,}0) - 4 \cdot 8{,}0^2)}{6 \cdot 8{,}0 \cdot 2932} = +\ 905 \text{ kg},$$

$$H = \frac{400 \cdot 6{,}0 (26(15 \cdot 26 - 2 \cdot 8{,}0) - 14 \cdot 8{,}0^2)}{6 \cdot 2932} = +1204 \text{ kg},$$

$$H_0 = +p\,h = +400 \cdot 6{,}0 = +2400 \text{ kg}.$$

Die Spannkraft im Querträger beträgt

$$S = 2400 - 1204 = +1196 \text{ kg}.$$

Aufgabe 32. Zu Fig. 44. Es soll eine Temperaturänderung um $t°$ C im Querträger untersucht werden.

Durch eine Temperaturerhöhung des Querträgers wird im statisch bestimmten offenen Systeme nur der Querträger um eine Strecke $\varepsilon\,t\,l$ verlängert, es ist somit $y_0 = 0$ und

$$x_0 = -\varepsilon\,t\,l\,.$$

Durch Einsetzen dieser Werte in die Gl. (181) und (182) erhält man dann:

$$Q = -\frac{12\,\mathsf{E}J\,G\,l\,\varepsilon\,t\,l}{h\,l^2(4\,N\,T - 3\,G^2)} = -\frac{12\,\mathsf{E}J\,\varepsilon\,t\,G}{h(4\,N\,T - 3\,G^2)}\,, \quad (201)$$

$$H = \frac{4\,\mathsf{E}J\,T\,l\,\varepsilon\,t\,l}{h^2\,l(4\,N\,T - 3\,G^2)} = +\frac{4\,\mathsf{E}J\,\varepsilon\,t\,l\,T}{h^2(4\,N\,T - 3\,G^2)}\,. \quad (202)$$

Kommt eine negative Temperaturänderung in Betracht, so ändern sowohl Q als H Vorzeichen.

Beispiel 10. Zu Aufgabe 32, Fig. 44.

Für eine Temperaturerhöhung des Riegels um 20° C ergibt sich bei den gleichen Abmessungen wie in den vorigen Beispielen

n. Gl. (201) $$Q = -\frac{12 \cdot 60000 \cdot 23{,}6 \cdot 20 \cdot 2600}{600 \cdot 29\,320\,000} = -50 \text{ kg},$$

n. Gl. (202) $$H = +\frac{4 \cdot 60000 \cdot 23{,}6 \cdot 20 \cdot 800 \cdot 6200}{600^2 \cdot 29\,320\,000} = +52 \text{ kg}.$$

§ 11. Dreifach statisch unbestimmter Rahmen aus zwei Stäben mit starrer Eckverbindung.

Das in Fig. 51 gezeigte System ist bei A und B fest eingespannt und hat bei C starre Eckverbindung. Das System ist dreifach statisch unbestimmt. Es sollen die bei A wirkenden drei Unbekannten, die Horizontalkraft H, die Vertikalkraft Q und das konstante Moment M_c, ermittelt werden.

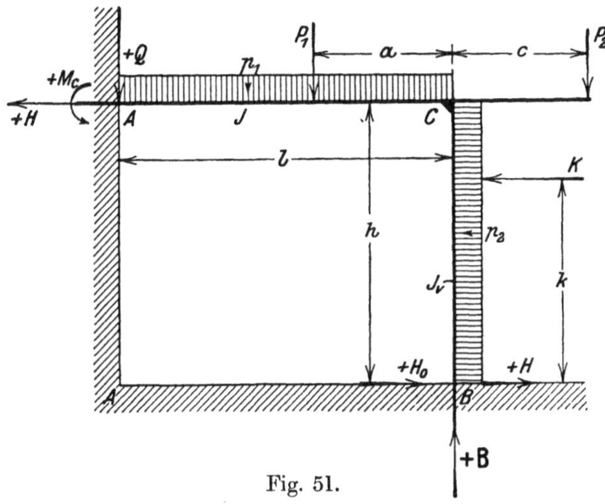

Fig. 51.

Die Auflagerkräfte B und H_0 sind immer gleich der Summe der vertikalen resp. der horizontalen Lasten, Q mit einbegriffen.

Zur Lösung der Aufgabe wird die Einspannung bei A zunächst gelöst und die Wirkung der drei Unbekannten sowie der äußeren Belastung auf das statisch bestimmte, nur bei B fest eingespannte System getrennt untersucht.

a) Wirkung der Horizontalkraft H.

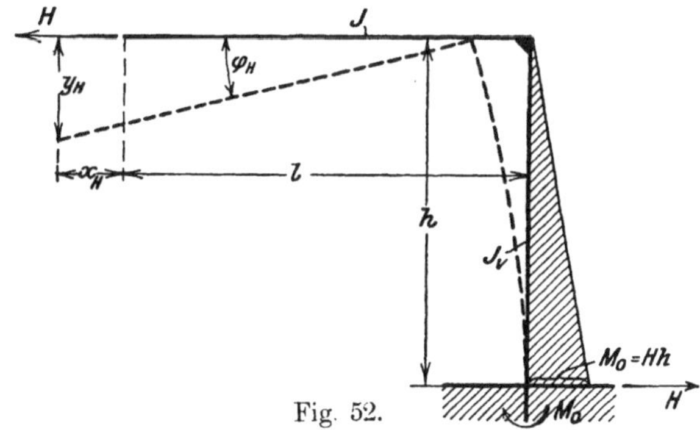

Fig. 52.

Nach Gl. (29) ist

$$\operatorname{tang}\varphi_H = \frac{H h^2}{2 \mathsf{E} J_v},$$

nach Gl. (30) ist

$$x_H = \frac{H h^3}{3 \mathsf{E} J_v};$$

ferner hat man

$$y_H = l \operatorname{tang}\varphi_H = \frac{H h^2 l}{2 \mathsf{E} J_v}.$$

b) Wirkung der Vertikalkraft Q.

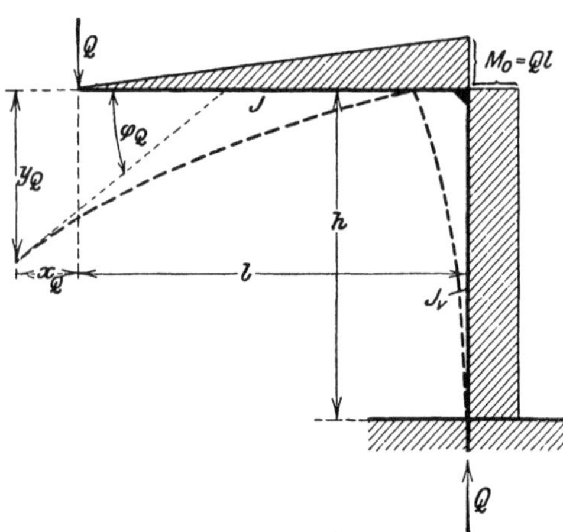

Fig. 53.

1. Biegung der Vertikale: nach Gl. (35) ist

$$\operatorname{tang}\varphi_Q = \frac{M h}{\mathsf{E} J_v} = \frac{Q l h}{\mathsf{E} J_v},$$

nach Gl. (34) ist

$$x_Q = \frac{M h^2}{2 \mathsf{E} J_v} = \frac{Q l h^2}{2 \mathsf{E} J_v};$$

ferner ist

$$y_Q = l \operatorname{tang}\varphi_Q = \frac{Q l^2 h}{\mathsf{E} J_v}.$$

2. Biegung des Querträgers: nach Gl. (29) ist

$$\operatorname{tang}\varphi_Q = \frac{M l}{2 \mathsf{E} J} = \frac{Q l^2}{2 \mathsf{E} J},$$

nach Gl. (30) ist

$$y_Q = \frac{Q l^3}{3 \mathsf{E} J};$$

ferner ist

$$x_Q = 0.$$

Demnach ist:

$$\operatorname{tang}\varphi_Q = \frac{Q l h}{\mathsf{E} J_v} + \frac{Q l^2}{2 \mathsf{E} J} = \frac{Q l}{2 \mathsf{E} J}(2 G - l),$$

$$y_Q = \frac{Q l^2 h}{\mathsf{E} J_v} + \frac{Q l^3}{3 \mathsf{E} J} = \frac{Q l^2}{3 \mathsf{E} J}(3 G - 2 l),$$

$$x_Q = \frac{Q l h^2}{2 \mathsf{E} J_v}.$$

c) Wirkung des konstanten Momentes M_c.

1. Biegung der Vertikale.

Es ist nach Gl. (35):

$$\tang \varphi_c = \frac{M_c h}{E J_v},$$

nach Gl. (34)

$$x_c = \frac{M_c h^2}{2 E J_v},$$

$$y_c = l \tang \varphi_c = \frac{M_c h l}{E J_v}.$$

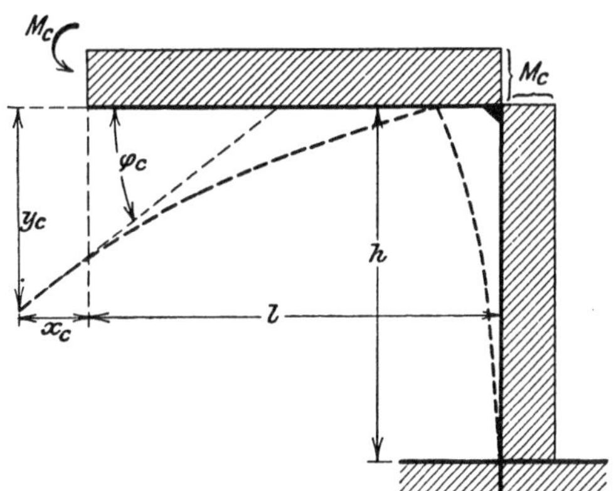

Fig. 54.

2. Biegung des Querträgers nach Gl. (35):

$$\tang \varphi_c = \frac{M_c l}{E J},$$

nach Gl. (34)

$$y_c = \frac{M_c l^2}{2 E J}, \qquad x_c = 0,$$

demnach:

$$\tang \varphi_c = \frac{M_c h}{E J_v} + \frac{M_c l}{E J} = \frac{M_c G}{E J},$$

$$y_c = \frac{M_c h l}{E J_v} + \frac{M_c l^2}{2 E J} = \frac{M_c l}{2 E J}(2 G - l),$$

$$x_c = \frac{M_c h^2}{2 E J_v}.$$

Bezeichnet man nun die Verschiebungen durch die äußere Belastung mit x_0, y_0 und φ_0, so lassen sich drei Gleichungen aufstellen. Es müssen nämlich die Summe aller Verschiebungen gleich 0 sein, oder:

$$x_0 + x_H + x_Q + x_c = 0,$$

$$y_0 + y_H + y_Q + y_c = 0,$$

$$\tang \varphi_0 + \tang \varphi_H + \tang \varphi_Q + \tang \varphi_c = 0.$$

Durch Einsetzen der gefundenen Werte erhält man:

$$x_0 + \frac{H h^3}{3 E J_v} + \frac{Q l h^2}{2 E J_v} + \frac{M_c h^2}{2 E J_v} = 0,$$

$$E J x_0 + h(G - l)\left(\frac{H h}{3} + \frac{Q l}{2} + \frac{M_c}{2}\right) = 0,$$

woraus:

$$H = -\frac{3\,Q\,l}{2\,h} - \frac{3\,M_c}{2\,h} - \frac{3\,\mathsf{E}\,J\,x_0}{h^2(G-l)}, \quad \ldots\ldots \quad \text{(I)}$$

$$y_0 + \frac{H\,h^2\,l}{2\,\mathsf{E}\,J_v} + \frac{Q\,l^2}{3\,\mathsf{E}\,J}(3\,G - 2\,l) + \frac{M_c\,l}{2\,\mathsf{E}\,J}(2\,G - l) = 0\,,$$

$$2\,\mathsf{E}\,J\,y_0 + H\,h\,l(G-l) + \frac{2\,Q\,l^2}{3}(3\,G - 2\,l) + M_c\,l(2\,G - l) = 0\,,$$

woraus:

$$H = -\frac{1}{h\,l(G-l)}\left(2\,\mathsf{E}\,J\,y_0 + \frac{2\,Q\,l^2}{3}(3\,G - 2\,l) + M_c\,l(2\,G - l)\right), \quad \text{(II)}$$

$$\operatorname{tang}\varphi_0 + \frac{H\,h^2}{2\,\mathsf{E}\,J_v} + \frac{Q\,l}{2\,\mathsf{E}\,J}(2\,G - l) + \frac{M_c\,G}{\mathsf{E}\,J} = 0\,,$$

$$2\,\mathsf{E}\,J\operatorname{tang}\varphi_0 + H\,h(G-l) + Q\,l(2\,G - l) + 2\,M_c\,G = 0\,,$$

woraus:

$$H = -\frac{1}{h(G-l)}(2\,\mathsf{E}\,J\operatorname{tang}\varphi_0 + Q\,l(2\,G-l) + 2\,M_c\,G)\,. \quad \text{(III)}$$

Aus den Gl. (I) und (III) erhält man:

$$\frac{3\,Q\,l}{2\,h} + \frac{3\,M_c}{2\,h} + \frac{3\,\mathsf{E}\,J\,x_0}{h^2(G-l)} = \frac{1}{h(G-l)}(2\mathsf{E}J\operatorname{tang}\varphi_0 + Ql(2G-l) + 2M_cG)\,,$$

$$M_c = -\frac{1}{h(G+3\,l)}(2\,\mathsf{E}\,J(2\,h\operatorname{tang}\varphi_0 - 3\,x_0) + Q\,h\,l(G+l))\,; \quad \text{(IV)}$$

ferner aus den Gl. (II) und (III):

$$\frac{1}{l}\left(2\,\mathsf{E}\,J\,y_0 + \frac{2\,Q\,l^2}{3}(3\,G - 2\,l) + M_c\,l(2\,G - l)\right)$$
$$= 2\,\mathsf{E}\,J\operatorname{tang}\varphi_0 + Q\,l(2\,G - l) + 2\,M_c\,G\,,$$

woraus:

$$M_c = -\frac{Q\,l}{3} + \frac{2\,\mathsf{E}\,J}{l^2}(y_0 - l\operatorname{tang}\varphi_0)\,. \quad \ldots\ldots \quad \text{(V)}$$

Aus den Gl. (IV) und (V) erhält man nun:

$$2\,\mathsf{E}\,J(2\,h\operatorname{tang}\varphi_0 - 3\,x_0) + Q\,h\,l(G+l)$$
$$= h(G+3\,l)\left(\frac{Q\,l}{3} - \frac{2\,\mathsf{E}\,J}{l^2}(y_0 - l\operatorname{tang}\varphi_0)\right),$$

woraus:

$$Q = -\frac{3\,\mathsf{E}\,J}{h\,l\,G}\left(\frac{h}{l^2}(G+3\,l)\,y_0 - \frac{h}{l}(G+l)\operatorname{tang}\varphi_0 - 3\,x_0\right). \quad (203)$$

Dieser Wert wird in die Gl. (V) eingesetzt und man erhält:

$$M_c = \frac{\mathsf{E}J}{h\,G}\left(\frac{h}{l^2}(G + 3\,l)\,y_0 - \frac{h}{l}(G + l)\operatorname{tang}\varphi_0 - 3\,x_0\right)$$
$$+ \frac{2\,\mathsf{E}\,J}{l^2}(y_0 - l\operatorname{tang}\varphi_0)\,,$$

$$M_c = \frac{\mathsf{E}J}{h\,l^2\,G}(3\,h(G + l)\,y_0 - h\,l(3\,G + l)\operatorname{tang}\varphi_0 - 3\,l^2\,x_0)\,. \quad (204)$$

Die gefundenen Werte für Q und M_c werden nun in die Gl. (I) eingesetzt und man erhält:

$$H = \frac{9\,\mathsf{E}\,J}{2\,h^2\,G}\left(\frac{h}{l^2}(G + 3\,l)\,y_0 - \frac{h}{l}(G + l)\operatorname{tang}\varphi_0 - 3\,x_0\right)$$
$$- \frac{3\,\mathsf{E}\,J}{2\,h^2\,l^2\,G}(3\,h(G + l)\,y_0 - h\,l\,(3\,G + l)\operatorname{tang}\varphi_0 - 3\,l^2\,x_0) - \frac{3\,\mathsf{E}\,J\,x_0}{h^2\,(G - l)}\,,$$

woraus:

$$H = \frac{3\,\mathsf{E}\,J}{h\,l\,G}\left(3\,y_0 - l\operatorname{tang}\varphi_0 + \frac{l\,(3\,l - 4\,G)}{h\,(G - l)}\,x_0\right)\,. \quad . \quad . \quad (205)$$

Aufgabe 33. Zu Fig. 51. Es soll die Wirkung der Last P_1 untersucht werden.

Die Verschiebungen x_0, y_0 und $\operatorname{tang}\varphi_0$ bestimmen sich nach Fig. 55 zu:

1. Biegung der Vertikale:

nach Gl. (35)

$$\operatorname{tang}\varphi_0 = \frac{P\,a\,h}{\mathsf{E}\,J_v}\,,$$

nach Gl. (34)

$$x_0 = \frac{P\,a\,h^2}{2\,\mathsf{E}\,J_v}\,,$$

$$y_0 = l\operatorname{tang}\varphi_0 = \frac{P\,a\,h\,l}{\mathsf{E}\,J_v}\,.$$

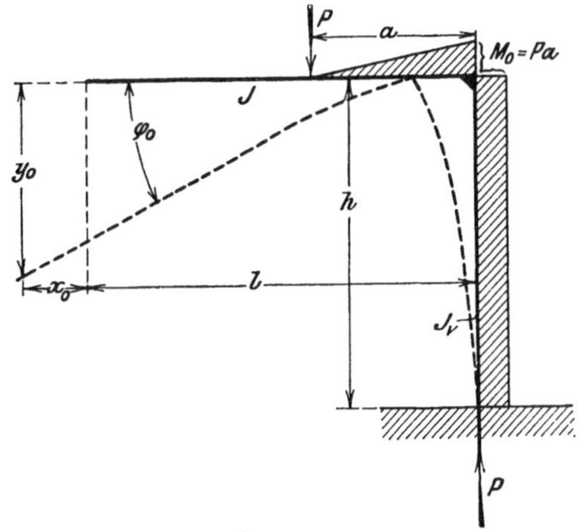

Fig. 55.

2. Biegung des Querträgers:

nach Gl. (29)

$$\operatorname{tang}\varphi_0 = \frac{P\,a^2}{2\,\mathsf{E}\,J}\,,$$

nach Gl. (33)

$$y_0 = \frac{P\,a^2}{6\,\mathsf{E}\,J}(3\,l - a)\,, \qquad x_0 = 0\,.$$

Demnach ist:

$$\operatorname{tang}\varphi_0 = \frac{P\,a\,h}{\mathsf{E}J_v} + \frac{P\,a^2}{2\,\mathsf{E}J} = \frac{P\,a}{\mathsf{E}J}\left(G - l + \frac{a}{2}\right),$$

$$y_0 = \frac{P\,a\,h\,l}{\mathsf{E}J_v} + \frac{P\,a^2}{6\,\mathsf{E}J}(3\,l - a) = \frac{P\,a}{\mathsf{E}J}\left(l(G - l) + \frac{a}{2}(3\,l - a)\right),$$

$$x_0 = \frac{P\,a\,h}{2\,\mathsf{E}J}(G - l)\,.$$

Diese Werte von x_0, y_0 und $\operatorname{tang}\varphi_0$ werden in die Gl. (203), (204) und (205) eingesetzt und man erhält aus Gl. (203):

$$Q = -\frac{3\,\mathsf{E}J}{h\,l\,G}\left[\frac{h}{l^2}(G + 3\,l)\frac{P\,a}{\mathsf{E}J}\left(l(G - l) + \frac{a}{6}(3\,l - a)\right)\right.$$
$$\left. - \frac{h}{l}(G + l)\frac{P\,a}{\mathsf{E}J}\left(G - l + \frac{a}{2}\right) - \frac{3\,P\,a\,h}{2\,\mathsf{E}J}(G - l)\right],$$

woraus

$$Q = -\frac{P\,a}{2\,l^3}\left(3\,l^2 - a^2 - \frac{3\,l}{G}(l - a)^2\right). \quad . \quad . \quad . \quad (206)$$

Als Probe der Richtigkeit braucht man nur $a = l$ einzusetzen und erhält $Q = -P$; setzt man ferner $a = 0$, so wird $Q = 0$.

Aus Gl. (204) erhält man:

$$M_c = \frac{\mathsf{E}J}{h\,l^2 G}\left[3\,h(G + l)\frac{P\,a}{\mathsf{E}J}\left(l(G - l) + \frac{a}{6}(3\,l - a)\right)\right.$$
$$\left. - h\,l(3\,G + l)\frac{P\,a}{\mathsf{E}J}\left(G - l + \frac{a}{2}\right) - \frac{3\,l^2 P\,a\,h}{2\,\mathsf{E}J}(G - l)\right],$$

woraus

$$M_c = -\frac{P\,a}{2\,l^2}\left(a^2 - l^2 + \frac{l}{G}(l - a)^2\right). \quad . \quad . \quad . \quad (207)$$

Als Probe setzt man $a = l$ oder $a = 0$ und erhält in beiden Fällen $M_c = 0$.

Aus Gl. (205) erhält man:

$$H = \frac{3\,\mathsf{E}J}{h\,l\,G}\left[\frac{3\,P\,a}{\mathsf{E}J}\left(l(G - l) + \frac{a}{6}(3\,l - a)\right) - \frac{P\,a\,l}{\mathsf{E}J}\left(G - l + \frac{a}{2}\right)\right.$$
$$\left. + \frac{l(3\,l - 4\,G)}{h\,(G - l)}\,\frac{P\,a\,h}{2\,\mathsf{E}J}(G - l)\right],$$

woraus

$$H = -\frac{3\,P\,a(l - a)^2}{2\,h\,l\,G}\,; \quad . \quad . \quad . \quad . \quad . \quad . \quad . \quad . \quad (208)$$

für $a = l$ und $a = 0$ wird $H = 0$.

Für den Sonderfall $a = \frac{l}{2}$ erhält man:

$$\left.\begin{aligned} Q &= -\frac{P}{16}\left(11 - \frac{3\,l}{G}\right), \qquad M_c = +\frac{P\,l}{16}\left(3 - \frac{l}{G}\right), \\ H &= -\frac{3\,P\,l^2}{16\,h\,G}. \end{aligned}\right\} \quad (209)$$

Aufgabe 34. Zu Fig. 51. Es soll die Wirkung der gleichmäßig verteilten Belastung p_1 untersucht werden.

Nach Fig. 56 berechnen sich die Verschiebungen zu:

1. Biegung der Vertikale:

nach Gl. (35)

$$\operatorname{tang}\varphi_0 = \frac{M_0\,h}{\mathsf{E}\,J_v} = \frac{p\,l^2\,h}{2\,\mathsf{E}\,J_v},$$

nach Gl. (34)

$$x_0 = \frac{M_0\,h^2}{2\,\mathsf{E}\,J_v} = \frac{p\,l^2\,h^2}{4\,\mathsf{E}\,J_v},$$

$$y_0 = l\operatorname{tang}\varphi_0 = \frac{p\,l^3\,h}{2\,\mathsf{E}\,J_v}.$$

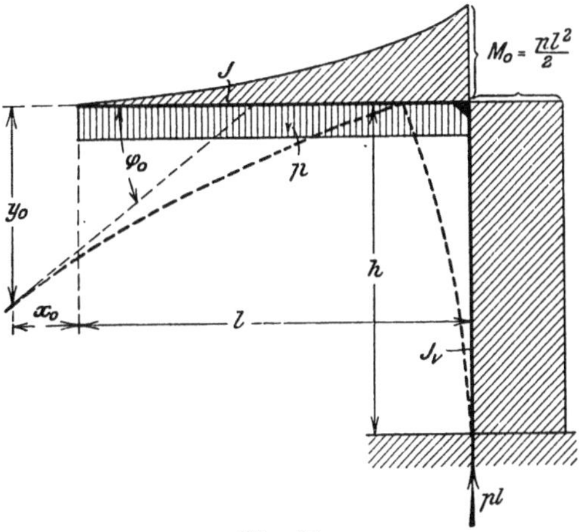

Fig. 56.

2. Biegung des Querträgers:

nach Gl. (44)

$$\operatorname{tang}\varphi_0 = \frac{p\,l^3}{6\,\mathsf{E}\,J},$$

nach Gl. (45)

$$y_0 = \frac{p\,l^4}{8\,\mathsf{E}\,J}, \qquad x_0 = 0;$$

demnach ergibt sich:

$$\operatorname{tang}\varphi_0 = \frac{p\,l^2\,h}{2\,\mathsf{E}\,J_v} + \frac{p\,l^3}{6\,\mathsf{E}\,J} = \frac{p\,l^2}{6\,\mathsf{E}\,J}(3\,G - 2\,l),$$

$$y_0 = \frac{p\,l^3\,h}{2\,\mathsf{E}\,J_v} + \frac{p\,l^4}{8\,\mathsf{E}\,J} = \frac{p\,l^3}{8\,\mathsf{E}\,J}(4\,G - 3\,l),$$

$$x_0 = \frac{p\,l^2\,h}{4\,\mathsf{E}\,J}(G - l).$$

Durch Einsetzen dieser Werte in die Gl. (203), (204) und (205) erhält man aus Gl. (203):

$$Q = -\frac{3\,\mathsf{E}J}{h\,l\,G}\left(\frac{h}{l^2}(G+3\,l)\frac{p\,l^3}{8\,\mathsf{E}J}(4\,G-3\,l)\right.$$
$$\left.-\frac{h}{l}(G+l)\frac{p\,l^2}{6\,\mathsf{E}J}(3\,G-2\,l)-3\,\frac{p\,l^2 h}{4\,\mathsf{E}J}(G-l)\right),$$
$$Q = -\frac{p\,l(5\,G-l)}{8\,G)} = -\frac{M_0(5\,G-l)}{l\,G} \quad . \; . \; . \; . \; . \quad (210)$$

Als Probe der Richtigkeit nimmt man an, daß die Vertikale starr ist, also $J_v = \infty$. Es ergibt sich dann:

$$G = \quad l + h\frac{J}{J_v} = \quad l + h\frac{J}{\infty} = l\,,$$
$$Q = -\frac{p\,l \cdot 4\,l}{8\,l} = -\frac{p\,l}{2}\,.$$

Aus Gl. (204) erhält man ferner:

$$M_c = \frac{\mathsf{E}J}{h\,l^2 G}\left(3\,h(G+l)\frac{p\,l^3}{8\,\mathsf{E}J}(4\,G-3\,l)\right.$$
$$\left.-h\,l(3\,G+l)\frac{p\,l^2}{6\,\mathsf{E}J}(3\,G-2\,l)-3\,l^2\frac{p\,l^2 h}{4\,\mathsf{E}J}(G-l)\right),$$
$$M_c = \frac{p\,l^2(3\,G-l)}{24\,G} = \frac{M_0(3\,G-l)}{3\,G}\,; \quad . \; . \; . \; . \quad (211)$$

für $J_v = \infty$ erhält man $M_c = \frac{p\,l^2}{12}$ = dem Einspannungsmoment des beiderseitig eingespannten Balkens.

Aus Gl. (205) erhält man:

$$H = \frac{3\,\mathsf{E}J}{h\,l\,G}\left(3\frac{p\,l^3}{8\,\mathsf{E}J}(4\,G-3\,l)-\frac{p\,l^3}{6\,\mathsf{E}J}(3\,G-2\,l)\right.$$
$$\left.+\frac{l(3\,l-4\,G)}{h(G-l)}\frac{p\,l^2 h}{4\,\mathsf{E}J}(G-l)\right),$$
$$H = -\frac{p\,l^3}{8\,h\,G} = -\frac{M_0\,l}{h\,G}\,, \quad . \; . \; . \; . \; . \; . \; . \quad (212)$$

wo M_0 das Moment in der Mitte des Querträgers bedeutet.

Aufgabe 35. Zu Fig. 51. Die konsolartige Verlängerung des Querträgers ist mit einer Einzellast P_2 belastet.

Im statisch bestimmten System ist nur die Vertikale durch das konstante Moment $M_0 = P\,c$ beansprueht.

Die Verschiebungen betragen dann wie in Aufgabe 34 für die Vertikale:

$$\operatorname{tang}\varphi_0 = -\frac{M_0 h}{\mathsf{E} J_v} = -\frac{M_0}{\mathsf{E} J}(G-l)\,,$$

$$y_0 = l\operatorname{tang}\varphi_0 = -\frac{M_0 l}{\mathsf{E} J}(G-l)\,,$$

$$x_0 = -\frac{M_0 h^2}{2\mathsf{E} J_v} = -\frac{M_0 h}{2\mathsf{E} J}(G-l)\,.$$

Die Werte sind hier negativ in die Gl. (203), (204) und (205) einzusetzen, da dieselben bei Entwicklung dieser Formeln positiv angenommen wurden. Man erhält:

$$Q = -\frac{3\mathsf{E} J(G-l) M_0}{h l G \mathsf{E} J}\left(-\frac{h}{l^2}(G+3l)l + \frac{h}{l}(G+l) + \frac{3h}{2}\right),$$

$$Q = +\frac{3(G-l) M_0}{2Gl}, \quad \ldots \quad (213)$$

$$M_c = \frac{\mathsf{E} J(G-l) M_0}{h l^2 G \mathsf{E} J}\left(-3h(G+l)l + hl(3G+l) + 3l^2\frac{h}{2}\right),$$

$$M_c = -\frac{(G-l) M_0}{G}, \quad \ldots \quad (214)$$

$$H = \frac{3\mathsf{E} J(G-l) M_0}{h l G \mathsf{E} J}\left(-3l + l - \frac{l(3l-4G)}{h(G-l)}\frac{h}{2}\right),$$

$$H = +\frac{3 l M_0}{2hG}. \quad \ldots \quad (215)$$

M_0 ist positiv in diese Gleichungen einzusetzen. Die Belastung des Kragarmes kann natürlich auch aus einer gleichmäßig verteilten Last p bestehen, deren Moment $M_0 = \frac{p c^2}{2}$ ist.

Aufgabe 36. Zu Fig. 51. Die Vertikale ist durch die wagerechte Last K belastet.

Die Verschiebungen betragen:

nach Gl. (29)

$$\operatorname{tang}\varphi_0 = \frac{K k^2}{2\mathsf{E} J_v} = \frac{K k^2}{2h\mathsf{E} J}(G-l)\,,$$

$$y_0 = l\operatorname{tang}\varphi_0 = \frac{K k^2 l}{2h\mathsf{E} J}(G-l)\,,$$

nach Gl. (33)

$$x_0 = \frac{K k^2}{6\mathsf{E} J_v}(3h-k) = \frac{K k^2}{6h\mathsf{E} J}(3h-k)(G-l)\,.$$

Durch Einsetzen dieser Werte in die Gl. (203), (204) und (205) erhält man:

$$Q = -\frac{3\,\mathsf{E}J\,K\,k^2(G-l)}{h\,l\,G\,2\,h\,\mathsf{E}J}\left(\frac{h}{l^2}(G+3\,l)\,l - \frac{h}{l}(G+l) - (3\,h-k)\right),$$

$$Q = +\frac{3\,K\,k^2(h-k)\,(G-l)}{2\,h^2\,l\,G}\,, \quad \ldots\ldots\ldots\ldots \quad (216)$$

$$M_c = \frac{\mathsf{E}J\,K\,k^2(G-l)}{h\,l^2\,G\,2\,h\,\mathsf{E}J}\left(3\,h(G+l)\,l - h\,l(3\,G+l) - 3\,l^2\frac{(3\,h-k)}{3}\right),$$

$$M_c = -\frac{K\,k^2(h-k)\,(G-l)}{2\,h^2\,G} = -\frac{Q\,l}{3}\,, \quad \ldots\ldots\ldots \quad (217)$$

$$H = \frac{3\,\mathsf{E}J\cdot K\,k^2(G-l)}{h\,l\,G\,2\,h\,\mathsf{E}J}\left(3\,l - l + \frac{l(3\,l-4\,G)}{h(G-l)}\,\frac{(3\,h-k)}{3}\right),$$

$$H = -\frac{K\,k^2\big(2\,G(3\,h-2\,k) - 3\,l(h-k)\big)}{2\,h^3\,G}\,. \quad \ldots\ldots\ldots \quad (218)$$

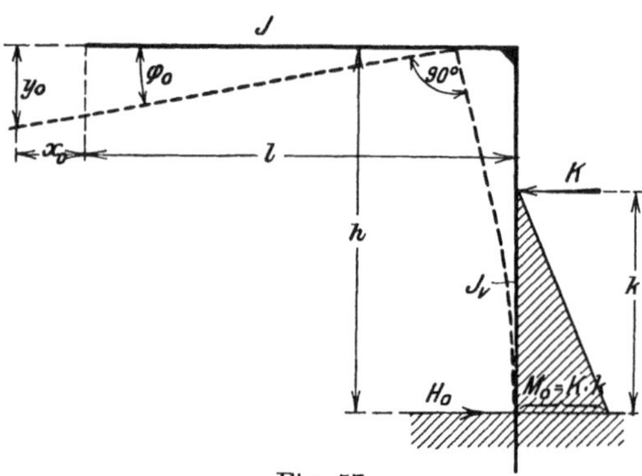

Fig. 57.

Setzt man $k = h$ in diese Gleichungen ein, so wird

$$Q = 0, \quad M_c = 0, \quad H = -K.$$

Hat die Last K umgekehrte Richtung, so wechseln alle drei Unbekannte Vorzeichen.

Aufgabe 37. Zu Fig. 51. Die Vertikale ist mit einer gleichmäßig verteilten Last p_2 belastet.

Die Verschiebungen betragen hier:

nach Gl. (44)

$$\operatorname{tang}\varphi_0 = \frac{p\,h^3}{6\,\mathsf{E}J_v} = \frac{p\,h^2}{6\,\mathsf{E}J}(G-l)\,,$$

$$y_0 = l\operatorname{tang}\varphi_0 = \frac{p\,h^2\,l}{6\,\mathsf{E}J}(G-l)\,,$$

nach Gl. (45)

$$x_0 = \frac{p\,h^4}{8\,\mathsf{E}J_v} = \frac{p\,h^3}{8\,\mathsf{E}J}(G-l)\,.$$

Durch Einsetzen der Werte in die Gl. (203), (204) und (205) ergibt sich dann:

$$Q = -\frac{3\,\mathsf{E}J}{h\,l\,G}\,\frac{p\,h^2(G-l)}{24\,\mathsf{E}J}\left(\frac{h}{l^2}(G+3\,l)\,4\,l - \frac{h}{l}(G+l)\,4 - 3\cdot 3\,h\right),$$

$$Q = +\frac{p\,h^2(G-l)}{8\,l\,G}, \qquad (219)$$

$$M_c = \frac{\mathsf{E}J\,p\,h^2(G-l)}{h\,l^2\,G\,24\,\mathsf{E}J}\left(3\,h(G+l)\,4\,l - h\,l(3\,G+l)\,4 - 3\,l^2\cdot 3\,h\right),$$

$$M_c = -\frac{p\,h^2(G-l)}{24\,G} = -\frac{Q\,l}{3}, \qquad (220)$$

$$H = \frac{3\,\mathsf{E}J\cdot p\,h^2(G-l)}{h\,l\,G\cdot 24\,\mathsf{E}J}\left(3\cdot 4\,l - 4\,l + \frac{l(3\,l-4\,G)}{h(G-l)}\cdot 3\,h\right),$$

$$H = -\frac{p\,h(4\,G-l)}{8\,G}. \qquad (221)$$

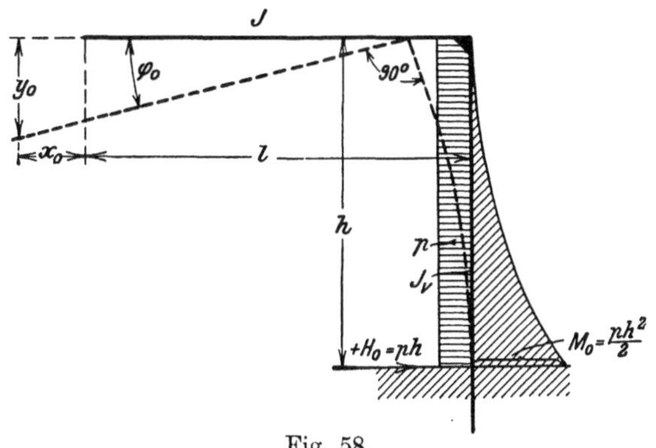

Fig. 58.

Als Probe der Richtigkeit setzt man $J = 0$, und es ist

$$G = l + h\,\frac{J}{J_v} = l$$

und somit

$$M_c = 0\,, \qquad Q = 0\,, \qquad H = -\frac{p\,h\cdot 3}{8}\,,$$

was mit einem einseitig eingespannten Balken übereinstimmt.

Aufgabe 38. Zu Fig. 51. Es soll die Wirkung einer Temperaturerhöhung um $t°$ C untersucht werden.

Im statisch bestimmten Systeme, d. h. bei A frei, bei B eingespannt, verlängert sich die Vertikale um die Strecke $\varepsilon\,t\,h$ und der Querträger um $\varepsilon\,t\,l$. Es ist somit

$$x_0 = +\varepsilon\,t\,l\,, \qquad y_0 = -\varepsilon\,t\,h\,, \qquad \varphi_0 = 0\,.$$

Diese Werte werden in die Gl. (203), (204) und (205) eingesetzt und man erhält:

$$Q_t = -\frac{3\,\mathsf{E}J}{h\,l\,G}\left(-\frac{h}{l^2}(G+3\,l)\,\varepsilon\,t\,h - 3\,\varepsilon\,t\,l\right),$$

$$Q = +\frac{3\,\mathsf{E}J\,\varepsilon\,t}{h\,l^3\,G}\left(h^2(G+3\,l)+3\,l^3\right), \quad \ldots\ldots \quad (222)$$

$$M_c = \frac{\mathsf{E}J}{l^2\,h\,G}\left(-3\,h(G+l)\,\varepsilon\,t\,h - 3\,l^2\,\varepsilon\,t\,l\right),$$

$$M_c = -\frac{3\,\mathsf{E}J\,\varepsilon\,t}{l^2\,h\,G}\left(h^2(G+l)-l^3\right), \quad \ldots\ldots\ldots \quad (223)$$

$$H = \frac{3\,\mathsf{E}J}{h\,l\,G}\left(-3\,\varepsilon\,t\,h + \frac{l(3\,l-4\,G)}{h(G-l)}\,\varepsilon\,t\,l\right),$$

$$H = -\frac{3\,\mathsf{E}J\,\varepsilon\,t}{h\,l\,G}\left(3\,h + \frac{l^2(4\,G-3\,l)}{h(G-l)}\right). \quad \ldots\ldots \quad (224)$$

Beispiel 11. Zu den Aufgaben 33 bis 38, Fig. 51.
Es sei

$$h = 6{,}0 \text{ m}, \quad l = 8{,}0 \text{ m} \quad J = 60\,000 \text{ cm}^4, \quad J_c = 20\,000 \text{ cm}^4,$$

nach Gl. (56) ist dann

$$G = l + h\frac{J}{J_c} = 8{,}0 + 6{,}0 \cdot 3 = 26\,.$$

a) Für die Last $P_1 = 4000$ kg und $a = 3{,}0$ m ergibt sich:
nach Gl. (206)

$$Q = -\frac{4000 \cdot 3{,}0}{2 \cdot 8{,}0^3}\left(3 \cdot 8{,}0^2 - 3{,}0^2 - \frac{3 \cdot 8{,}0}{26}(8{,}0-3{,}0)^2\right) = -1874 \text{ kg},$$

nach Gl. (207)

$$M_c = -\frac{4000 \cdot 3{,}0}{2 \cdot 8{,}0^2}\left(3{,}0^2 - 8{,}0^2 + \frac{8{,}0}{26}(8{,}0-3{,}0)^2\right) = +4435 \text{ kgm},$$

nach Gl. (208) $H = -\dfrac{3 \cdot 4000 \cdot 3{,}0(8{,}0-3{,}0)^2}{2 \cdot 6{,}0 \cdot 8{,}0 \cdot 26} = -361$ kg,

$$\mathsf{B} = 4000 - 1875 = +2125 \text{ kg}, \quad H_0 = 0\,,$$

$$M_C = 1874 \cdot 8{,}0 - 4435 - 4000 \cdot 3{,}0 = -1443 \text{ kgm},$$

$$M_B = -1443 + 361 \cdot 6{,}0 = +723 \text{ kgm}.$$

Es ist auch

$$M_B = -\frac{H \cdot h}{3} = +\frac{361 \cdot 6}{3} = 722\,.$$

b) Für $p_1 = 1000$ kg pro Meter ergibt sich:

nach Gl. (210) $Q = -\dfrac{1000 \cdot 8{,}0(5 \cdot 26 - 8{,}0)}{8 \cdot 26} = -4692$ kg,

nach Gl. (211) $M_c = \dfrac{1000 \cdot 8{,}0^2(3 \cdot 26 - 8{,}0)}{24 \cdot 26} = +7180$ kgm, nach Gl. (212) $H = -\frac{1000 \cdot 8{,}0^3}{8 \cdot 6{,}0 \cdot 26} = -410$ kg,

$$\mathsf{B} = 1000 \cdot 8{,}0 - 4692 = +3308 \text{ kg}, \quad H_0 = 0,$$

$$M_C = 4692 \cdot 8{,}0 - 7180 - 1000 \cdot \frac{8{,}0^2}{2} = -1644 \text{ kgm},$$

$$M_B = -1644 + 410 \cdot 6{,}0 = +816 \text{ kgm},$$

$$M_B = -\frac{H \cdot h}{3} = +\frac{410 \cdot 6}{3} = +820.$$

Die kleine Differenz entsteht durch Abrundung der Zahlenwerte.

c) **Für $P_2 = 1000$ kg, $c = 3{,}0$ m** ergibt sich:

$$M_0 = 1000 \cdot 3{,}0 = 3000 \text{ kgm},$$

nach Gl. (213) $Q = \frac{3(26 - 8{,}0)\,3000}{2 \cdot 26 \cdot 8{,}0} = +389$ kg,

nach Gl. (214) $M_c = -\frac{(26 - 8{,}0)\,3000}{26} = -1039$ kgm,

nach Gl. (215) $H = \frac{3 \cdot 8{,}0 \cdot 3000}{2 \cdot 6{,}0 \cdot 26} = +231$ kg,

$$\mathsf{B} = 1000 + 389 = +1389 \text{ kg}, \quad H_0 = 0,$$

$$M_C = -389 \cdot 8{,}0 + 1039 = -2073,$$

$$M_B = -2073 - 231 \cdot 6{,}0 + 1000 \cdot 3{,}0 = -459 \text{ kgm}.$$

d) **Für die Last $K = 2000$ kg und $k = 4{,}0$ m** ergibt sich:

nach Gl. (216) $Q = \frac{3 \cdot 2000 \cdot 4{,}0^2 (6{,}0 - 4{,}0)(26 - 8{,}0)}{2 \cdot 6{,}0^2 \cdot 8{,}0 \cdot 26} = +231$ kg,

nach Gl. (217) $M_c = -\frac{Q\,l}{3} = -\frac{231 \cdot 8{,}0}{3} = -616$ kgm,

nach Gl. (218)

$$H = -\frac{2000 \cdot 4{,}0^2 (2 \cdot 26 (3 \cdot 6{,}0 - 2 \cdot 4{,}0) - 3 \cdot 8{,}0 (6{,}0 - 4{,}0))}{2 \cdot 6{,}0^3 \cdot 26} = -1345 \text{ kg},$$

$$H_0 = +2000 \text{ kg}, \quad \mathsf{B} = +231 \text{ kg},$$

$$M_C = 616 - 231 \cdot 8{,}0 = -1232 \text{ kg},$$

$$M_B = -1232 + 1345 \cdot 6{,}0 - 2000 \cdot 4{,}0 = -1162 \text{ kgm}.$$

e) **Für $p_2 = 200$ kg pro Meter** ergibt sich:

nach Gl. (219) $Q = +\frac{200 \cdot 6{,}0^2 (26{,}0 - 8{,}0)}{8 \cdot 8{,}0 \cdot 26} = +78$ kg,

nach Gl. (220) $M_c = -\frac{78 \cdot 8{,}0}{3} = -208$ kgm,

nach Gl. (221) $H = -\frac{200 \cdot 6{,}0 (4 \cdot 26 - 8{,}0)}{8 \cdot 26} = -554$ kg,

$$H_0 = +200 \cdot 6{,}0 = +1200 \text{ kg}, \quad \mathsf{B} = +78 \text{ kg},$$

$$M_C = 208 - 78 \cdot 8{,}0 = -416 \text{ kgm},$$

$$M_B = -416 + 554 \cdot 6{,}0 - \frac{200 \cdot 6{,}0^2}{2} = -692 \text{ kgm}.$$

f) **Für eine Temperaturerhöhung um 20° C** ergibt sich:

$$EJ \cdot \varepsilon t = 23{,}6 \cdot 20 \cdot 60000 = 28\,320\,000\,,$$

nach Gl. (222)

$$Q = \frac{3 \cdot 28\,320\,000}{6{,}0 \cdot 8{,}0^3 \cdot 260\,000}\,(6{,}0^2(26 + 3 \cdot 8{,}0) + 3 \cdot 8{,}0^3) = 355 \text{ kg},$$

nach Gl. (223)

$$M_c = -\frac{3 \cdot 28\,320\,000}{6{,}0 \cdot 8{,}0^2 \cdot 2600}\,(6{,}0^2(26 + 8{,}0) - 8{,}0^3) = -60\,590 \text{ kgcm}, \\ = -606 \text{ kgm},$$

nach Gl. (224)

$$H = -\frac{3 \cdot 28\,320\,000}{6{,}0 \cdot 8{,}0 \cdot 260\,000}\left(3 \cdot 6{,}0 + \frac{8{,}0^2(4 \cdot 26 - 3 \cdot 8{,}0)}{6{,}0(26 - 8{,}0)}\right) = -445 \text{ kg},$$

$$H_0 = 0\,, \quad B = +355\,, \quad M_C = 606 - 355 \cdot 8{,}0 = -2234 \text{ kgm},$$

$$M_B = -2234 + 445 \cdot 6{,}0 = +436 \text{ kgm}.$$

§ 12. Zweifach statisch unbestimmter Rahmen aus zwei Stäben mit starrer Eckverbindung.

Es soll das im vorigen Abschnitt behandelte System (Fig. 51) bei A gelenkartig gelagert werden. Das konstante Moment M_c wird dann $= 0$ und das System Fig. 59 ist nur zweifach statisch unbestimmt.

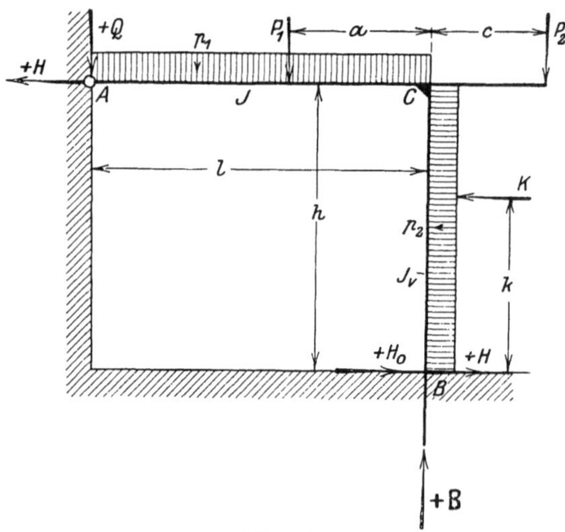

Fig. 59.
Die Auflagerkräfte B und H_0 sind immer gleich der Summe der vertikalen bzw. der horizontalen Lasten, Q mit einbegriffen.

Zur Bestimmung der zwei Unbekannten Q und H setzt man in den Gl. (I) und (II) (§ 11) $M_c = 0$ und erhält:

$$H = -\frac{3 Q l}{2 h} - \frac{3 \mathsf{E} J x_0}{h^2 (G - l)}, \quad \ldots \ldots \ldots \ldots \quad \text{(I)}$$

$$H = -\frac{1}{h l (G - l)} \left(2 \mathsf{E} J y_0 + \frac{2 Q l^2}{3} (3 G - 2 l) \right) \quad . \; . \quad \text{(II)}$$

Es ist dann

$$\frac{3 Q l (G - l)}{2 h (G - l)} + \frac{3 \mathsf{E} J x_0}{h^2 (G - l)} = \frac{1}{h l (G - l)} \left(2 \mathsf{E} J y_0 + \frac{2 Q l^2}{3} (3 G - 2 l) \right),$$

woraus

$$Q = -\frac{6 \mathsf{E} J}{h l^2 (3 G + l)} (2 h y_0 - 3 l x_0) \quad \ldots \ldots \quad (225)$$

Dieser Wert wird in die Gl. (I) eingesetzt und man erhält

$$H = -\frac{3 \mathsf{E} J x_0}{h^2 (G - l)} + \frac{9 \mathsf{E} J}{h^2 l (3 G + l)} (2 h y_0 - 3 l x_0),$$

woraus

$$H = \frac{6 \mathsf{E} J}{l h^2 (3 G + l)} \left(3 h y_0 - 2 l \frac{3 G - 2 l}{G - l} x_0 \right) \quad . \; . \; . \quad (226)$$

Aufgabe 39. Es sollen die Kräfte Q und H für die in Fig. 59 gezeichneten Belastungsfälle bestimmt werden, wenn bei A ein Gelenk ist.

a) Belastung P_1.

Nach Aufgabe 33 ist:

$$y_0 = \frac{P a}{\mathsf{E} J} \left(l (G - l) + \frac{a}{6} (3 l - a) \right),$$

$$x_0 = \frac{P a h}{2 \mathsf{E} J} (G - l).$$

Durch Einsetzen dieser Werte in die Gl. (225) und (226) erhält man:

$$Q = -\frac{6 \mathsf{E} J \cdot P a}{h l^2 (3 G + l) \mathsf{E} J} \left[2 h \left(l (G - l) + \frac{a}{6} (3 l - a) \right) - \frac{3 l h}{2} (G - l) \right],$$

$$Q = -\frac{P a}{l (3 G + l)} \left(3 (G - l) + \frac{2 a (3 l - a)}{l} \right), \quad \ldots \ldots \ldots \quad (227)$$

$$H = \frac{6 \mathsf{E} J P a}{l h^2 (3 G + l) \mathsf{E} J} \left[3 h \left(l (G - l) + \frac{a}{6} (3 l - a) - 2 l \frac{3 G - 2 l}{G - l} \frac{h}{2} (G - l) \right) \right],$$

$$H = -\frac{3 P a}{l h (3 G + l)} \left(-a (3 l - a) + 2 l^2 \right) \quad . \; . \; . \quad (228)$$

Als Probe der Richtigkeit setzt man $a = 0$ und erhält $Q = 0$ und $H = 0$, ferner ist für $a = l$, $Q = -P$ und $H = 0$.

b) Belastung p_1.

Nach Aufgabe 34 ist:

$$y_0 = \frac{p\,l^3}{8\,\mathrm{E}\,J}(4\,G - 3\,l)\,, \qquad x_0 = \frac{p\,l^2\,h}{4\,\mathrm{E}\,J}(G - l)\,.$$

Aus den Gl. (225) und (226) erhält man dann:

$$Q = -\frac{6\,\mathrm{E}\,J\,p\,l^2}{h\,l^2(3\,G + l)\,4\,\mathrm{E}\,J}\left(\frac{2\,h\,l}{2}(4\,G - 3\,l) - 3\,l\,h\,(G - l)\right),$$

$$Q = -\frac{3\,p\,l\,G}{2\,(3\,G + l)} = -\frac{12\,M_0\,G}{l\,(3\,G + l)}\,, \qquad (229)$$

$$H = \frac{6\,\mathrm{E}\,J\,p\,l^2}{l\,h^2(3\,G + l)\,4\,\mathrm{E}\,J}\left(\frac{3\,h\,l}{2}(4\,G - 3\,l) - \frac{2\,l\,(3\,G - 2\,l)}{G - l}\,h\,(G - l)\right),$$

$$H = -\frac{3\,p\,l^3}{4\,h\,(3\,G + l)} = -\frac{12\,M_0\,l}{h\,(3\,G + l)}\,, \qquad (230)$$

wo M_0 das Moment in der Mitte des Querträgers bedeutet.

c) Belastung P_2.

Nach Aufgabe 35 ist:

$$M_0 = P\,c\,,$$

$$y_0 = -\frac{M_0\,l}{\mathrm{E}\,J}(G - l)\,, \qquad x_0 = -\frac{M_0\,h}{2\,\mathrm{E}\,J}(G - l)\,.$$

Aus den Gl. (225) und (226) erhält man dann:

$$Q = -\frac{6\,\mathrm{E}\,J\,M_0\,(G - l)}{h\,l^2\,(3\,G + l)\,\mathrm{E}\,J} - \left(\frac{3\,l\,h}{2} - 2\,h\,l\right),$$

$$Q = +\frac{3\,M_0\,(G - l)}{l\,(3\,G + l)}\,; \qquad (231)$$

ferner:

$$H = \frac{6\,\mathrm{E}\,J\,M_0}{l\,h^2(3\,G + l)\,\mathrm{E}\,J}\left(+2\,l\,(3\,G - 2\,l)\,\frac{h}{2} - 3\,h\,l\,(G - l)\right),$$

$$H = +\frac{6\,M_0\,l}{h\,(3\,G + l)}\,. \qquad (232)$$

M_0 ist positiv in die Gleichungen einzusetzen.

d) Belastung K.

Nach Aufgabe 36 ist:

$$y_0 = \frac{K\,k^2\,l}{2\,h\,\mathrm{E}\,J}(G - l)\,, \qquad x_0 = \frac{K\,k^2}{6\,h\,\mathrm{E}\,J}(3\,h - k)\,(G - l)\,.$$

Aus den Gl. (225) und (226) ergibt sich dann:

$$Q = -\frac{6\,\mathsf{E}J\,(G-l)\,k^2 K}{h\,l^2\,(3\,G+l)\,h\,\mathsf{E}J}\left(2\,h\,\frac{l}{2} - 3\,l\,\frac{(3\,h-k)}{6}\right),$$

$$Q = +\frac{3\,K\,k^2\,(h-k)\,(G-l)}{h^2\,l\,(3\,G+l)}, \quad \ldots \ldots \ldots \quad (233)$$

$$H = \frac{6\,\mathsf{E}J\cdot K\,k^2}{l\,h^2\,(3\,G+l)\,h\,\mathsf{E}J}\left(3\,h\,\frac{l}{2}\,(G-l) - 2\,l\,(3\,G-2\,l)\,\frac{3\,h-k}{6}\right),$$

$$H = -\frac{K\,k^2}{h^3\,(3\,G+l)}\,\bigl(G\,(9\,h-6\,k) - l\,(3\,h-4\,k)\bigr). \quad \ldots \quad (234)$$

e) Belastung p_2 der Vertikale.

Nach Aufgabe 37 ist:

$$y_0 = \frac{p\,h^2\,l}{6\,\mathsf{E}J}\,(G-l)\,, \qquad x_0 = \frac{p\,h^3}{8\,\mathsf{E}J}\,(G-l)\,.$$

Aus den Gl. (225) und (226) ergibt sich dann:

$$Q = -\frac{6\,\mathsf{E}J\,p\,h^2\,(G-l)}{h\,l^2\,(3\,G+l)\,\mathsf{E}J}\left(\frac{2\,h\,l}{6} - \frac{3\,l\,h}{8}\right),$$

$$Q = +\frac{p\,h^2\,(G-l)}{4\,l\,(3\,G+l)}\,; \quad \ldots \ldots \ldots \quad (235)$$

ferner:

$$H = \frac{6\,\mathsf{E}J\,p\,h^2}{l\,h^2\,(3\,G+l)\,\mathsf{E}J}\left(\frac{3\,h\,l}{6}\,(G-l) - 2\,l\,\frac{3\,G-2\,l}{G-l}\,\frac{h}{8}\,(G-l)\right),$$

$$H = -\frac{3\,p\,h\,G}{2\,(3\,G+l)}\,; \quad \ldots \ldots \ldots \quad (236)$$

setzt man hier $J = 0$, so ist

$$G = l + h\,\frac{0}{J_v} = l$$

und

$$H = -\frac{3\,p\,h\,l}{2\cdot 4\,l} = -\frac{3\,p\,h}{8}\,,$$

was mit einem einseitig eingespannten Balken übereinstimmt.

f) Wirkung einer Temperaturerhöhung um $t^0\,C$.

Nach Aufgabe 38 ist:

$$x_0 = +\,\varepsilon\,t\,l \quad \text{und} \quad y_0 - \varepsilon\,t\,h\,.$$

Durch Einsetzen dieser Werte in die Gl. (225) und (226) erhält man:

$$Q = -\frac{6\,\mathsf{E}J\,\varepsilon\,t}{h\,l^2\,(3\,G+l)}\,(-2\,h^2 - 3\,l^2) = +\frac{6\,\mathsf{E}J\,\varepsilon\,t\,(2\,h^2+3\,l^2)}{h\,l^2\,(3\,G+l)}\,, \quad (237)$$

$$H = -\frac{6\,\mathsf{E}J\,\varepsilon\,t}{l\,h^2\,(3\,G+l)}\left(3\,h^2 + 2\,l^2\,\frac{3\,G-2\,l}{G-l}\right). \quad \ldots \ldots \quad (238)$$

Beispiel 12. Zu Aufgabe 39, Fig. 59.

Die Abmessungen und Belastungen sollen genau wie in Beispiel 11 angenommen werden, damit die Resultate verglichen werden können.

Es ist demnach:

$$h = 6{,}0 \text{ m}, \quad l = 8{,}0 \text{ m}, \quad J = 60000 \text{ cm}^4, \quad J_0 = 20000 \text{ cm}^4, \quad G = 26\,.$$

a) Für die Last $P_1 = 4000$ kg und $a = 3{,}0$ m ergibt sich:

nach Gl. (227)

$$Q = -\frac{4000 \cdot 3{,}0}{8{,}0(3 \cdot 26 + 8{,}0)}\left(3(26 - 8{,}0) + \frac{2 \cdot 3{,}0(3 \cdot 8{,}0 - 3{,}0)}{8{,}0}\right) = -1217 \text{ kg},$$

nach Gl. (228)

$$H = -\frac{3 \cdot 4000 \cdot 3{,}0}{8{,}0 \cdot 6{,}0(3 \cdot 26 + 8{,}0)}(2 \cdot 8{,}0^2 - 3{,}0(3 \cdot 8{,}0 - 3{,}0)) = -567 \text{ kg};$$

ferner ist

$$\begin{aligned} \mathsf{B} &= 4000 - 1217 = 2783 \text{ kg}, \quad H_0 = 0\,, \\ M_C &= 1217 \cdot 8{,}0 - 4000 \cdot 3{,}0 = -2264 \text{ kgm}, \\ M_B &= -2264 + 567 \cdot 6{,}0 = +1138 \text{ kgm}. \end{aligned}$$

b) Für $p_1 = 1000$ kg pro Meter ergibt sich:

nach Gl. (229) $$Q = -\frac{3 \cdot 1000 \cdot 8{,}0 \cdot 26}{2(3 \cdot 26 + 8{,}0)} = -3628 \text{ kg},$$

nach Gl. (230) $$H = -\frac{3 \cdot 1000 \cdot 8{,}0^3}{4 \cdot 6{,}0(3 \cdot 26 + 8{,}0)} = -744 \text{ kg};$$

ferner

$$\begin{aligned} \mathsf{B} &= 1000 \cdot 8{,}0 - 3628 = 4372 \text{ kg}, \quad H_0 = 0\,, \\ M_C &= 3628 \cdot 8{,}0 - \frac{1000 \cdot 8{,}0^2}{2} = -2976 \text{ kgm}, \\ M_B &= -2976 + 744 \cdot 6{,}0 = +1488 \text{ kgm}. \end{aligned}$$

c) Für $P_2 = 1000$ kg, $c = 3{,}0$ m ergibt sich:

$$M_0 = 1000 \cdot 3{,}0 = 3000 \text{ kgm},$$

nach Gl. (231) $$Q = +\frac{3 \cdot 3000 \cdot (26 - 8{,}0)}{8{,}0(3 \cdot 26 + 8{,}0)} = +235 \text{ kg},$$

nach Gl. (232) $$H = +\frac{6 \cdot 3000 \cdot 8{,}0}{6{,}0(3 \cdot 26 + 8{,}0)} = +280 \text{ kg};$$

ferner

$$\begin{aligned} \mathsf{B} &= 1000 + 235 = +1235 \text{ kg}, \quad H_0 = 0\,, \\ M_C &= -235 \cdot 8{,}0 = -1880 \text{ kgm}, \\ M_B &= -1880 - 280 \cdot 6{,}0 + 3000 = -560 \text{ kgm}. \end{aligned}$$

d) Für $K = 2000$ kg und $k = 4{,}0$ m ergibt sich:

nach Gl. (233)

$$Q = +\frac{3 \cdot 2000 \cdot 4{,}0^2(6{,}0 - 4{,}0)(26 - 8{,}0)}{6{,}0^2 \cdot 8{,}0(3 \cdot 26 + 8{,}0)} = +140 \text{ kg},$$

nach Gl. (234)

$$H = -\frac{2000 \cdot 4{,}0^2(26(9 \cdot 6{,}0 - 6 \cdot 4{,}0) - 8{,}0(3 \cdot 6{,}0 - 4 \cdot 4{,}0))}{6{,}0^3(3 \cdot 26 + 8{,}0)} = -1317 \text{ kg};$$

ferner

$$\mathsf{B} = +140 \text{ kg}, \quad H_0 = +2000 \text{ kg},$$
$$M_C = -140 \cdot 8{,}0 = -1120 \text{ kgm},$$
$$M_B = -1120 + 1317 \cdot 6{,}0 - 2000 \cdot 4{,}0 = -1218 \text{ kgm}.$$

e) **Für $p_2 = 200$ kg pro Meter** ergibt sich:

nach Gl. (235) $$Q = + \frac{200 \cdot 6{,}0^2 (26 - 8{,}0)}{4 \cdot 8{,}0 (3 \cdot 26 + 8{,}0)} = +48 \text{ kg},$$

nach Gl. (236) $$H = - \frac{3 \cdot 200 \cdot 6{,}0 \cdot 26}{2 (3 \cdot 26 + 8{,}0)} = -544 \text{ kg};$$

ferner

$$\mathsf{B} = +48 \text{ kg}, \quad H_0 = +200 \cdot 6{,}0 = +1200 \text{ kg},$$
$$M_C = -48 \cdot 8{,}0 = -384 \text{ kgm},$$
$$M_B = -384 + 544 \cdot 6{,}0 - \frac{200 \cdot 6{,}0^2}{2} = -720 \text{ kgm}.$$

f) **Für eine Temperaturerhöhung um 20° C** ergibt sich:

$$\mathsf{E} J \varepsilon t = 23{,}6 \cdot 20 \cdot 60000 = 28320000$$

nach Gl. (237)

$$Q = \frac{6 \cdot 28320000 \cdot (2 \cdot 6{,}0^2 + 3 \cdot 8{,}0^2)}{6{,}0 \cdot 8{,}0^2 (3 \cdot 26 + 8{,}0)\, 10000} = +136 \text{ kg},$$

nach Gl. (238)

$$H = - \frac{6 \cdot 28320000 \left(3 \cdot 6{,}0^2 + 2 \cdot 8{,}0^2 \frac{3 \cdot 26 - 2 \cdot 8{,}0}{26 - 8{,}0}\right)}{8{,}0 \cdot 6{,}0^2 (3 \cdot 26 + 8{,}0) \cdot 10000} = -399 \text{ kg};$$

ferner

$$\mathsf{B} = +136 \text{ kg}, \quad H_0 = 0,$$
$$M_C = -136 \cdot 8{,}0 = -1088 \text{ kgm},$$
$$M_B = -1088 + 399 \cdot 6{,}0 = +1306 \text{ kgm}.$$

§ 13. Einfach statisch unbestimmter Rahmen aus zwei Stäben mit starrer Eckverbindung.

Das in Fig. 60 gezeigte System ist bei A und B gelenkartig aufgelagert und hat bei C starre Eckverbindung. Das System ist nur einfach statisch unbestimmt. Es ist die Horizontalkraft H zu bestimmen.

Man denkt sich zunächst die Verbindung bei B gelöst und bestimmt die durch eine in B wirkende Horizontalkraft H hervorgerufene Verschiebung des Punktes B.

Es ist dann:

$$A_H = - \frac{H h}{l}, \qquad \mathsf{B}_H = + \frac{H h}{l}.$$

Durch die Biegung des Querträgers wird eine Verschiebung $X'_H = h \cdot \operatorname{tang} \alpha_1$ hervorgerufen.

Nach Gl. (21) ist

$$\operatorname{tang}\alpha_1 = \frac{M\,l}{3\,\mathsf{E}J}$$

und demnach

$$x'_H = \frac{H\,h^2\,l}{3\,\mathsf{E}J}\,.$$

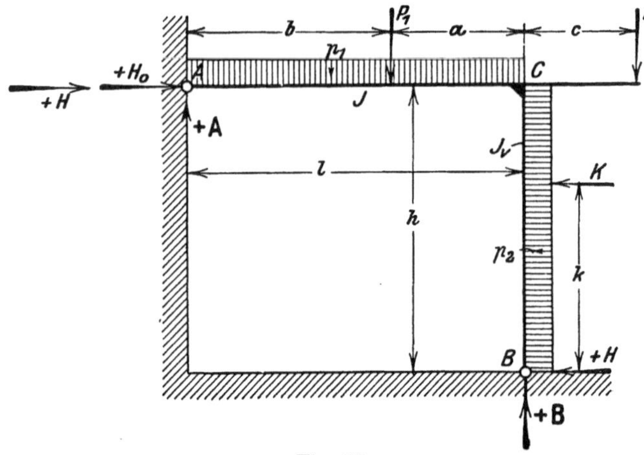

Fig. 60.

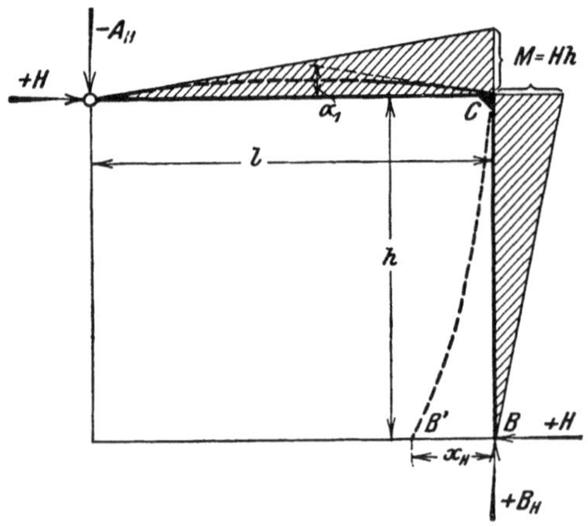

Fig. 61.

Durch die Biegung der Vertikale wird eine Verschiebung X''_H hervorgerufen, deren Größe nach Gl. (30) beträgt:

$$x''_H = \frac{H\,h^3}{3\,\mathsf{E}J_v}\,,$$

somit ist

$$x_H = \frac{H h^2 l}{3\,\mathsf{E} J} + \frac{H h^3}{3\,\mathsf{E} J_v} = \frac{H h^2 G}{3\,\mathsf{E} J}.$$

Die Summe dieser Verschiebung und der durch die äußere Belastung hervorgerufenen Verschiebung x_0 muß nun gleich 0 sein, und man hat

$$\frac{H h^2 G}{3\,\mathsf{E} J} + x_0 = 0,$$

woraus

$$H = -\frac{3\,\mathsf{E} J x_0}{G h^2} \quad \ldots \ldots \ldots \quad (239)$$

Aufgabe 40. Zu Fig. 60. Es soll der Horizontaldruck H für die in Fig. 60 gezeichneten Belastungsfälle bestimmt werden.

a) Belastung P_1 des Querträgers.

Die Verbindung bei B denkt man sich wieder gelöst und bestimmt die Verschiebung x_0.

Es ist:

$$\mathsf{A}_0 = \frac{P a}{l}, \quad \mathsf{B}_0 = \frac{P b}{l}, \quad H_0 = 0,$$

nach Gl. (13)

$$\operatorname{tang} \alpha_1 = -\frac{P b a (2 l - a)}{6\,\mathsf{E} J l}$$

und

$$x_0 = h \operatorname{tang} \alpha_1 = -\frac{P b a (2 l - a) h}{6\,\mathsf{E} J l}.$$

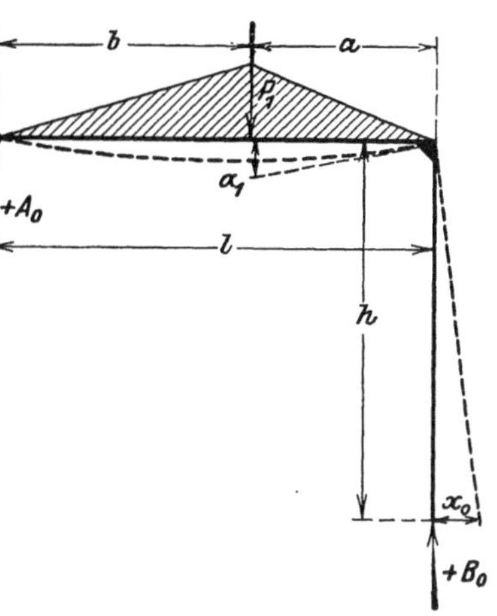

Fig. 62.

Durch Einsetzen dieses Wertes in die Gl. (239) erhält man:

$$H = \frac{3\,\mathsf{E} J P b a (2 l - a) h}{G h^2 6\,\mathsf{E} J l} = \frac{P b a (2 l - a)}{2 G h l} \quad \ldots \quad (240)$$

Die Stützendrücke betragen:

$$\mathsf{A} = -\frac{H h}{l} + \frac{P a}{l} = \frac{P a - H h}{l}, \qquad \mathsf{B} = \frac{H h}{l} + \frac{P b}{l} = \frac{P b + H h}{l}.$$

b) Belastung p_1 des Querträgers.

Es ist:

$$\mathsf{A}_0 = \frac{p l}{2} = \mathsf{B}_0, \qquad H_0 = 0,$$

nach Gl. (40)

$$\operatorname{tang}\alpha_1 = -\frac{p\,l^3}{24\,\mathsf{E}\,J} \qquad \text{und} \qquad x_0 = -\frac{p\,l^3\,h}{24\,\mathsf{E}\,J}\,;$$

aus Gl. (239) erhält man dann:

$$H = \frac{3\,\mathsf{E}\,J}{G\,h^2}\,\frac{p\,l^3\,h}{24\,\mathsf{E}\,J} = \frac{p\,l^3}{8\,G\,h} \quad \ldots\ldots \quad (241)$$

Die Stützendrücke betragen:

$$\mathsf{A} = -\frac{H\,h}{l} + \frac{p\,l}{2}\,, \qquad \mathsf{B} = \frac{H\,h}{l} + \frac{p\,l}{2}\,.$$

c) Belastung P_2 des ausgekragten Querträgers.

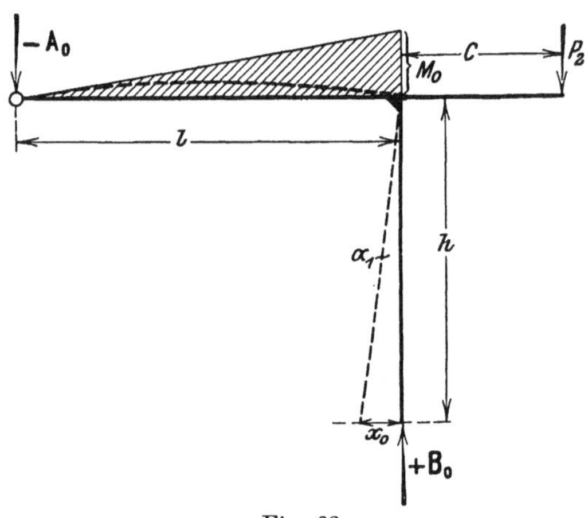

Fig. 63.

Es ist:

$$M_0 = P\,c\,, \qquad \mathsf{A}_0 = -\frac{P\,c}{l}\,, \qquad \mathsf{B}_0 = \frac{P\,(l+c)}{l}\,, \qquad H_0 = 0\,,$$

nach Gl. (21) ist

$$\operatorname{tang}\alpha_1 = \frac{M_0\,l}{3\,\mathsf{E}\,J}$$

und somit

$$x_0 = h\operatorname{tang}\alpha_1 = \frac{M_0\,h\,l}{3\,\mathsf{E}\,J}\,;$$

aus Gl. (239) erhält man demnach:

$$H = -\frac{3\,\mathsf{E}\,J}{G\,h^2}\,\frac{M_0\,h\,l}{3\,\mathsf{E}\,J} = -\frac{M_0\,l}{G\,h} \quad \ldots\ldots \quad (242)$$

Das Moment M_0 ist positiv in die Gleichung einzusetzen.

Die Stützendrücke betragen:

$$\mathsf{A} = -\frac{Pc - Hh}{l}, \quad \mathsf{B} = +\frac{P(l + c) - Hh}{l},$$

wo H positiv einzusetzen ist.

d) Belastung K der Vertikale.

Es ist:

$$H_0 = +K,$$

$$\mathsf{B}_0 = +\frac{K \cdot k}{l},$$

$$\mathsf{A}_0 = -\frac{Kk}{l}.$$

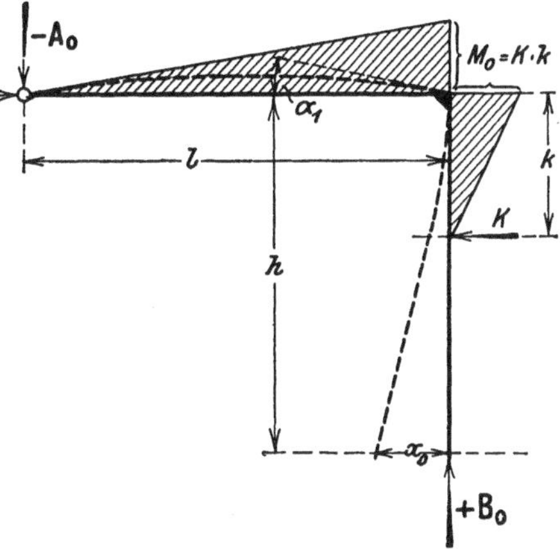

Fig. 64.

Die durch die Biegung des Querträgers hervorgerufene Verschiebung beträgt nach Gl. (21)

$$x_0' = h \operatorname{tang} \alpha_1 = \frac{Kklh}{3\,\mathsf{E}J}$$

und durch die Biegung der Vertikale nach Gl. (33)

$$x_0'' = \frac{Kk^2}{6\,\mathsf{E}J_v}(3h - k).$$

Demnach ist:

$$x_0 = \frac{Kklh}{3\,\mathsf{E}J} + \frac{Kk^2}{6\,\mathsf{E}J_v}(3h - k) = \frac{Kk}{6\,\mathsf{E}J}\left(2hl + k(3h - k)\frac{J}{J_v}\right),$$

und durch Einsetzen dieses Wertes in die Gl. (239) erhält man:

$$H = -\frac{Kk}{2Gh^2}\left(2hl + k(3h - k)\frac{J}{J_v}\right). \quad . \quad . \quad . \quad (243)$$

Die Stützendrücke betragen:

$$\mathsf{A} = \frac{Hh}{l} - \frac{Kk}{l}, \quad \mathsf{B} = \frac{Kk}{l} - \frac{Hh}{l},$$

wo H positiv einzusetzen ist.

Ist die Last K umgekehrt gerichtet, so wechseln sowohl H als A und B Vorzeichen.

e) Belastung p_2 der Vertikale.

Es ist:

$$H_0 = ph, \quad \mathsf{A}_0 = -\frac{ph^2}{2l}, \quad \mathsf{B}_0 = +\frac{ph^2}{2l},$$

ferner die Verschiebung durch die Biegung des Querträgers nach Gl. (21)

$$x_0' = h \operatorname{tang} \alpha_1 = \frac{M_0 h l}{3 \mathsf{E} J} = \frac{p h^3 l}{6 \mathsf{E} J}$$

und durch die Biegung der Vertikale nach Gl. (45)

$$x_0'' = \frac{p h^4}{8 \mathsf{E} J_v};$$

demnach ist:

$$x_0 = \frac{p h^3 l}{6 \mathsf{E} J} + \frac{p h^4}{8 \mathsf{E} J_v} = \frac{p h^3}{24 \mathsf{E} J}(3 G + l),$$

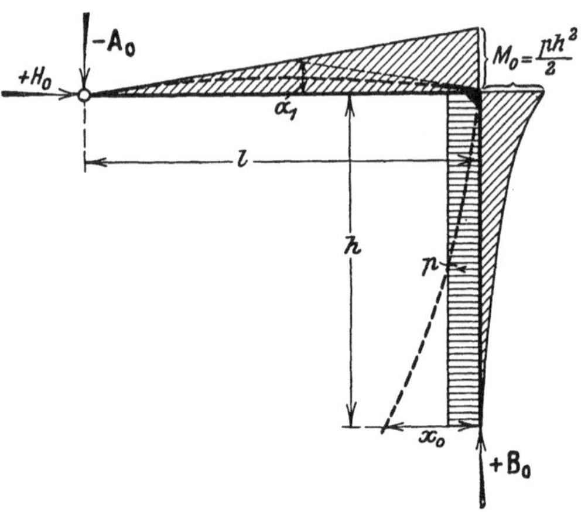

Fig. 65.

und aus Gl. (239) erhält man:

$$H = -\frac{3 \mathsf{E} J}{G h^2} \frac{p h^3}{24 \mathsf{E} J}(3 G + l) = -\frac{p h (3 G + l)}{8 G} \quad . \quad . \qquad (244)$$

Die Stützendrücke betragen:

$$\mathsf{A} = \frac{H h}{l} - \frac{p h^2}{2 l} = \frac{h}{l}\left(H - \frac{p h}{2}\right), \qquad \mathsf{B} = -\frac{h}{l}\left(H - \frac{p h}{2}\right),$$

wo H positiv einzusetzen ist.

Bei umgekehrter Richtung der Belastung p, also nach außen, wechseln sowohl H als A und B Vorzeichen.

f) Es soll die Wirkung einer Temperaturerhöhung um $t^0 C$ untersucht werden.

Da sowohl Querträger als Vertikale sich durch eine Temperaturerhöhung verlängern, so treten an den Auflagern zwei Kräfte auf, nämlich außer der Horizontalkraft H auch noch die Querkraft Q.

Die horizontale Verschiebung des losgelösten Punktes B beträgt $x_0 = -\varepsilon t l$ und man erhält mithin aus der Gl. (239)

$$H = + \frac{3\,\mathsf{E}\,J\,\varepsilon\,t\,l}{G\,h^2},$$

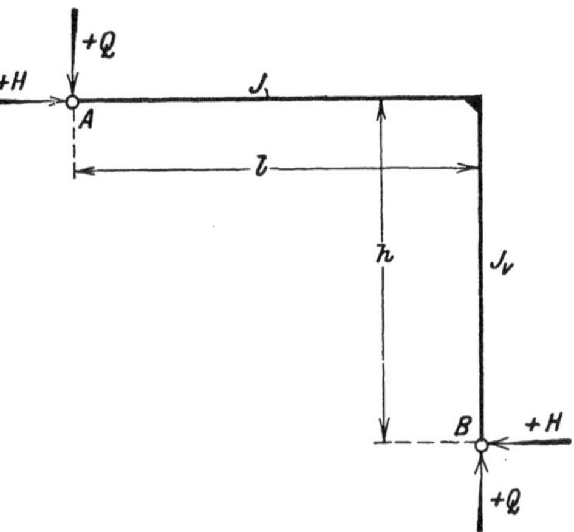

Fig. 66.

durch H entsteht wieder die Querkraft $Q = \frac{H\,h}{l}$.

Die vertikale Verschiebung des Punktes B beträgt

$$y_0 = -\varepsilon\,t\,h\,.$$

Die Kraft Q kann auch aus der Gl. (217) abgeleitet werden, indem man h mit l und J mit J_v vertauscht.

Aus Gl. (46) ergibt sich dann

$$G'' = h + l\frac{J_v}{J} = \frac{J_v}{J}\left(l + h\frac{J}{J_v}\right) = \frac{J_v}{J}\,G\,,$$

und Gl. (217) lautet in der geänderten Form

$$Q = -\frac{3\,\mathsf{E}\,J_v}{G''\,l^2}\,y_0 = -\frac{3\,\mathsf{E}\,J}{G\,l^2}\,,$$

woraus

$$Q = + \frac{3\,\mathsf{E}\,J\,\varepsilon\,t\,h}{G\,l^2}\,.$$

Durch Q entsteht wieder die Horizontalkraft $H = \frac{Q\,l}{h}$.

Demnach ergibt sich

$$H = \frac{3\,\mathsf{E}\,J\,\varepsilon\,t\,l}{G\,h^2} + \frac{3\,\mathsf{E}\,J\,\varepsilon\,t\,h\,l}{G\,l^2\,h} = + \frac{3\,\mathsf{E}\,J\,\varepsilon\,t(l^2 + h^2)}{G\,l\,h^2}\,. \qquad (245)$$

und

$$Q = \frac{3\,\mathsf{E}\,J\,\varepsilon\,t\,h}{G\,l^2} + \frac{3\,\mathsf{E}\,J\,\varepsilon\,t\,l}{G\,h^2}\,\frac{h}{l} = + \frac{3\,\mathsf{E}\,J\,\varepsilon\,t(l^2 + h^2)}{G\,h\,l^2}\,. \qquad (246)$$

Tritt eine niedrigere Temperatur ein, so wechseln H und Q Vorzeichen.

Beispiel 13. Zu Aufgabe 40.

Die Abmessungen seien wie in den vorigen Beispielen, somit ist:

$$h = 6{,}0\ \mathrm{m}, \quad l = 8{,}0\ \mathrm{m}, \quad J = 60\,000\ \mathrm{cm}^4, \quad J_c = 20\,000\ \mathrm{cm}^4, \quad \frac{J}{J_c} = 3\,.$$

$$G = 26\,.$$

a) Für die Belastung $P_1 = 4000$ kg, $a = 3{,}0$, $b = 5{,}0$ m ergibt sich nach Gl. (240):

$$H = \frac{4000 \cdot 5{,}0 \cdot 3{,}0(2 \cdot 8{,}0 - 3{,}0)}{2 \cdot 26 \cdot 6{,}0 \cdot 8{,}0} = 313 \text{ kg};$$

ferner ist

$$\mathsf{A} = \frac{4000 \cdot 3{,}0 - 313 \cdot 6{,}0}{8{,}0} = +1265 \text{ kg},$$

$$\mathsf{B} = \frac{4000 \cdot 5{,}0 + 313 \cdot 6{,}0}{8{,}0} = +2735 \text{ kg}.$$

b) Für $p_1 = 1000$ kg pro Meter ergibt sich nach Gl. (241):

$$H = \frac{1000 \cdot 8{,}0^3}{8 \cdot 26 \cdot 6{,}0} = +410 \text{ kg};$$

ferner ist

$$\mathsf{A} = \frac{1000 \cdot 8{,}0}{2} - \frac{410 \cdot 6{,}0}{8{,}0} = +3692 \text{ kg},$$

$$\mathsf{B} = \frac{1000 \cdot 8{,}0}{2} + \frac{410 \cdot 6{,}0}{8{,}0} = +4308 \text{ kg}.$$

c) Für $P_2 = 1000$ kg, $c = 3{,}0$ m ergibt sich:

$$M_0 = 1000 \cdot 3{,}0 = 3000 \text{ kgm},$$

nach Gl. (242):
$$H = -\frac{3000 \cdot 8{,}0}{26 \cdot 6{,}0} = -154 \text{ kg};$$

ferner:

$$\mathsf{A} = -\frac{3000 - 154 \cdot 6{,}0}{8{,}0} = -260 \text{ kg},$$

$$\mathsf{B} = +\frac{1000(8{,}0 + 3{,}0) - 154 \cdot 6{,}0}{8{,}0} = +1260 \text{ kg}.$$

d) Für $K = 2000$ und $k = 2{,}0$ m ergibt sich nach Gl. (243):

$$H = -\frac{2000 \cdot 2{,}0}{2 \cdot 26 \cdot 6{,}0^2}(2 \cdot 6{,}0 \cdot 8{,}0 + 2{,}0(3 \cdot 6{,}0 - 2{,}0)3) = -410 \text{ kg};$$

ferner ist

$$H_0 = +2000 \text{ kg}, \quad \mathsf{A} = \frac{410 \cdot 6{,}0}{8{,}0} - \frac{2000 \cdot 2{,}0}{8{,}0} = -192 \text{ kg}, \quad \mathsf{B} = +192 \text{ kg}.$$

e) Für $p_2 = 200$ kg pro Meter ergibt sich nach Gl. (244):

$$H = -\frac{200 \cdot 6{,}0(3 \cdot 26 + 8{,}0)}{8 \cdot 26} = -496 \text{ kg};$$

ferner ist

$$\mathsf{A} = \frac{6{,}0}{8}\left(496 - \frac{200 \cdot 6{,}0}{2}\right) = -104 \text{ kg}, \quad \mathsf{B} = +104 \text{ kg}.$$

f) Für eine Temperaturerhöhung um 20° C ergibt sich nach den Gl. (245) und (246) (Fig. 66):

$$\varepsilon \mathsf{E} J t = 28\,320\,000\,, \qquad \text{(nach Beispiel 12f)}$$

$$H = \frac{3 \cdot 28\,320\,000 \cdot (800^2 + 600^2)}{2600 \cdot 600^2 \cdot 800} = +113 \text{ kg},$$

$$Q = \frac{3 \cdot 28\,320\,000 \cdot (600^2 + 800^2)}{2600 \cdot 800^2 \cdot 600} = +85 \text{ kg}.$$

Da die Resultierende der beiden Kräfte H und Q in die Verbindungslinie der Auflager fallen muß, so ist auch

$$H \cdot h = Q \cdot l \quad \text{oder} \quad Q = \frac{H h}{l} = \frac{113 \cdot 6}{8} = 85 \text{ kg}.$$

Man braucht also nur H aus der Gl. (245) zu berechnen und bestimmt nachher Q aus dem gefundenen Wert für H.

Die in der Verbindungslinie AB wirkende Komponente D der Kräfte Q und H beträgt

$$D = \sqrt{Q^2 + H^2} = \sqrt{85^2 + 113^2} = 141 \text{ kg}.$$

Setzt man die in den Gl. (245) und (246) gefundenen Werte ein, so erhält man:

$$D = \frac{3\,\mathsf{E}\,J\,\varepsilon\,t(l^2 + h^2)}{G h l} \sqrt{\left(\frac{1}{h}\right)^2 + \left(\frac{1}{l}\right)^2} = \frac{3\,\mathsf{E}\,J\,\varepsilon\,t(l^2 + h^2)\sqrt{l^2 + h^2}}{G h^2 l^2}. \quad (247)$$

Haben die Vertikale und der Querträger gleiche Trägheitsmomente und ist $l = h$, so ergibt sich:

$$G = l + l \cdot 1 = 2l,$$

$$D = \frac{3\,\mathsf{E}\,J\,\varepsilon\,t\,2\,l^2\,l\sqrt{2}}{2l \cdot l^4} = \frac{3\sqrt{2}\,\mathsf{E}\,J\,\varepsilon\,t}{l^2} \quad . \; . \; . \; . \quad (248)$$

§ 14. Zweifach statisch unbestimmter Rahmen mit gekreuzten Diagonalen.

Aufgabe 41. Es soll das in Fig. 67 gezeigte System mit starren Eckverbindungen in A und B und gelenkartig angeschlossenen Diagonalen untersucht werden. Die statisch unbestimmbaren Größen sind die in den Diagonalen entstehenden Spannkräfte D_1 und D_2.

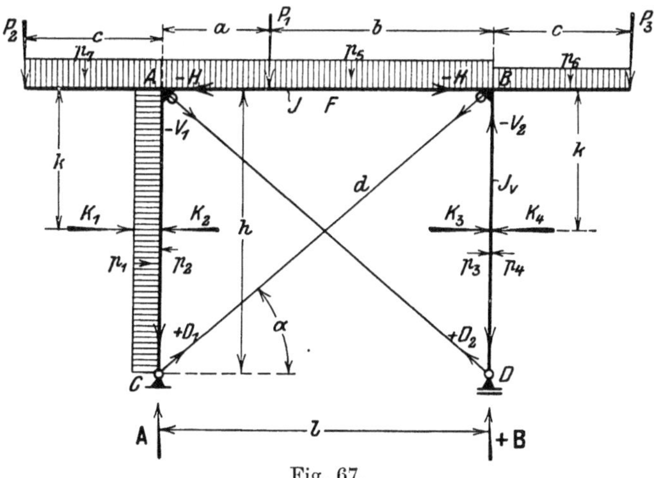

Fig. 67.

Denkt man sich die Diagonalen beseitigt, so werden durch die äußere Belastung des statisch bestimmten Systems die wagerechten Verschiebungen δ_{01} des Punktes C und δ_{02} des Punktes D hervorgerufen. Nun läßt man die Kräfte D_1 und D_2 auf das System wirken und diese rufen durch Biegung des Systems die Verschiebungen δ_1 bei C und δ_2 bei D hervor. Ferner entstehen durch die Längenänderungen der Stäbe die Verschiebungen δ_A bei C und δ_B bei D. Die Summe der Verschiebungen muß in jedem Punkte $= 0$ sein und man hat daher die Gleichungen:

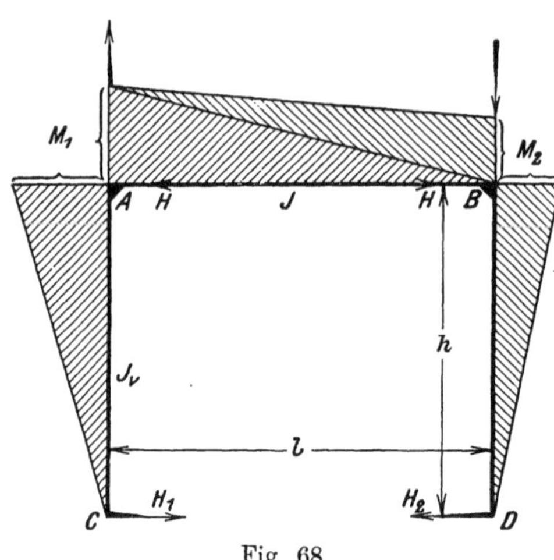

Fig. 68.

$$\delta_{01} + \delta_1 + \delta_A = 0\,, \quad \ldots \ldots \quad (249)$$

$$\delta_{02} + \delta_2 + \delta_B = 0\,. \quad \ldots \ldots \quad (250)$$

Bezeichnet man mit H_1 und H_2 die wagerechten Komponenten der Kräfte D_1 und D_2, so ist

$$M_1 = H_1 h = \frac{D_1 l h}{d} \quad \text{und} \quad M_2 = H_2 h = \frac{D_2 l h}{d}\,.$$

Nach den Gl. (21) und (22) betragen dann die Biegungswinkel bei A und B:

$$\operatorname{tang} \alpha_A = \frac{M_1 l}{3\,\mathsf{E} J} + \frac{M_2 l}{6\,\mathsf{E} J} = \frac{l}{6\,\mathsf{E} J}(2\,M_1 + M_2)\,,$$

$$\operatorname{tang} \alpha_B = \frac{l}{6\,\mathsf{E} J}(2\,M_2 + M_1)$$

und nach Gl. (30) die Durchbiegungen der Vertikalen:

$$\delta_C = \frac{M_1 h^2}{3\,\mathsf{E} J_v}\,, \qquad \delta_D = \frac{M_2 h^2}{3\,\mathsf{E} J_v}\,.$$

Die gesamten Verschiebungen der Punkte C und D durch die Kräfte H_1 und H_2 betragen dann:

$$\delta_1 = h \operatorname{tang} \alpha_A + \delta_C = \frac{l h}{6\,\mathsf{E} J}(2\,M_1 + M_2) + \frac{M_1 h^2}{3\,\mathsf{E} J_v}\,,$$

$$\delta_2 = h \operatorname{tang} \alpha_B + \delta_D = \frac{l h}{6\,\mathsf{E} J}(2\,M_2 + M_1) + \frac{M_2 h^2}{3\,\mathsf{E} J_v}\,,$$

woraus:

$$\delta_1 = \frac{l\,h^2}{6\,d\,\mathsf{E}J}(2\,D_1 G + D_2 l)\,, \quad \ldots\ldots \quad (251)$$

$$\delta_2 = \frac{l\,h^2}{6\,d\,\mathsf{E}J}(2\,D_2 G + D_1 l)\,. \quad \ldots\ldots \quad (252)$$

Die durch die Längenänderungen der Stäbe entstehenden Verschiebungen δ_A und δ_B erhält man aus dem nebenstehend gezeichneten Williotschen Verschiebungsplane. Man denkt sich in Fig. 67 den Punkt A und die Richtung AB festgehalten.

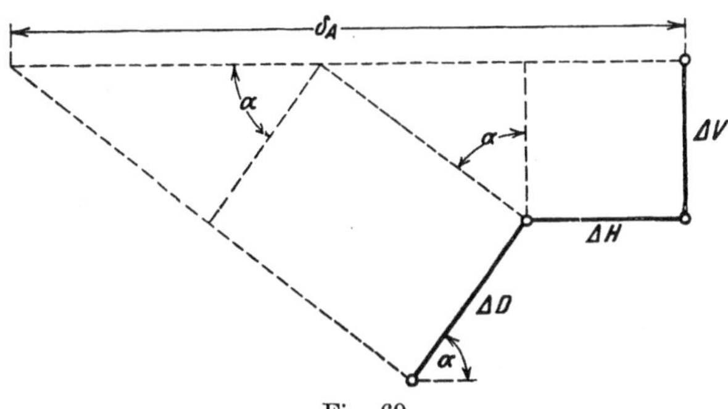

Fig. 69.

Es ist dann

$$\delta_A = \Delta H + \Delta V \operatorname{tang}\alpha + \frac{\Delta D}{\cos\alpha}\,,$$

wo ΔH, ΔV und ΔD die Längenänderungen des Querträgers, der Vertikale und der Diagonale bedeuten.

Durch Einsetzen der Werte

$$H = (D_1 + D_2)\frac{l}{d}\,, \qquad \Delta H = \frac{(D_1 + D_2)\,l^2}{d\,\mathsf{E}J}\,,$$

$$V = V_1 + A \quad \text{resp.} \quad V_2 + B\,,$$

$$\Delta V = \left(\frac{D_1 h}{d} + A\right)\frac{h}{\mathsf{E}F_1} \quad \text{resp.} \quad \left(\frac{D_2 h}{d} + B\right)\frac{h}{\mathsf{E}F_1}\,,$$

$$\Delta D = \frac{D_1 d}{\mathsf{E}F_2} \quad \text{resp.} \quad \frac{D_2 d}{\mathsf{E}F_2}\,, \quad \operatorname{tang}\alpha = \frac{h}{l}\,, \quad \cos\alpha = \frac{l}{d}$$

erhält man:

$$\delta_A = \frac{(D_1 + D_2)\,l^2}{d\,\mathsf{E}F} + \left(\frac{D_1 h}{d} + A\right)\frac{h^2}{\mathsf{E}F_1 l} + \frac{D_1 d^2}{\mathsf{E}F_2 l}\,, \quad . \quad (253)$$

$$\delta_B = \frac{(D_1 + D_2)\,l^2}{d\,\mathsf{E}F} + \left(\frac{D_2 h}{d} + B\right)\frac{h^2}{\mathsf{E}F_1 l} + \frac{D_2 d^2}{\mathsf{E}F_2 l}\,. \quad . \quad (254)$$

Aus den Gl. (249), (251) und (253) erhält man nun:

$$\delta_{01} + \frac{l h^2}{6 d \mathsf{E} J}(2 D_1 G + D_2 l) + \frac{(D_1 + D_2) l^2}{d \mathsf{E} F}$$

$$+ \left(\frac{D_1 h}{d} + A\right)\frac{h^2}{\mathsf{E} F_1 l} + \frac{D_1 d^2}{\mathsf{E} F_2 l} = 0,$$

$$\mathsf{E}\,\delta_{01} + D_1\left(\frac{l^2}{d F} + \frac{h^3}{d F_1 l} + \frac{d^2}{F_2 l} + \frac{l h^2 G}{3 d J}\right)$$

$$+ D_2\left(\frac{l^2}{d F} + \frac{l^2 h^2}{6 d J}\right) + A\,\frac{h^2}{F_1 l} = 0,$$

oder

$$\mathsf{E}\,\delta_{01} + D_1 C_1 + D_2 C_2 + A C_3 = 0, \quad \ldots \quad (255)$$

wo

$$C_1 = \frac{l^2}{d F} + \frac{h^3}{d F_1 l} + \frac{d^2}{F_2 l} + \frac{l h^2 G}{3 d J}, \quad \ldots \quad (256)$$

$$C_2 = \frac{l^2}{d F} + \frac{l^2 h^2}{6 d J}, \quad \ldots \quad (257)$$

$$C_3 = \frac{h^2}{F_1 l} \quad \ldots \quad (258)$$

konstante Größen sind.

In analoger Weise erhält man aus den Gl. (250), (252) und (254)

$$\mathsf{E}\,\delta_{02} + D_1 C_2 + D_2 C_1 + B C_3 = 0. \quad \ldots \quad (259)$$

Aus den Gl. (255) und (259) ergibt sich dann

$$\frac{D_2 C_2 + A C_3 + \mathsf{E}\,\delta_{01}}{C_1} = \frac{D_2 C_1 + B C_3 + \mathsf{E}\,\delta_{02}}{C_2},$$

woraus

$$D_2 = \frac{C_3 (B C_1 - A C_2) + \mathsf{E}(\delta_{02} C_1 - \delta_{01} C_2)}{C_2^2 - C_1^2} \quad \ldots \quad (260)$$

und in analoger Weise

$$D_1 = \frac{C_3 (B C_2 - A C_1) + \mathsf{E}(\delta_{02} C_2 - \delta_{01} C_1)}{C_1^2 - C_2^2} \quad \ldots \quad (261)$$

Sollen die Längenänderungen unberücksichtigt bleiben, so hat man in die Gl. (256), (257) und (258) F, F_1 und $F_2 = \infty$ einzusetzen, und die Konstanten gehen über zu

$$C_1 = \frac{l h^2 G}{3 d J}, \qquad C_2 = \frac{l^2 h^2}{6 d J}, \qquad C_3 = 0.$$

Durch Einsetzen dieser Werte in die Gl. (260) und (261) erhält man:

$$D_2 = \frac{6\,d\,J\,\mathsf{E}\,(\delta_{01}\,l - 2\,\delta_{02}\,G)}{h^2\,l\,(4\,G^2 - l^2)}\,, \quad \ldots \ldots \quad (262)$$

$$D_1 = \frac{6\,d\,J\,\mathsf{E}\,(\delta_{02}\,l - 2\,\delta_{01}\,G)}{h^2\,l\,(4\,G^2 - l^2)}\,. \quad \ldots \ldots \quad (263)$$

Es sollen nun die besonderen Formeln für die in Fig. 67 gezeichneten Belastungsfälle ermittelt werden. Für jede Belastung des Querträgers oder dessen Verlängerungen ist

$$\delta_{01} = h \operatorname{tang} \alpha_A \quad \text{und} \quad \delta_{02} = h \operatorname{tang} \alpha_B\,.$$

Es ergibt sich dann:

a) Einzellast P_1

nach den Gl. (13) und (14)

$$\delta_{01} = -\frac{P\,b\,a\,h\,(l+b)}{6\,\mathsf{E}\,J\,l}\,, \qquad \delta_{02} = -\frac{P\,b\,a\,h\,(l+a)}{6\,\mathsf{E}\,J\,l}\,;$$

ferner

$$B = \frac{P\,a}{l}\,, \qquad A = \frac{P\,b}{l}\,.$$

Diese Werte werden in die Gl. (260) bis (263) eingesetzt, und man erhält die genaueren Gleichungen:

$$D_2 = \frac{P}{l} \cdot \frac{C_3\,(a\,C_1 - b\,C_2) + \dfrac{b\,a\,h}{6\,J}\,\big(C_1\,(l+a) - C_2\,(l+b)\big)}{C_2^2 - C_1^2}\,, \quad (264)$$

$$D_1 = \frac{P}{l} \cdot \frac{C_3\,(a\,C_2 - b\,C_1) + \dfrac{b\,a\,h}{6\,J}\,\big(C_2\,(l+a) - C_1\,(l+b)\big)}{C_1^2 - C_2^2} \quad (265)$$

und die angenäherten Gleichungen:

$$D_2 = \frac{P\,b\,a\,d\,\big(2\,G\,(l+a) - l\,(l+b)\big)}{h\,l^2\,(4\,G^2 - l^2)}\,, \quad \ldots \ldots \quad (266)$$

$$D_1 = \frac{P\,b\,a\,d\,\big(2\,G\,(l+b) - l\,(l+a)\big)}{h\,l^2\,(4\,G^2 - l^2)}\,. \quad \ldots \ldots \quad (267)$$

b) Gleichmäßig verteilte Belastung p_5.

Nach Gl. (40) ist

$$\delta_{01} = \delta_{02} = -\frac{p\,l^3\,h}{24\,\mathsf{E}\,J}\,;$$

ferner ist

$$A = B = \frac{p\,l}{2}\,.$$

Aus den Gl. (260) bis (263) ergibt sich dann die genaue Gleichung

$$\left.\begin{aligned} D_1 = D_2 &= \frac{C_3 \frac{pl}{2}(C_1 - C_2) \div \frac{pl^3h}{24J}(C_1 - C_2)}{(C_2 - C_1)(C_2 + C_1)} \\ &= \frac{pl}{2(C_2 + C_1)}\left(\frac{l^2h}{12J} - C_3\right) = \frac{4M_0}{2l(C_2 + C_1)}\left(\frac{l^2h}{12J} - C_3\right) \end{aligned}\right\} \quad (268)$$

und die angenäherte Gleichung

$$D_1 = D_2 = \frac{pl^2d(2G - l)}{4h(4G^2 - l^2)} = \frac{2M_0 d(2G - l)}{h(4G^2 - l^2)}, \quad . \quad . \quad . \quad (269)$$

wo M_0 das Moment in der Mitte des Querträgers bedeutet.

c) Belastung des linken Kragarmes.

Nach Gl. (21) und (22) ist

$$\delta_{01} = \frac{M_0 l h}{3EJ}, \qquad \delta_{02} = \frac{M_0 l h}{6EJ}.$$

Für eine Einzellast P_2 ist

$$B = -\frac{M_0}{l}, \qquad M_0 = Pc, \qquad A = P + \frac{M_0}{l} = \frac{M_0(c + l)}{cl},$$

und die genauen Formeln lauten:

$$D_2 = \frac{M_0}{C_2^2 - C_1^2}\left[\frac{lh}{6J}(C_1 - 2C_2) - \frac{C_3}{l}\left(C_1 + \frac{c + l}{c}C_2\right)\right], \quad (270)$$

$$D_1 = \frac{M_0}{C_1^2 - C_2^2}\left[\frac{lh}{6J}(C_2 - 2C_1) - \frac{C_3}{l}\left(C_2 + \frac{c + l}{c}C_1\right)\right]. \quad (271)$$

Für eine gleichmäßig verteilte Belastung p_7 ist

$$M_0 = \frac{pc^2}{2}, \qquad B = -\frac{M_0}{l}, \qquad A = pc + \frac{M_0}{l} = M_0\frac{2l + c}{cl}.$$

Die genauen Formeln lauten dann:

$$D_2 = \frac{M_0}{C_2^2 - C_1^2}\left[\frac{lh}{6J}(C_1 - 2C_2) - \frac{C_3}{l}\left(C_1 + \frac{c + 2l}{c}C_2\right)\right], \quad (272)$$

$$D_1 = \frac{M_0}{C_1^2 - C_2^2}\left[\frac{lh}{6J}(C_2 - 2C_1) - \frac{C_3}{l}\left(C_2 + \frac{c + 2l}{c}C_1\right)\right]. \quad (273)$$

Aus den Gl. (262) und (263) erhält man die angenäherten Formeln:

$$D_2 = -\frac{2dM_0(G - l)}{h(4G^2 - l^2)}, \quad . \quad . \quad . \quad . \quad . \quad . \quad . \quad (274)$$

$$D_1 = -\frac{dM_0(4G - l)}{h(4G^2 - l^2)} \quad . \quad . \quad . \quad . \quad . \quad . \quad . \quad (275)$$

d) Belastung des rechten Kragarmes.

Für eine Einzellast P_3 ist

$$M_0 = P c\,, \qquad A = -\frac{M_0}{l}\,, \qquad B = \frac{M_0(c+l)}{c\,l}$$

und für die gleichmäßig verteilte Belastung p_6

$$M_0 = \frac{p\,c^2}{2}\,, \qquad A = -\frac{M_0}{l}\,, \qquad B = \frac{M_0(2\,l+c)}{c\,l}\,.$$

In den Gl. (260) bis (275) ist D_1 mit D_2 zu vertauschen, demnach ist D_1 nach den Gl. (260), (272) und (274) zu berechnen und D_2 nach den Gl. (271), (273) und (275). Das Moment M_0 ist positiv in die Gleichungen einzusetzen.

Wie im folgenden durch Zahlenbeispiele gezeigt werden soll, unterscheiden sich die angenäherten Werte nicht bedeutend von den genauen. Da die angenäherten Werte außerdem größer sind, so genügt es, in allen praktischen Fällen die angenäherten Formeln zu verwenden. Für die Belastung der Vertikalen sollen daher nur die angenäherten Formeln entwickelt werden, da die genauen Formeln noch komplizierter werden.

e) Belastung der Vertikalen durch Einzellasten.

Für K_1 ergibt sich aus Aufgabe 30a:

$$\delta_{01} = -\left[\frac{K(h-k)\,l\,h}{3\,\mathsf{E}J} + \frac{K}{6\,\mathsf{E}J_v}\left(2\,h^3 - k^2(3\,h-k)\right)\right],$$

$$\delta_{01} = -\frac{K}{6\,\mathsf{E}J}\left(2\,h^2\,G - k(E - h\,l)\right),$$

$$\delta_{02} = -\frac{K\,h\,l}{6\,\mathsf{E}J}(h-k)\,;$$

durch Einsetzen in die Gl. (262) und (263) erhält man dann:

$$\left.\begin{aligned} D_2 &= \frac{K\,d\left(2\,G\,h(h-k) - 2\,h^2\,G + k(E-h\,l)\right)}{h^2(4\,G^2 - l^2)} \\ &= \frac{K\,d\,k}{h^2(4\,G^2 - l^2)}\left(E - h(2\,G + l)\right), \end{aligned}\right\} \quad . \; . \; . \quad (276)$$

$$\left.\begin{aligned} D_1 &= \frac{K\,d\left(2\,G[2\,h^2\,G - k(E - h\,l)] - h\,l^2(h-k)\right)}{h^2\,l(4\,G^2 - l^2)} \\ &= \frac{K\,d}{l} + \frac{K\,d\,k}{h^2(4\,G^2 - l^2)}\left(h(2\,G + l) - \frac{2\,G\,E}{l}\right). \end{aligned}\right\} \quad . \; . \quad (277)$$

Für K_2 sind dieselben Formeln gültig, nur wechseln D_1 und D_2 Vorzeichen.

Für K_3 ergibt sich aus Aufgabe 30c:

$$\delta_{01} = -\frac{K l h}{6 \mathsf{E} J}(2h + k) - \frac{K h^3}{3 \mathsf{E} J_v} = -\frac{K h}{6 \mathsf{E} J}(2hG + lk),$$

$$\delta_{02} = -\frac{K l h}{6 \mathsf{E} J}(2k + h) - \frac{K h^2}{6 \mathsf{E} J_v}(3h - k) = -\frac{K}{6 \mathsf{E} J}\left(l h^2 + k(E - hl)\right)$$

und demnach aus den Gl. (262) und (263):

$$D_2 = \frac{K d}{h^2 l (4G^2 - l^2)}\left(2G[l h^2 + k(E - hl)] - hl(2hG + lk)\right),$$

$$D_2 = \frac{K d k}{h^2 (4G^2 - l^2)}\left(\frac{2GE}{l} - h(2G + l)\right), \quad \ldots \ldots \quad (278)$$

$$D_1 = \frac{K d}{h^2 l (4G^2 - l^2)}\left(2Gh(2hG + lk) - l^2 h^2 - lk(E - hl)\right),$$

$$D_1 = \frac{K d}{l} + \frac{K d k}{h^2 (4G^2 - l^2)}\left(h(2G + l) - E\right). \quad \ldots \ldots \quad (279)$$

Für K_4 sind dieselben Formeln zu verwenden, nur wechseln D_1 und D_2 Vorzeichen.

Greift K in der Höhe des Querträgers an, so ist in allen Formeln $k = 0$ zu setzen. Es wird dann nur die am festen Auflager angreifende Diagonale D_1 beansprucht.

Für K_1 und K_3 ist dann

$$D_1 = \frac{K d}{l}, \qquad A = -\frac{K h}{l}, \qquad B = \frac{K h}{l} \quad \ldots \quad (280)$$

und für K_2 und K_4

$$D_1 = -\frac{K d}{l}, \qquad A = \frac{K h}{l}, \qquad B = -\frac{K h}{l} \quad \ldots \quad (281)$$

f) Gleichmäßig verteilte Belastung der Vertikalen.

Für p_1 ergibt sich aus Aufgabe 31a:

$$\delta_{01} = -\frac{p h^3 l}{6 \mathsf{E} J} - \frac{p h^4}{3 \mathsf{E} J_v} + \frac{p h^4}{8 \mathsf{E} J_v} = -\frac{p h^3}{24 \mathsf{E} J}(5G - l),$$

$$\delta_{02} = -\frac{p h^3 l}{12 \mathsf{E} J}$$

und daher aus den Gl. (262) und (263):

$$D_2 = \frac{p d h^3}{h^2 l (4G^2 - l^2)}\left(\frac{2Gl}{2} - \frac{l}{4}(5G - l)\right),$$

$$D_2 = -\frac{p h d (G - l)}{4(4G^2 - l^2)}, \quad \ldots \ldots \ldots \ldots \quad (282)$$

$$D_1 = \frac{p\,d\,h^3}{h^2\,l\,(4\,G^2 - l^2)}\left(\frac{2\,G}{4}(5\,G - l) - \frac{l^2}{2}\right),$$

$$D_1 = \frac{p\,h\,d}{2\,l} + \frac{p\,h\,d\,G(G - l)}{2\,l\,(4\,G^2 - l^2)} \quad \ldots\ldots\ldots \quad (283)$$

Für p_2 wechseln D_1 und D_2 Vorzeichen.

Für p_3 ergibt sich aus Aufgabe 31c:

$$\delta_{01} = -\frac{5\,p\,h^3\,l}{12\,\mathsf{E}J} - \frac{p\,h^4}{3\,\mathsf{E}J_v} = -\frac{p\,h^3}{12\,\mathsf{E}J}(4\,G + l)\,,$$

$$\delta_{02} = -\frac{4\,p\,h^3\,l}{12\,\mathsf{E}J} - \frac{p\,h^4}{8\,\mathsf{E}J_v} = -\frac{p\,h^3}{24\,\mathsf{E}J}(3\,G + 5\,l)$$

und daher aus den Gl. (262) und (263):

$$D_2 = \frac{p\,d\,h^3}{h^2\,l\,(4\,G^2 - l^2)}\left(\frac{2\,G}{4}(3\,G + 5\,l) - \frac{l}{2}(4\,G + l)\right),$$

$$D_2 = \frac{p\,d\,h}{2\,l} - \frac{p\,d\,h\,G\,(G - l)}{2\,l\,(4\,G^2 - l^2)}\,, \quad \ldots\ldots\ldots \quad (284)$$

$$D_1 = \frac{p\,d\,h^3}{h^2\,l\,(4\,G^2 - l^2)}\left(\frac{2\,G}{2}(4\,G + l) - \frac{l}{4}(3\,G + 5\,l)\right),$$

$$D_1 = \frac{p\,h\,d}{l} + \frac{p\,h\,d\,(G - l)}{4\,(4\,G^2 - l^2)} \quad \ldots\ldots\ldots \quad (285)$$

Beispiel 14. Zu Aufgabe 41. Es sei

$l = 8{,}0$ m, $h = 6{,}0$ m, $J = 20000$ cm^4, $J_c = 5000$ cm^4,

$F = 100$ qcm, $F_1 = 50$ qcm, $F_2 = 20$ qcm, $d = \sqrt{6^2 + 8^2} = 10{,}0$ m.

Berechnung der Konstanten.

Bei der genauen Methode kommen die Konstanten C_1, C_2, C_3 und G, bei der angenäherten Methode dagegen nur G in Betracht. Es ist nach Gl. (56)

$$G = l + h\,\frac{J}{J_c} = 800 + 600 \cdot \frac{20000}{5000} = 3200,$$

nach Gl. (256)

$$C_1 = \frac{800^2}{1000 \cdot 100} + \frac{600^3}{1000 \cdot 50 \cdot 800} + \frac{1000^2}{20 \cdot 800} + \frac{800 \cdot 600^2 \cdot 3200}{3 \cdot 1000 \cdot 20000} = 15434{,}3,$$

nach Gl. (257)

$$C_2 = \frac{800^2}{1000 \cdot 100} + \frac{800^2 \cdot 600^2}{6 \cdot 1000 \cdot 20000} = 1926{,}4,$$

nach Gl. (258)

$$C_3 = \frac{600^2}{50 \cdot 800} = 9{,}0,$$

$$C_2^2 - C_1^2 = -234\,506\,599{,}53.$$

a) Belastung $P_1 = 5000$ kg, $a = 3{,}0$ m, $b = 5{,}0$ m.

Nach den genauen Formeln (264) und (265) ergibt sich:

$$D_2 = \frac{5000}{-800 \cdot 234506599{,}53}\Big(9(300 \cdot 15434{,}3 - 500 \cdot 1926{,}4)$$
$$- \frac{500 \cdot 300 \cdot 600}{6 \cdot 20000}(15434{,}3 \cdot 1100 - 1926{,}4 \cdot 1300)\Big),$$

$$D_2 = +275 \text{ kg},$$

$$D_1 = \frac{5000}{800 \cdot 234506599{,}53}\Big(9(300 \cdot 1926{,}4 - 500 \cdot 15434{,}3)$$
$$- \frac{500 \cdot 300 \cdot 600}{6 \cdot 20000}(1926{,}4 \cdot 1100 - 15434{,}3 \cdot 1300)\Big),$$

$$D_1 = +355 \text{ kg}.$$

Nach den angenäherten Formeln (266) und (267) ergibt sich:

$$D_2 = \frac{5000 \cdot 5 \cdot 3 \cdot 10}{6 \cdot 8^2(4 \cdot 32^2 - 8^2)}(2 \cdot 32 \cdot 11 - 8 \cdot 13) = +290 \text{ kg},$$

$$D_1 = \frac{5000 \cdot 5 \cdot 3 \cdot 10}{6 \cdot 8^2(4 \cdot 32^2 - 8^2)}(2 \cdot 32 \cdot 13 - 8 \cdot 11) = +360 \text{ kg}.$$

b) Belastung $p_5 = 400$ kg pro Meter.

Nach der genauen Gl. (268) ergibt sich:

$$D_1 = D_2 = \frac{4 \cdot 800}{2(15434{,}3 + 1926{,}4)}\left(\frac{800^2 \cdot 600}{12 \cdot 20000} - 9\right) = 146 \text{ kg}$$

und nach der angenäherten Gl. (269)

$$D_1 = D_2 = \frac{400 \cdot 8^2 \cdot 10(2 \cdot 32 - 8)}{4 \cdot 6(4 \cdot 32^2 - 8^2)} = 150 \text{ kg}.$$

In der genauen Formel muß p in Kilogramm pro Zentimeter eingesetzt werden, da alle anderen Werte in Zentimeter ausgedrückt sind.

c) Belastung $P_2 = 2000$ kg, $c = 2{,}0$ m.

$$M_0 = 2000 \cdot 2{,}0 = 4000 \text{ kgm} = 400000 \text{ kgcm}.$$

Nach den genauen Formeln (270) und (271) ergibt sich:

$$D_2 = \frac{400000}{-234506599{,}53}\left[\frac{800 \cdot 600}{6 \cdot 20000}(15434{,}3 - 2 \cdot 1926{,}4)\right.$$
$$\left. - \frac{9}{800}\left(15434{,}3 + \frac{1000}{200}1926{,}4\right)\right] = -80 \text{ kg},$$

$$D_1 = \frac{400000}{234506599{,}53}\left[\frac{800 \cdot 600}{6 \cdot 20000}(1926{,}4 - 2 \cdot 15434{,}3)\right.$$
$$\left. - \frac{9}{800}\left(1926{,}4 + \frac{1000}{200}15434{,}3\right)\right] = -199 \text{ kg}$$

und nach den angenäherten Formeln (274) und (275)

$$4\,G^2 - l^2 = 4 \cdot 32^2 - 8^2 = 4032,$$

$$D_2 = -\frac{2 \cdot 10 \cdot 4000(32 - 8)}{6 \cdot 4032} = -79 \text{ kg},$$

$$D_1 = -\frac{10 \cdot 4000(4 \cdot 32 - 8)}{6 \cdot 4032} = -198 \text{ kg}.$$

Die angenäherten Werte unterscheiden sich demnach sehr unbedeutend von den genauen.

d) Belastung $K_4 = 1000$ kg, $k = 2{,}0$ m.

Nach Gl. (102) ist

$$E = 3\,l\,h + k(3\,h - k)\frac{J}{J_0} = 3 \cdot 8 \cdot 6 + 2(3 \cdot 6 - 2)\,4 = 272\,,$$

und nach den Gl. (278) und (279) ergibt sich:

$$D_2 = -\frac{1000 \cdot 10 \cdot 2}{6^2 \cdot 4032}\left(\frac{2 \cdot 32 \cdot 272}{8} - 6(2 \cdot 32 + 8)\right) = -240 \text{ kg},$$

$$D_1 = -\frac{1000 \cdot 10}{8} - \frac{1000 \cdot 10 \cdot 2}{6^2 \cdot 4032}\left(6(2 \cdot 32 + 8) - 272\right) = -1272 \text{ kg}.$$

e) Belastung $p_1 = 200$ kg pro Meter.

Nach den Gl. (282) und (283) ergibt sich:

$$D_2 = -\frac{200 \cdot 6 \cdot 10(32 - 8)}{4 \cdot 4032} = -18 \text{ kg},$$

$$D_1 = \frac{200 \cdot 6 \cdot 10}{2 \cdot 8} + \frac{200 \cdot 6 \cdot 10 \cdot 32(32 - 8)}{2 \cdot 8 \cdot 4032} = +893 \text{ kg}.$$

IV. Berechnung einiger anderen biegungsfesten Systeme.

§ 15. Einfach statisch unbestimmter Dachbinder.

Aufgabe 42. Der in Fig. 70 gezeigte Dachbinder hat bei A festes, bei B bewegliches Auflager und bei C starre Eckverbindung. Die Zugstange Z ist gelenkartig angeschlossen. Das System ist einfach statisch unbestimmt. Es ist die Horizontalkraft H in der Zugstange zu ermitteln.

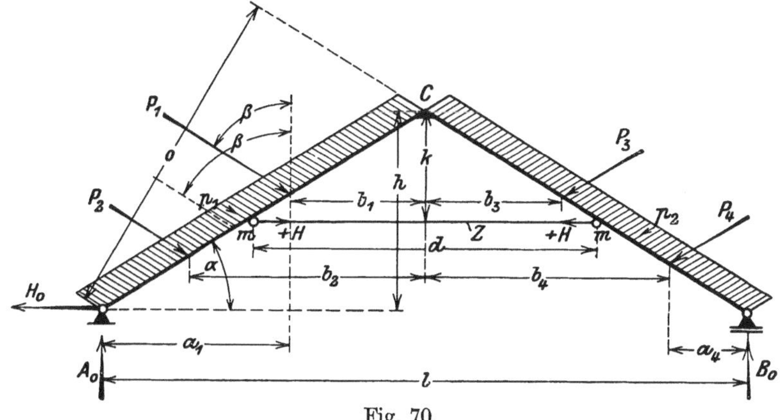

Fig. 70.

Die Einzellasten P und die gleichmäßig verteilte Belastung p sind unter dem Winkel β mit der Senkrechten gerichtet. Es bedeuten J das Trägheitsmoment und F den Querschnitt der Stäbe AC und BC und F_1 den Querschnitt der Zugstange Z.

Zur Lösung der Aufgabe wird die Zugstange zunächst beseitigt gedacht und die durch die Belastung des statisch bestimmten Systems hervorgerufene gegenseitige Verschiebung x_0 der Punkte m ermittelt. Hiernach bestimmt man die durch die Horizontalkräfte H hervorgerufene Verschiebung x_H und setzt

$$x_0 = x_H$$

oder die Durchbiegungen senkrecht zu den Stäben

$$f_0 = f_H \,.$$

Fig. 71 zeigt das nur mit den Horizontalkräften H belastete System.

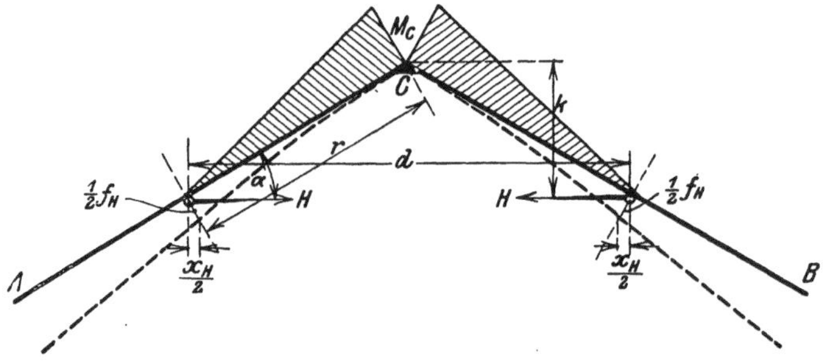

Fig. 71.

Das Moment bei C ist dann

$$M_C = H\,k\,.$$

und die Durchbiegung f_H senkrecht zu den Stäben AC und CB beträgt nach Gl. (30)

$$f_H = \frac{2\,M_C\,r^2}{3\,E\,J} = \frac{2\,H\,k\,r^2}{3\,E\,J}\,.$$

Es ist ferner

$$r = \frac{d}{2\cos\alpha}\,,$$

$$f_H = \frac{H\,k\,d^2}{6\,E\,J\cos^2\alpha} = f_0$$

und demnach

$$H = \frac{6\,E\,J\cos^2\alpha\,f_0}{k\,d^2} \quad \ldots\ldots\ldots\ldots \quad (286)$$

Soll auch die Längenänderung der Zugstange berücksichtigt werden, so ist

$$\varDelta d = \frac{H d}{\mathsf{E} F_1}$$

und

$$f'_H = \frac{\varDelta d}{\sin\alpha} = \frac{H d}{\mathsf{E} F_1 \sin\alpha},$$

woraus

$$f_H = \frac{H k d^2}{6 \mathsf{E} J \cos^2\alpha} - \frac{H d}{\mathsf{E} F_1 \sin\alpha} = \frac{H k d^2}{6 \mathsf{E} J \cos^2\alpha}\left(1 - \frac{3 J \cos\alpha}{k^2 F_1}\right),$$

$$H = \frac{6 \mathsf{E} J \cos^2\alpha\, f_0}{k d^2\left(1 - \frac{3 J \cos\alpha}{k^2 F_1}\right)} \quad \ldots \ldots \quad (287)$$

Wie im Beispiel 14 nachgewiesen worden ist, ist der Einfluß der Längenänderung sehr gering und kann immer vernachlässigt werden. Noch geringer ist der Einfluß der Längenänderungen der Stäbe AC und BC, da der Querschnitt dieser Stäbe bedeutend größer ist.

a) Es soll nun die durch eine Einzellast P hervorgerufene Durchbiegung bestimmt werden.

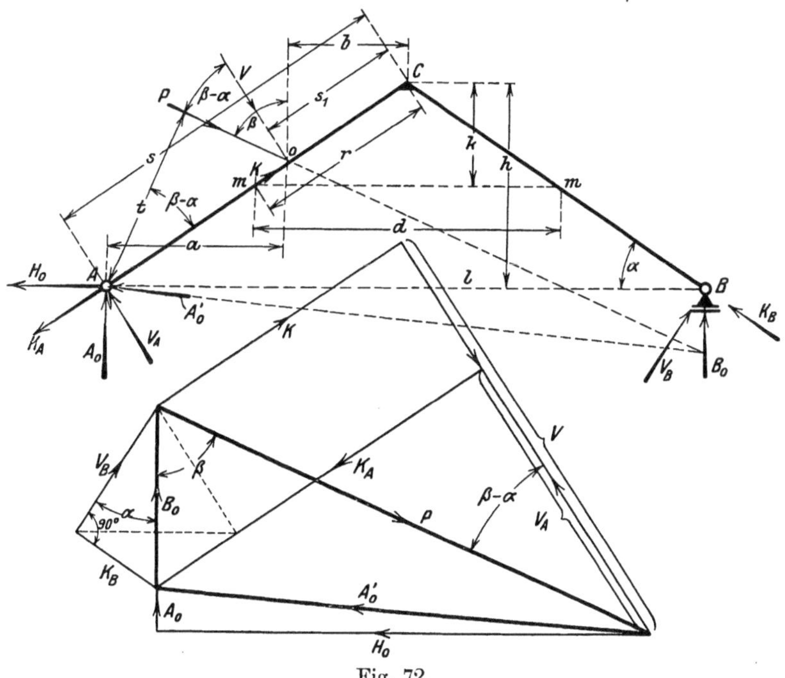

Fig. 72.

Es ist:

$$B_0 = \frac{P t}{l} = \frac{P a \cos(\beta - \alpha)}{l \cos\alpha}, \quad \ldots\ldots \quad (288)$$

$$A_0 = P \cos\beta - B_0, \quad \ldots\ldots\ldots \quad (289)$$

$$H_0 = P \sin\beta. \quad \ldots\ldots\ldots\ldots \quad (290)$$

Die Kraft P wird in zwei Komponenten, V senkrecht und K parallel mit dem Stabe AC zerlegt. Auf die Biegung des Stabes hat dann nur V Einfluß. Es ist

$$V = P \cos(\beta - \alpha).$$

Die Auflagerkräfte A_0' und B_0 werden ebenfalls in je zwei Komponenten, V_A, K_A und V_B, K_B, senkrecht und parallel mit den respektiven Stäben zerlegt. Auf die Biegung der Stäbe haben dann nur die senkrechten Komponenten V_A und V_B Einfluß.

Es ist:

$$V_B = B_0 \cos\alpha = \frac{P a}{l} \cos(\beta - \alpha),$$

$$V_A = V - V_B.$$

Um die Summe der Durchbiegungen senkrecht zu den Stäben in den Punkten m zu bestimmen, betrachtet man nun das System als bei C eingespannt und läßt die Kräfte V, V_A und V_B auf dasselbe einwirken. Da V_A und V_B denselben Hebelarm s haben und beide eine nach außen gerichtete Durchbiegung hervorrufen, so kann man auch die Summe dieser Kräfte, also V, in A wirken lassen. Es ist also die Durchbiegung f_0 bei m durch die bei A und 0 wirkenden Kräfte V zu bestimmen.

b) Der Angriffspunkt 0 der Last P_1 liegt zwischen m und C.

Nach Gl. (32) ist

$$f_0' = \frac{V r^2}{6 E J}(3 s - r)$$

und nach Gl. (33)

$$f_0'' = -\frac{V s_1^2}{6 E J}(3 r - s_1),$$

woraus

$$f_0 = \frac{P \cos(\beta - \alpha)}{6 E J}\left(r^2(3 s - r) - s_1^2(3 r - s_1)\right).$$

Setzt man nun

$$s = \frac{l}{2 \cos\alpha}, \quad r = \frac{d}{2 \cos\alpha}, \quad s_1 = \frac{2 b}{2 \cos\alpha},$$

so ist

$$f_0 = \frac{P\cos(\beta - \alpha)}{48\,\mathsf{E}\,J\cos^3\alpha}\left(d^2(3\,l - d) - 4\,b^2(3\,d - 2\,b)\right).$$

Durch Einsetzen in die Gl. (286) erhält man

$$H = \frac{P\cos(\beta - \alpha)}{8\,k\cos\alpha}\left(3\,l - d - \frac{4\,b^2}{d^2}(3\,d - 2\,b)\right)\;.\;.\;.\quad(291)$$

c) Der Angriffspunkt der Last P_2 liegt zwischen m und A.

Es ist dann wie vorher

$$f_0' = \frac{V\,r^2}{6\,\mathsf{E}\,J}(3\,s - r)$$

und nach Gl. (32)

$$f_0'' = -\frac{V\,r^2}{6\,\mathsf{E}\,J}(3\,s_1 - r)\,,$$

demnach

$$f_0 = \frac{V\,r^2}{6\,\mathsf{E}\,J}(3\,s - r - 3\,s_1 + r) = \frac{P\cos(\beta - \alpha)\,r^2}{2\,\mathsf{E}\,J}(s - s_1)$$

$$= \frac{P\cos(\beta - \alpha)\,d^2}{16\,\mathsf{E}\,J\cos^3\alpha}(l - 2\,b)\,,$$

und durch Einsetzen in die Gl. (286) erhält man:

$$H = \frac{P\cos(\beta - \alpha)\,3\,(l - 2\,b)}{8\,k\cos\alpha}\;.\;.\;\;.\;.\;.\quad(292)$$

Greift die Belastung am Stabe $C\,B$ an, so ist nach Gl. (288)

$$A_0 = \frac{P\,a\cos(\beta - \alpha)}{l\cos\alpha}\,,$$

nach Gl. (289)

$$B_0 = P\cos\beta - A_0\,,$$

nach Gl. (290)

$$H_0 = -P\sin\beta\,.$$

Man denkt sich nun bei B zwei entgegengesetzt wirkende Horizontalkräfte H_0 angreifen, wovon die nach außen gerichtete Kraft mit der Belastung P zusammen den bereits behandelten Belastungsfall bildet. Es bleiben dann noch die zwei bei A und B nach innen gerichteten Kräfte H_0.

Die durch diese Kräfte hervorgerufene Durchbiegung bei m beträgt nach Gl. (32)

$$f_0 = \frac{2\,H_0\,h\,r^2(3\,s - r)}{6\,s\,\mathsf{E}\,J} = \frac{H_0\,h\,d^2(3\,l - d)}{12\,\mathsf{E}\,J\cos^2\alpha\,l}$$

und demnach die Horizontalkraft nach Gl. (286)

$$H' = \frac{H_0 h (3l - d)}{2kl} = -\frac{P \sin\beta\, h (3l - d)}{2kl} \quad . \quad . \quad . \quad (293)$$

Für die Last P_3 ergibt sich dann aus Gl. (291)

$$H = \frac{P\cos(\beta - \alpha)}{8k\cos\alpha}\left(3l - d - 4\frac{b^2}{d^2}(3d - 2b)\right) + H' \quad . \quad (294)$$

und für die Last P_4 nach Gl. (292)

$$H = \frac{P\cos(\beta - \alpha)\,3(l - 2b)}{8k\cos\alpha} + H' \quad . \quad . \quad . \quad . \quad . \quad (295)$$

d) Die gleichmäßig verteilte Belastung p_1 wirkt ebenfalls unter dem Winkel β mit der Senkrechten.

Die durch die Mitte des Stabes AC gehende Resultante beträgt:

$$R = p \cdot 0 = p s \cos(\beta - \alpha) = \frac{p l \cos(\beta - \alpha)}{2\cos\alpha} \quad . \quad . \quad (296)$$

und die senkrecht zum Stabe wirkende Komponente dieser Resultante

$$V = R\cos(\beta - \alpha) = \frac{p l \cos^2(\beta - \alpha)}{2\cos\alpha}; \quad . \quad . \quad . \quad . \quad (297)$$

die gleichmäßig verteilte Belastung senkrecht zum Stabe beträgt ferner:

$$v = \frac{V}{s} = p\cos^2(\beta - \alpha) \quad . \quad . \quad . \quad . \quad . \quad . \quad . \quad . \quad (298)$$

Analog den Gl. (288) bis (290) ergibt sich dann:

$$B_0 = \frac{R_0}{2l} = \frac{p l \cos^2(\beta - \alpha)}{8\cos^2\alpha}, \quad . \quad . \quad . \quad . \quad . \quad . \quad (299)$$

$$A_0 = R\cos\beta - B_0, \quad . \quad . \quad . \quad . \quad . \quad . \quad . \quad . \quad . \quad . \quad (300)$$

$$H_0 = R\sin\beta = \frac{p l \cos(\beta - \alpha)\sin\beta}{2\cos\alpha} \quad . \quad . \quad . \quad (301)$$

Nach den Gl. (26) und (36a) ergibt sich die Durchbiegung bei m zu

$$f_0 = \frac{V r^2}{6EJ}(3s - r) - \frac{v r^2}{24EJ}\left(6s^2 - r(4s - r)\right).$$

Durch Einsetzen der Werte für V und v erhält man

$$f_0 = \frac{p d^2 (6l^2 - d^2)\cos^2(\beta - \alpha)}{384 EJ \cos^4\alpha}, \quad . \quad . \quad . \quad . \quad . \quad (302)$$

und aus der Gl. (286) ergibt sich

$$H = \frac{6EJ\cos^2\alpha\, f_0}{k d^2} = \frac{p(6l^2 - d^2)\cos^2(\beta - \alpha)}{k\, 64\cos^2\alpha} \quad . \quad . \quad (303)$$

e) Für die Belastung p_2 am Stabe CB ergibt sich aus Gl. (293):

$$H' = \frac{H_0 h (3l - d)}{2kl} = -\frac{p h (3l - d)\cos(\beta - \alpha)\sin\beta}{4k\cos\alpha} \quad . \quad (304)$$

und somit

$$H = \frac{p(6l^2 - d^2)\cos^2(\beta - \alpha)}{k\, 64\cos^2\alpha} + H' \; ; \quad . \quad . \quad . \quad . \quad (305)$$

ferner ist dann nach Gl. (299)

$$A_0 = \frac{p l \cos^2(\beta - \alpha)}{8\cos^2\alpha} ,$$

nach Gl. (300)

$$B_0 = R\cos\beta - A_0 ,$$

nach Gl. (301)

$$H_0 = -\frac{p l \cos(\beta - \alpha)\sin\beta}{2\cos\alpha} .$$

f) Liegt die Zugstange Z unten an den Auflagern, so ist in die Gleichungen $d = l$ und $k = h$ einzusetzen und man erhält:

für P_1 und P_2 aus Gl. (291)

$$H = \frac{P\cos(\beta - \alpha)}{8h\cos\alpha}\left(2l - \frac{4b^2}{l^2}(3l - 2b)\right) , \quad . \quad . \quad . \quad . \quad . \quad (306)$$

für P_3 und P_4 aus Gl. (294)

$$H = \frac{P\cos(\beta - \alpha)}{8h\cos\alpha}\left(2l - \frac{4b^2}{l^2}(3l - 2b)\right) - P\sin\beta , \quad (307)$$

für p_1 aus Gl. (303)

$$H = \frac{5 p l^2 \cos^2(\beta - \alpha)}{64 h \cos^2\alpha} , \quad . \quad . \quad . \quad . \quad . \quad . \quad . \quad . \quad . \quad . \quad . \quad . \quad (308)$$

für p_2 aus Gl. (305)

$$H = \frac{5 p l^2 \cos^2(\beta - \alpha)}{64 h \cos^2\alpha} - \frac{p l \cos(\beta - \alpha)\sin\beta}{2\cos\alpha} . \quad . \quad . \quad (309)$$

g) Ist keine Zugstange vorhanden, sondern bei A und B feste Auflagergelenke, so sind die unter f) entwickelten Formeln ebenfalls gültig. In diesem Falle kommt auch die Temperaturänderung in Betracht.

Die horizontale Verschiebung der Auflagerpunkte des statisch bestimmten Systems beträgt dann

$$x_0 = \pm \varepsilon t l \quad \text{und somit} \quad f_0 = \pm \frac{\varepsilon t l}{\sin\alpha} .$$

Aus Gl. (286) ergibt sich dann für $d = l$ und $k = h$

$$H = \pm \frac{3 E J \varepsilon t \cos\alpha}{h^2} . \quad . \quad . \quad . \quad . \quad . \quad . \quad (310)$$

h) Ist bei C keine starre Eckverbindung, sondern Gelenk, so ist das System statisch bestimmt, und H bestimmt sich dann immer aus den Auflagerkräften H_0, A_0 und B_0, welche unverändert bleiben wie beim statisch unbestimmten Systeme.

Für Belastungen des Stabes AC ist dann

$$H = \frac{B_0 l}{2k} \quad \text{oder} \quad = \frac{B_0 l}{2h} \quad \ldots\ldots \quad (311)$$

und für Belastungen des Stabes BC

$$H = \frac{A_0 l}{2k} + \frac{H_0 h}{k} \quad \text{oder} \quad = \frac{A_0 l}{2h} + H_0 \; . \; . \; . \quad (312)$$

Zur Bestimmung der in den Stäben AC und BC wirkenden Längskräfte denkt man sich den Punkt C festgehalten und ermittelt die Summe der in Richtung der Stabachse entfallenden Komponenten sämtlicher Auflagerkräfte und Belastungen.

Durch eine senkrechte Auflagerkraft entsteht

$$S_1 = B \sin\alpha \,, \quad \ldots\ldots\ldots \quad (313)$$

durch eine wagerechte Auflagerkraft

$$S_2 = \frac{H}{\cos\alpha} \quad \ldots\ldots\ldots \quad (314)$$

und durch eine Belastung

$$S_3 = P \sin(\beta - \alpha) \quad \text{oder} \quad = \Sigma p x \cos(\beta - \alpha) \sin(\beta - \alpha) \,, \quad (315)$$

wo x die Länge des Stabes von A oder B bis zu dem betreffenden Punkte, für welchen die Längskraft bestimmt werden soll, bedeutet.

In der folgenden Tabelle sind die besonderen Formeln für drei verschiedene Richtungen der Belastung ermittelt worden, nämlich für senkrechte, wagerechte und rechtwinklig zum Stabe gerichtete Belastung.

Beispiel 15. Zu Aufgabe 42. Es sei

$$l = 8{,}0 \text{ m}, \quad h = 3{,}0 \text{ m}, \quad k = 2{,}0 \text{ m}, \quad J = 2700 \text{ cm}^4. \quad F = 20 \text{ qcm}$$

und demnach ergibt sich:

$$s = \sqrt{4^2 + 3^2} = 5{,}0 \text{ m}, \quad d = \frac{2 \cdot 8{,}0}{3} = \frac{16}{3} = 5{,}33 \text{ m},$$

$$\cos\alpha = \frac{4}{5} = 0{,}8 \,, \quad \sin\alpha = \frac{3}{5} = 0{,}6 \,, \quad \alpha = 36^\circ\, 50'.$$

a) Für eine unter dem Winkel $\beta = 80^\circ$ gerichtete Einzellast $P_1 = 1000$ kg und $a_1 = 2{,}0$ m ergibt sich dann in Fig. 70:

$$(\beta - \alpha) = 43^\circ\, 10', \quad \cos(\beta - \alpha) = 0{,}729 \,, \quad \sin(\beta - \alpha) = 0{,}684 \,,$$

$$\cos\beta = 0{,}174 \,, \quad \sin\beta = 0{,}985 \,;$$

nach den Formeln (288)—(290) ist:

$$B_0 = \frac{1000 \cdot 2{,}0 \cdot 0{,}729}{8{,}0 \cdot 0{,}8} = 228 \text{ kg},$$

$$A_0 = 1000 \cdot 0{,}174 - 228 = -54 \text{ kg},$$

$$H_0 = 1000 \cdot 0{,}985 = 985 \text{ kg};$$

ferner aus der Gl. (291):

$$H = \frac{1000 \cdot 0.729}{8 \cdot 2{,}0 \cdot 0{,}8}\left(3 \cdot 8{,}0 - 5{,}33 - \frac{4 \cdot 2{,}0^2 \cdot 3^2}{16^2}(3 \cdot 5{,}33 - 2 \cdot 2{,}0)\right) = 680 \text{ kg}.$$

Die Längskräfte in den Stäben AC und BC berechnen sich aus den Gl. (313) bis (315) zu:

Teil $A-m$ $\quad S = 54 \cdot 0{,}6 + \dfrac{985}{0{,}8} = +1263$ kg,

„ $m-P_1$ $\quad S = 1263 - \dfrac{680}{0{,}8} = +413$ kg,

„ P_1-C $\quad S = +413 - 1000 \cdot 0{,}684 = -271$ kg,

„ $B-m$ $\quad S = -228 \cdot 0{,}6 = -137$ kg,

„ $m-C$ $\quad S = -137 - \dfrac{680}{0{,}8} = -987$ kg.

Nach Gl. (287) lautet die Formel für H, wenn die Längenänderung der Zugstange berücksichtigt wird:

$$H = \frac{6\, E J \cos^2\alpha\, f_0}{k\, d^2\left(1 - \dfrac{3\, J \cos\alpha}{k^2 F_1}\right)}.$$

Es ist dann

$$\frac{3 \cdot 2700 \cdot 0{,}8}{200^2 \cdot 20} = 0{,}0081,$$

und somit beträgt die Horizontalkraft in diesem Falle

$$H = \frac{680}{0{,}992} = 675 \text{ kg}.$$

Der Unterschied ist also sehr gering, und es kann daher die Längenänderung immer außer Betracht gelassen werden.

b) Die Belastung sei eine gleichmäßig verteilte Windbelastung $p_2 = 150$ kg pro Quadratmeter unter 10° mit der Wagerechten gerichtet.

Ist die Dachfläche glatt, so hat die in der Richtung der Dachfläche entfallende Komponente keine Wirkung, sondern nur die rechtwinklig zur Dachfläche gerichtete Komponente. Diese beträgt dann bei $\beta = 80°$ nach Gl. (298):

$$v = 150 \cdot 0{,}729^2 = 80 \text{ kg pro Quadratmeter}$$

oder bei 2,0 m Binderabstand

$$p_2 = 2 \cdot 80 = 160 \text{ kg pro Meter}.$$

9*

Aus Spalte A der Tabelle ergibt sich dann

$$A_0 = \frac{160 \cdot 8,0}{8 \cdot 0,8^2} = 250 \text{ kg},$$

$$B_0 = \frac{160 \cdot 8,0}{8}\left(4 - \frac{1}{0,8^2}\right) = 392 \text{ kg},$$

$$H_0 = -160 \cdot 3,0 = -480 \text{ kg},$$

$$H = \frac{160}{64 \cdot 2,0 \cdot 0,8^2}(6 \cdot 8,0^2 - 5,33^2) - \frac{160 \cdot 3,0^2(3 \cdot 8,0 - 5,33)}{2 \cdot 2,0 \cdot 8,0} = -146 \text{ kg}.$$

Für das statisch bestimmte System mit Gelenk in C (vgl. Tabelle Spalte 6) würde die Horizontalkraft betragen

$$H = \frac{250 \cdot 4,0 - 480 \cdot 3,0}{2,0} = -220 \text{ kg}.$$

c) System III ohne Zugstange (vgl. Tabelle Spalte 5) ist mit einer senkrechten, über den ganzen Binder gleichmäßig verteilten Belastung $p = 200$ kg pro Meter belastet.

Es ist nach der Tabelle:

$$H_0 = 0,$$

$$A_0 = B_0 = \frac{p\,l}{2} = \frac{200 \cdot 8,0}{2} = 800 \text{ kg},$$

$$H = \frac{5\,p\,l^2}{32\,h} = \frac{5 \cdot 200 \cdot 8,0^2}{32 \cdot 3,0} = 667 \text{ kg}.$$

Für das statisch bestimmte System VI mit Gelenk in C ergibt sich:

$$H = \frac{p\,l^2}{8\,h} = \frac{200 \cdot 8,0^2}{8 \cdot 3,0} = 533 \text{ kg}.$$

Durch eine Temperaturänderung um 20° C wird im System III nach Gl. (300) eine Horizontalkraft von

$$H = \pm \frac{3 \cdot 23,6 \cdot 2700 \cdot 20 \cdot 0,8}{300^2} = \pm 34 \text{ kg}$$

hervorgerufen.

§ 16. Einfach statisch unbestimmter armierter Balken mit einer Vertikale.

Aufgabe 43. Es soll der in Fig. 79 gezeichnete, mit zwei Zugstangen U und einer Strebe V armierte Balken untersucht werden. Das System ist einfach statisch unbestimmt.

Es bedeuten J das Trägheitsmoment, F den Querschnitt, E den Elastizitätsmodul des Balkens AB, ferner F_u den Querschnitt, E_u den Elastizitätsmodul, u die Länge der Zugstangen und F_v E_v v die respektiven Abmessungen der Strebe.

Als statisch nicht bestimmbare Größe wird die in der Strebe auftretende Kraft V gewählt. Es ist dann die im Balken entstehende Längskraft

$$H = \frac{V}{2 \operatorname{tang} \alpha} \quad . \quad . \quad . \quad . \quad . \quad . \quad . \quad . \quad (316)$$

(Die gezeichneten Belastungen gelten für alle Systeme.)

	Belastungsweise		Stützendrucke des statisch bestimmten Systems A_0	B_0	H_0	H	II, III: H	H	H
A	Rechtwinklig zu den Stäben gerichtete Belastung $\beta=\alpha$, $(\beta-\alpha)=0$, $\cos(\beta-\alpha)=1$, $\sin\beta-\alpha)=0$	P_1	$P\left(\cos\alpha-\frac{a}{l\cos\alpha}\right)$	$\frac{Pa}{l\cos\alpha}$	$P\sin\alpha$	$\frac{P}{8k\cos\alpha}\left(3l-d-\frac{4b^2}{d^2}(3d-2b)\right)$	$\frac{P}{8h\cos\alpha}\left(2l-\frac{4b^2}{l^2}(3l-2b)\right)$	$\frac{Pa}{2k\cos\alpha}$	$\frac{Pa}{2h\cos\alpha}$
		P_2				$\frac{3P}{8k\cos\alpha}(l-2b)$			
		P_3	$\frac{Pa}{l\cos\alpha}$	$P\left(\cos\alpha-\frac{a}{l\cos\alpha}\right)$	$-P\sin\alpha$	$\frac{P}{8k\cos\alpha}\left(3l-d-\frac{4b^2}{d^2}(3d-2b)\right)-\frac{P\sin\alpha\,h}{2kl}(3l-d)$	$\frac{P}{8h\cos\alpha}\left(2l-\frac{4b^2}{l^2}(3l-2b)\right)-P\sin\beta$	$\frac{Pa}{2k\cos\alpha}-\frac{Ph}{k}\sin\alpha$	$\frac{Pa}{2h\cos\alpha}-P\sin\alpha$
		P_4				$\frac{3P}{8k\cos\alpha}(l-2b)-\frac{P\sin\alpha\,h}{2kl}(3l-d)$			
		p_1	$\frac{pl}{8}\left(4-\frac{1}{\cos^2\alpha}\right)$	$\frac{pl}{8\cos^2\alpha}$	ph	$\frac{p}{64k\cos^2\alpha}(6l^3-d^2)$	$\frac{5pl^2}{64h\cos^2\alpha}$	$\frac{pl^2}{16k\cos^2\alpha}$	$\frac{pl^2}{16h\cos^2\alpha}$
		p_2	$\frac{pl}{8\cos^2\alpha}$	$\frac{pl}{8}\left(4-\frac{1}{\cos^2\alpha}\right)$	$-ph$	$\frac{p}{64k\cos^2\alpha}(6l^2-d^2)-\frac{ph^2}{2kl}(3l-d)$	$\frac{5pl^2}{64h\cos^2\alpha}-ph$	$\frac{pl^2}{16k\cos^2\alpha}-\frac{ph^2}{k}$	$\frac{pl^2}{16h\cos^2\alpha}-ph$
		Temp.					$+\frac{3EJ\varepsilon t\cos\alpha}{h^2}$ (nur für III)		
B	Senkrechte Belastung $\beta=0$, $(\beta-\alpha)=-\alpha$, $\cos(\beta-\alpha)=\cos\alpha$, $\sin(\beta-\alpha)=\sin\alpha$	P_1	$P\left(1-\frac{a}{l}\right)$	$\frac{Pa}{l}$	0	$\frac{P}{8k}\left(3l-d-\frac{4b^2}{d^2}(3d-2b)\right)$	$\frac{P}{8h}\left(2l-\frac{4b^2}{l^2}(3l-2b)\right)$	$\frac{Pa}{2k}$	$\frac{Pa}{2h}$
		P_2				$\frac{3P}{8k}(l-2b)$			
		P_3	$\frac{Pa}{l}$	$P\left(1-\frac{a}{l}\right)$	0	wie bei P_1			
		P_4				wie bei P_2			
		p_1	$\frac{3pl}{8}$	$\frac{pl}{8}$	0	$\frac{p}{64k}(6l^2-d^2)$	$\frac{5pl^2}{64h}$	$\frac{pl^2}{16k}$	$\frac{pl^2}{16h}$
		p_2	$\frac{pl}{8}$	$\frac{3pl}{8}$					
	über den ganzen Binder	p	$\frac{pl}{2}$	$\frac{pl}{2}$	0	$\frac{p}{32k}(6l^2-d^2)=\frac{M_0}{4l^2k}(6l^2-d^2)$	$\frac{5pl^2}{32h}=\frac{5M_0}{4h}$	$\frac{pl^2}{8k}=\frac{M_0}{k}$	$\frac{pl^2}{8h}=\frac{M_0}{h}$
						$M_0=\frac{pl^2}{8}=$ Moment des statisch bestimmten Systems in der Mitte			
C	Wagerechte Belastung $\beta=90°$, $\cos(90-\alpha)=\sin\alpha$, $\cos(90-\alpha)=\cos\alpha$	P_1	$-\frac{2Pah}{l^2}$	$\frac{2Pah}{l^2}$	P	$\frac{Ph}{4kl}\left(3l-d-\frac{4b^2}{d^2}(3d-2b)\right)$	$\frac{P}{4l}\left(2l-\frac{4b^2}{l^2}(3l-2b)\right)$	$\frac{Pah}{lk}$	$\frac{Pa}{l}$
		P_2				$\frac{3Ph}{4kl}(l-2b)$			
		P_3	$\frac{2Pah}{l^2}$	$-\frac{2Pah}{l^2}$	$-P$	$\frac{Ph}{4kl}\left(d-3l-\frac{4b^2}{d^2}(3d-2b)\right)$	$\frac{P}{4l}\left(2l+\frac{4b^2}{l^2}(3l-2b)\right)$	$-\frac{Ph}{lk}(l-a)$	$-\frac{P}{l}(l-a)$
		P_4				$\frac{Ph}{4kl}(2d-3l-6b)$			
		p_1	$-\frac{ph^2}{2l}$	$\frac{ph^2}{2l}$	ph	$\frac{ph^2}{16kl^2}(6l^2-d^2)$	$\frac{5ph}{16}$	$\frac{ph^2}{4k}$	$\frac{ph}{4}$
		p_2	$\frac{ph^2}{2l}$	$-\frac{ph^2}{2l}$	$-ph$	$\frac{ph^2}{16kl^2}(d(8l-d)-18l^2)$	$-\frac{11ph}{16}$	$-\frac{3ph^2}{4k}$	$-\frac{3ph}{4}$
	Spalte		1	2	3	4	5	6	7

und die Spannkräfte der Zugstangen

$$U = \frac{V}{2\sin\alpha}, \qquad u = \frac{(h-e)}{\sin\alpha} \quad . \quad . \quad . \quad . \quad . \quad (317)$$

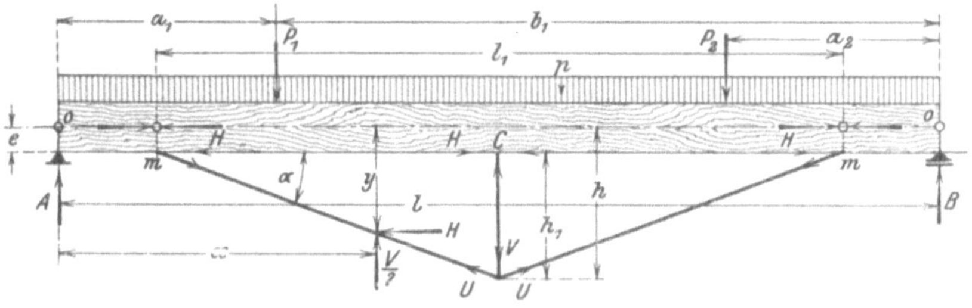

Fig. 79.

Durch diese Stabkräfte entstehen die folgenden Längenänderungen:

des Balkens $\quad \Delta l = \frac{H\, l_1}{\mathsf{E} F} = \frac{V l_1}{2\,\mathsf{E} F \operatorname{tang}\alpha}$,

der Strebe $\quad \Delta v = \frac{V(h-e)}{\mathsf{E}_v F_v}$,

der Zugstangen $\quad \Delta u = \frac{U u}{\mathsf{E}_u F_u} = \frac{V(h-e)}{2\,\mathsf{E}_u F_u \sin^2\alpha}$.

Infolge dieser Längenänderungen senkt sich der Punkt C um die Strecke f_1, deren Größe nach dem in Fig. 80 gezeichneten Williotschen Verschiebungsplane beträgt:

$$f_1' = f_v + f_l + f_u = \Delta v + \frac{\Delta l}{2\operatorname{tang}\alpha} + \frac{\Delta u}{\sin\alpha},$$

nach Einsetzen der vorstehenden Werte der Längenänderungen erhält man

$$f_1 = \frac{V(h-e)}{\mathsf{E}_v F_v} + \frac{V l_1}{4\,\mathsf{E} F \operatorname{tang}^2\alpha} + \frac{V(h-e)}{2\,\mathsf{E}_u F_u \sin^3\alpha}.$$

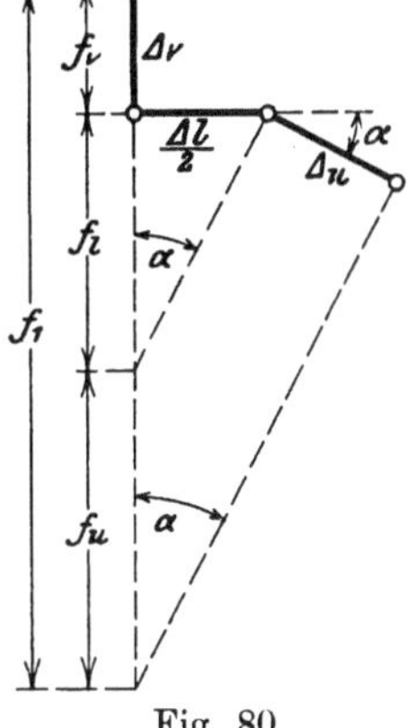

Fig. 80.

Da die Zugstangen nicht an den Auflagern angreifen, muß dieser Wert noch mit $\frac{l}{l_1}$ multipliziert werden, und es ist

$$f_1 = \frac{V l(h-e)}{\mathsf{E}\, l_1}\left(\frac{\mathsf{E}}{\mathsf{E}_v F_v} + \frac{1}{2 F \operatorname{tang}^3\alpha} + \frac{\mathsf{E}}{2\,\mathsf{E}_u F_u \sin^3\alpha}\right).$$

Diese Senkung muß nun gleich der Durchbiegung des Balkens sein, welche sich aus der Durchbiegung f_0 der äußeren Belastung,

f_2 durch die Kraft V und f_3 durch das Moment He zusammensetzt. Somit:

$$f_1 = f_0 - f_2 - f_3 .$$

Durchbiegung f_2.

Nach Gl. (11) ist

$$f_2' = \frac{V l_1^3}{48\,\mathsf{E} J}$$

und nach Gl. (15) der Biegungswinkel bei m

$$\operatorname{tang} \alpha_1 = \frac{V l_1^2}{16\,\mathsf{E} J},$$

daher ergibt sich

$$f_2 = f_2' + \operatorname{tang} \alpha_1 \frac{l - l_1}{2} = \frac{V l_1^2}{96\,\mathsf{E} J} (3\,l - l_1) .$$

Durchbiegung f_3.

Das Moment He ist konstant zwischen den Punkten m.

Nach Gl. (28) ist dann

$$f_3' = \frac{H e l_1^2}{8\,\mathsf{E} J}$$

und nach Gl. (25)

$$\operatorname{tang} \alpha_1 = \frac{H e l_1}{2\,\mathsf{E} J} ;$$

demnach ist

$$f_3 = f_3' + \operatorname{tang} \alpha_1 \frac{l - l_1}{2} = \frac{H e l_1}{8\,\mathsf{E} J} (4\,l - 3\,l_1) = \frac{V e l_1^2}{32 (h - e)\,\mathsf{E} J} (4\,l - 3\,l_1) .$$

Aus diesen Gleichungen erhält man nun:

$$f_0 = f_1 + f_2 + f_3 = \frac{V (h - e)\,l}{\mathsf{E}\,l_1} \left(\frac{1}{\mathsf{E}_v F_v} + \frac{1}{2\,F \operatorname{tang}^3 \alpha} + \frac{1}{2\,\mathsf{E}_u F_u \sin^3 \alpha} \right) + \frac{V l_1^2}{96\,\mathsf{E} J} (3\,l - l_1) + \frac{V e l_1^2 (4\,l - 3\,l_1)}{32\,(h - e)\,\mathsf{E} J},$$

$$f_0 = \frac{V l_1}{48\,\mathsf{E} J \operatorname{tang} \alpha} \left[\frac{6\,l J}{(h - e)\,F} \left(\frac{2\,F \mathsf{E}}{F_v \mathsf{E}_v} \operatorname{tang}^3 \alpha + 1 + \frac{F \mathsf{E}}{F_u \mathsf{E}_u \cos^3 \alpha} \right) + h (3\,l - l_1) + e (9\,l - 8\,l_1) \right],$$

woraus

$$V = \frac{48\,\mathsf{E} J \operatorname{tang} \alpha\, f_0}{C\,l_1}, \quad \dots\dots \quad (318)$$

wo

$$\left.\begin{array}{l} C = \dfrac{6\,l\,J}{(h-e)\,F}\left(\dfrac{2\,F\,\mathsf{E}}{F_v\,\mathsf{E}_v}\,\mathrm{tang}^3\alpha + \dfrac{F\,\mathsf{E}}{F_u\,\mathsf{E}_u\cos^3\alpha} + 1\right) \\ \qquad + h(3\,l - l_1) + e(9\,l - 8\,l_1) \end{array}\right\} \quad . \quad (319)$$

eine von der Belastung unabhängige konstante Größe ist.

Sollen die Längenänderungen nicht berücksichtigt werden, so ist

$$C = h(3\,l - l_1) + e(9\,l - 8\,l_1) \quad \ldots\ldots \quad (320)$$

Greifen die Zugstangen in der Balkenachse an, so ist $e = 0$ und

$$C = h(3\,l - l_1) \quad \ldots\ldots\ldots \quad (321)$$

Die durch die äußere Belastung hervorgerufene Durchbiegung f_0 des unarmierten Balkens beträgt:

a) Für eine Einzellast *P*

nach Gl. (10)

$$f_0 = \frac{P\,b\,a}{6\,\mathsf{E}J}\left(l - \frac{b}{2} - \frac{l^2}{8\,b}\right) = \frac{P\,a}{48\,\mathsf{E}J}(3\,l^2 - 4\,a^2)\;,$$

und daher ist nach Gl. (318)

$$V = \frac{P\,a\,\mathrm{tang}\,\alpha}{C\,l_1}(3\,l^2 - 4\,a^2) \quad \ldots\ldots \quad (322)$$

b) Für eine gleichmäßig verteilte Belastung *p*

nach Gl. (38)

$$f_0 = \frac{5\,p\,l^4}{384\,\mathsf{E}J}$$

und nach Gl. (318) ist

$$V = \frac{5\,p\,l^4\,\mathrm{tang}\,\alpha}{8\,C\,l_1} = \frac{5\,M_0\,l^2\,\mathrm{tang}\,\alpha}{C\,l_1}\;, \quad \ldots\ldots \quad (323)$$

wo $M_0 = \dfrac{p\,l^2}{8}$ das Moment in der Mitte des unarmierten Trägers bedeutet.

Ist nur die eine Hälfte des Trägers belastet, so lautet die Formel:

$$V = \frac{5\,p\,l^4\,\mathrm{tang}\,\alpha}{16\,C\,l_1} \quad \ldots\ldots\ldots \quad (324)$$

Greifen die Zugstangen in den Punkten 0 an, so ist $l_1 = l$ und nach Gl. (321)

$$C = 2\,h\,l\,.$$

Die Annäherungsformeln lauten dann:

$$V = \frac{P\,a\,\mathrm{tang}\,\alpha}{2\,h\,l^2}(3\,l^2 - 4\,a^2)\;, \quad \ldots\ldots \quad (325)$$

$$V = \frac{5\,p\,l}{8} \quad \ldots\ldots\ldots\ldots \quad (326)$$

Das Moment an der Stelle x beträgt

$$M = M_0 - H\,y\,, \quad \ldots\ldots\ldots \quad (327)$$

wo M_0 das Moment der äußeren Belastung für den unarmierten Balken bedeutet.

Beispiel 16. Zu Aufgabe 43.

Ein hölzerner Balken soll durch eiserne Zugstangen und hölzerne Strebe armiert werden. Die Zugstangen greifen in den Punkten 0 an. Es sei

$$l = 10{,}0 \text{ m}, \quad h = 1{,}0 \text{ m}, \quad F = 20 \cdot 30 = 600 \text{ qcm},$$

$$F_c = 20 \cdot 15 = 300 \text{ qcm}, \quad E_c = E = 120000, \quad E_u = 2000000,$$

$$J = \frac{20 \cdot 30^3}{12} = 45000 \text{ cm}^4, \quad W = \frac{20 \cdot 30^2}{6} = 3000 \text{ cm}^3.$$

Der Balken soll eine Belastung $p = 600$ kg pro Meter tragen. Es ist dann

$$\operatorname{tang}\alpha = \frac{2h}{l} = \frac{1}{5} = 0{,}20\,, \quad \alpha = 11°20', \quad \cos\alpha = 0{,}98\,,$$
$$\sin\alpha = 0{,}20\,.$$

Nach der Annäherungsformel Gl. (326) bestimmt man zunächst F_u.

$$V = \frac{5 \cdot 600 \cdot 10}{8} = 3750 \text{ kg},$$

nach Gl. (317)

$$U = \frac{V}{2\sin\alpha} = \frac{3750}{2 \cdot 0{,}20} = 9375 \text{ kg}.$$

Gewählt wird dann

$$F_u = 10{,}0 \text{ qcm}.$$

In Formel (319) ist nun $e = 0$ und $l_1 = l$ zu setzen und man erhält:

$$C = \frac{6 \cdot 1000 \cdot 45000}{100 \cdot 600}\left(\frac{2 \cdot 600}{300} \cdot 0{,}20^3 + \frac{600 \cdot 120000}{10 \cdot 2000000 \cdot 0{,}98^3} + 1\right)$$
$$+ 100 \cdot 2 \cdot 1000 = 221870.$$

Nach Gl. (323) ergibt sich dann:

$$V = \frac{5 \cdot 6 \cdot 1000^3 \cdot 0{,}2}{8 \cdot 221870} = 3380 \text{ kg},$$

demnach ist

$$U = \frac{3380}{2 \cdot 0{,}20} = 8450 \text{ kg}$$

und nach Gl. (316)

$$H = \frac{V}{2\operatorname{tang}\alpha} = \frac{3380}{2 \cdot 0{,}20} = 8450 \text{ kg}.$$

Das Moment in der Mitte beträgt nach Gl. (327)

$$M = \frac{p l^2}{8} - H \cdot h\,,$$

demnach

$$M = \frac{600 \cdot 10{,}0^2}{8} - 8450 \cdot 1{,}0 = -950 \text{ kgm}.$$

Durch Differentiation der Momentengleichung

$$M = \frac{p\,x(l - x)}{2} - H\,x\operatorname{tang}\alpha$$

bestimmt sich die Stelle, wo das größte positive Moment entsteht. Es ist

$$\frac{dM}{dx} = \frac{p}{2}(l - 2x) - H \operatorname{tang}\alpha ,$$

$$x = \frac{l}{2} - \frac{H}{p} \operatorname{tang}\alpha , \qquad (328)$$

$$x = \frac{10,0}{2} - \frac{8450}{600} \cdot 0,20 = 2,18 \text{ m}.$$

Es ergibt sich dann:

$$y = x \operatorname{tang}\alpha = 2,18 \cdot 0,2 = 0,44 ,$$

$$M = \frac{600 \cdot 2,18(10,0 - 2,18)}{2} - 8450 \cdot 0,44 = 1396 \text{ kgm}.$$

Die größte Beanspruchung des Balkens beträgt daher

$$k = \frac{139600}{3000} + \frac{8450}{600} = 62,6 \text{ kg/qcm}.$$

Für eine Einzellast $P = 2000$ kg im Abstande $x = \frac{l}{4}$ vom Auflager ergibt sich nach Gl. (325) angenähert

$$V = \frac{11 P l \operatorname{tang}\alpha}{32 h} = \frac{11 P}{16} = 1375 \text{ kg}$$

und nach Gl. (322) genau

$$V = \frac{P l \operatorname{tang}\alpha}{4 C l}\left(3 l^2 - \frac{l^2}{4}\right) = \frac{11 P}{16} \frac{\operatorname{tang}\alpha\, l^2}{C}$$

$$= 1375 \cdot \frac{0,2 \cdot 1000^2}{221870} = 1238 \text{ kg},$$

demnach

$$H = \frac{V}{2 \operatorname{tang}\alpha} = \frac{1238}{2 \cdot 0,2} = 3095 \text{ kg}.$$

Das Moment unter der Last beträgt:

$$M = \frac{3 P l}{16} - H \frac{h}{2} = \frac{3 \cdot 2000 \cdot 10,0}{16} - 3095 \cdot 0,5 = 2202,5 \text{ kgm}$$

und das Moment in der Mitte

$$M = \frac{P l}{8} - H h = \frac{2000 \cdot 10,0}{8} - 3095 \cdot 1,0 = -595 \text{ kgm}.$$

Beispiel 17. Zu Aufgabe 43.

Ein eiserner Träger I Nr. Pr. 26 soll durch eiserne Zugstangen und Strebe armiert werden. Es sei

$$l = 10,0 \text{ m}, \quad h = 1,0 \text{ m}, \quad l_1 = 8,0 \text{ m}, \quad e = 0,13 \text{ m}, \quad J = 5798 \text{ cm}^4,$$

$$W = 446 \text{ cm}^3, \quad F = 53,7 \text{ qcm}, \quad F_u = 10,0 \text{ qcm}, \quad F_c = 20 \text{ qcm},$$

$$p = 600 \text{ kg pro Meter}, \quad \operatorname{tang}\alpha = \frac{2(h - e)}{l_1} = \frac{2 \cdot 87}{800} = 0,22 ,$$

$$\alpha = 12^\circ 25', \quad \cos\alpha = 0,98 , \quad \sin\alpha = 0,21 .$$

Nach Gl. (320) ist angenähert

$$C = 100(3000 - 800) + 13(9000 - 8 \cdot 800) = 253800$$

und nach Gl. (319) genau

$$C = 253\,800 + \frac{6 \cdot 1000 \cdot 5798}{87 \cdot 53{,}7}\left(\frac{2 \cdot 53{,}7}{20} \cdot 0{,}22^3 + \frac{53{,}7}{10 \cdot 0{,}98^3} + 1\right) = 304\,070,$$

nach Gl. (323) ergibt sich dann der genaue Wert

$$V = \frac{5 \cdot 6{,}0 \cdot 1000^4 \cdot 0{,}22}{8 \cdot 304\,070 \cdot 800} = 3430 \text{ kg}$$

und der angenäherte Wert

$$V = \frac{5 \cdot 6{,}0 \cdot 1000^4 \cdot 0{,}22}{8 \cdot 253\,800 \cdot 800} = 4060 \text{ kg},$$

demnach

$$H = \frac{V}{2 \operatorname{tang} \alpha} = \frac{3430}{2 \cdot 0{,}22} = 7800 \text{ kg}.$$

Das Moment in der Mitte beträgt

$$M = \frac{600 \cdot 10{,}0^2}{8} - 7800 \cdot 1{,}0 = -300 \text{ kgm}$$

und das Moment im Abstande $x = \frac{l}{4}$ vom Auflager

$$M = \frac{3\,p\,l^2}{32} - H \cdot y = \frac{3 \cdot 600 \cdot 10{,}0^2}{32} - 7800 \cdot 1{,}5 \cdot 0{,}22 = 3051 \text{ kgm}.$$

Die Beanspruchung des Trägers an dieser Stelle beträgt:

$$k = \frac{305\,100}{446} + \frac{7800}{53{,}7} = 845 \text{ kg/qcm}.$$

Es ergibt sich aus den Beispielen, daß die angenäherten Werte von den genauen ziemlich erheblich abweichen. Es ist daher zu empfehlen, die angenäherten Formeln nur zur vorläufigen Bestimmung der Querschnitte zu benutzen und die Beanspruchungen mit Hilfe der genauen Formeln zu bestimmen.

§ 17. Einfach statisch unbestimmter armierter Balken mit zwei Vertikalen.

Aufgabe 44. Der in Fig. 81 gezeichnete, mit zwei Vertikalen und drei Zugstangen armierte Balken ist ebenfalls einfach statisch un-unbestimmt.

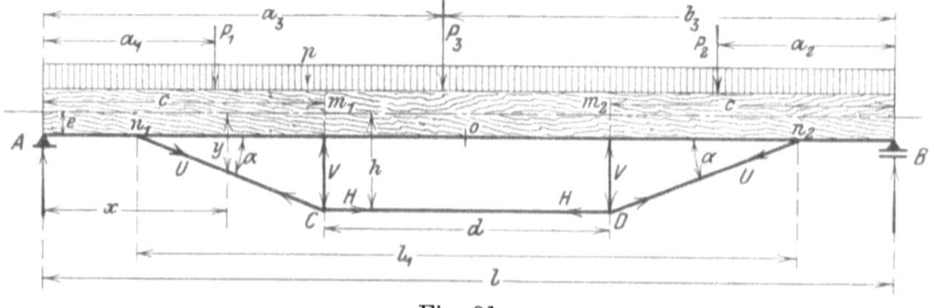

Fig. 81.

Als statisch unbestimmbare Größe wird die in der horizontalen Zugstange CD auftretende Kraft H gewählt. Die Zugstangen erhalten den gleichen Querschnitt. Die Bezeichnungen sind wie in der vorigen Aufgabe.

Denkt man sich die Zugstange CD beseitigt, so verschieben sich die Punkte C und D durch die Belastung gegenseitig um die Strecke δ_0. Die Kraft H muß nun eine gleich große Verschiebung erzeugen. Diese Verschiebung setzt sich zusammen aus δ_1 durch die Längenänderungen der Stäbe und δ_2 durch die Biegung des Balkens.

Aus dem nebenstehenden Williotschen Verschiebungsplane ergibt sich die Verschiebung δ_1 zu:

$$\delta_1 = \Delta l_1 + 2\Delta v \operatorname{tang}\alpha + \frac{2\Delta u}{\cos\alpha} + \Delta d .$$

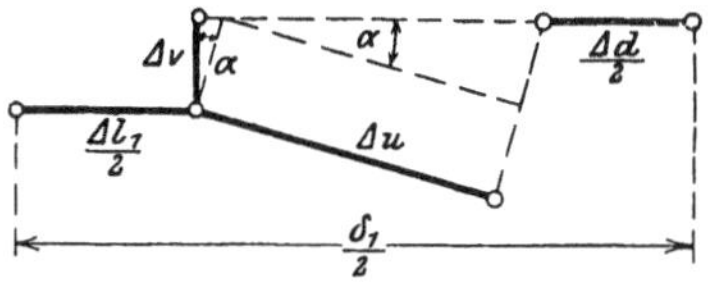

Fig. 82.

Es ist nun

$$V = H \operatorname{tang}\alpha , \quad U = \frac{H}{\cos\alpha} , \quad u = \frac{l_1 - d}{2\cos\alpha} ,$$

$$v = \frac{l_1 - d}{2} \operatorname{tang}\alpha$$

und demnach

$$\delta_1 = \frac{H l_1}{E F} + \frac{\operatorname{tang}^3\alpha \, H(l_1 - d)}{E_v F_v} + \frac{H(l_1 - d)}{\cos^3\alpha \, E_u F_u} + \frac{H d}{E_u F_u}$$

$$= H\left[\frac{l_1}{E F} + \frac{(l_1 - d)\operatorname{tang}^3\alpha}{E_v F_v} + \frac{1}{E_u F_u}\left(\frac{l_1 - d}{\cos^3\alpha} + d\right)\right] .$$

Die durch H hervorgerufene Momentenfläche des Balkens ist in Fig. 83 schraffiert.

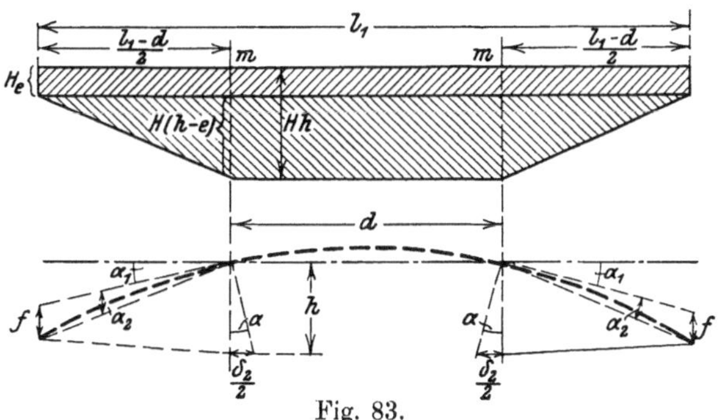

Fig. 83.

Der Biegungswinkel α_1 bei m durch die Biegung des mittleren Balkenteils m—m, dessen Moment $H h$ konstant ist, beträgt nach Gl. (25)

$$\operatorname{tang}\alpha_1 = \frac{H h d}{2 E J} .$$

Die Durchbiegung des Balkenteiles $A-m$ beträgt:
durch das Moment $H\,e$ nach Gl. (34)

$$f_2 = \frac{H\,e\,(l_1 - d)^2}{8\,\mathsf{E}J},$$

durch das Moment $H\,(h - e)$ nach Gl. (30)

$$f_3 = \frac{H\,(h - e)\,(l_1 - d)^2}{12\,\mathsf{E}J},$$

woraus

$$f = f_2 + f_3 = \frac{H\,(l_1 - d)^2\,(2\,h + e)}{24\,\mathsf{E}J}$$

und

$$\operatorname{tang}\alpha_2 = \frac{2\,f}{l_1 - d} = \frac{H\,(l_1 - d)\,(2\,h + e)}{12\,\mathsf{E}J}.$$

Demnach beträgt der Biegungswinkel α

$$\operatorname{tang}\alpha = \operatorname{tang}\alpha_1 + \operatorname{tang}\alpha_2$$

$$= \frac{H}{12\,\mathsf{E}J}\left(2\,h\,(2\,d + l_1) + e\,(l_1 - d)\right),$$

und die Verschiebung δ_2 ergibt sich zu:

$$\delta_2 = 2\,h\operatorname{tang}\alpha = \frac{H\,h}{6\,\mathsf{E}J}\left(2\,h\,(2\,d + l_1) + e\,(l_1 - d)\right),$$

somit ist

$$\delta_0 = \delta_1 + \delta_2 = \frac{H}{\mathsf{E}J}\left[\frac{l_1\,J}{F} + \frac{(l_1 - d)\operatorname{tang}^3\alpha\,\mathsf{E}J}{\mathsf{E}_v F_v} + \frac{\mathsf{E}J}{\mathsf{E}_u F_u}\left(\frac{l_1 - d}{\cos^3\alpha} + d\right)\right.$$
$$\left. + \frac{h}{6}\left(2\,h\,(2\,d + l_1) + e\,(l_1 - d)\right)\right],$$

und man erhält den folgenden Ausdruck für H:

$$H = \frac{\mathsf{E}J\,\delta_0}{C}, \quad \ldots \ldots \ldots \quad (329)$$

wo

$$\left.\begin{aligned} C = \frac{l_1\,J}{F} + \frac{\mathsf{E}J}{\mathsf{E}_v F_v}(l_1 - d)\operatorname{tang}^3\alpha + \frac{\mathsf{E}J}{\mathsf{E}_u F_u}\left(\frac{l_1 - d}{\cos^3\alpha} + d\right) \\ + \frac{h}{6}\left(2\,h\,(2\,d + l_1) + e\,(l_1 - d)\right) \end{aligned}\right\} \quad (330)$$

eine konstante Größe ist.

Werden die Längenänderungen vernachlässigt, so fallen die drei ersten Glieder fort, und es ist

$$C = \frac{h}{6}\left(2\,h\,(2\,d + l_1) + e\,(l_1 - d)\right) \ldots \ldots \quad (331)$$

δ_0 bedeutet die durch die Belastung hervorgerufene gegenseitige Verschiebung der Punkte CD, wenn die Zugstange CD entfernt gedacht ist.

Für die gleichmäßig verteilte Belastung p ergibt sich nun:

a) Belastung des ganzen Trägers mit p.

$$A = B = \frac{pl}{2}.$$

Moment in der Mitte

$$M_0 = \frac{pl^2}{8}.$$

Der Biegungswinkel bei m beträgt nach Gl. (39)

$$\operatorname{tang}\alpha_1 = \frac{M_0}{3\,\mathsf{E}J}\left(l - \frac{c^2(6l-4c)}{l^2}\right) = \frac{p}{24\,\mathsf{E}J}\left(l^3 - c^2(6l-4c)\right).$$

Nach den Gl. (30) und (45) ergibt sich ferner die Durchbiegung bei A zu

$$f = \frac{Ac^3}{3\,\mathsf{E}J} - \frac{pc^4}{8\,\mathsf{E}J} = \frac{pc^3}{48\,\mathsf{E}J}(8l-6c)$$

und somit

$$\operatorname{tang}\alpha_2 = \frac{f}{c} = \frac{pc^2}{48\,\mathsf{E}J}(8l-6c);$$

demnach ist

$$\operatorname{tang}\alpha = \operatorname{tang}\alpha_1 + \operatorname{tang}\alpha_2 = \frac{p}{48\,\mathsf{E}J}\left(2l^3 - 2c^2(6l-4c) + c^2(8l-6c)\right),$$

$$\operatorname{tang}\alpha = \frac{p}{24\,\mathsf{E}J}\left(l^3 - c^2(2l-c)\right)$$

und

$$\delta_0 = 2h\operatorname{tang}\alpha = \frac{ph}{12\,\mathsf{E}J}\left(l^3 - c^2(2l-c)\right).$$

Durch Einsetzen in die Gl. (329) erhält man dann

$$H = \frac{ph}{12\,C}\left(l^3 - c^2(2l-c)\right) = \frac{2M_0h}{3l^2C}\left(l^3 - c^2(2l-c)\right), \qquad (332)$$

wo $M_0 = \frac{pl^2}{8}$ das Moment in der Mitte des unarmierten Trägers bedeutet.

b) Belastung der beiden Seitenteile c mit p.

$$A = B = pc,$$

konstantes Moment des Mittelteiles d

$$M_m = Ac - \frac{pc^2}{2} = \frac{pc^2}{2};$$

nach Gl. 25 ist dann

$$\operatorname{tang}\alpha_1 = \frac{M_m d}{2\,EJ} = \frac{p c^2 d}{4\,EJ} .$$

Die Durchbiegung bei A ergibt sich zu

$$f = \frac{A c^3}{3\,EJ} - \frac{p c^4}{8\,EJ} = \frac{5\,p c^4}{24\,EJ}$$

und somit

$$\operatorname{tang}\alpha_2 = \frac{f}{c} = \frac{5\,p c^3}{24\,EJ} .$$

Es ist dann

$$\operatorname{tang}\alpha = \operatorname{tang}\alpha_1 + \operatorname{tang}\alpha_2 = \frac{p c^2}{24\,EJ}(6\,d + 5\,c) = \frac{p c^2}{24\,EJ}(6\,l - 7\,c) ,$$

$$\delta_0 = 2\,h \operatorname{tang}\alpha = \frac{p c^2 h}{12\,EJ}(6\,l - 7\,c) ,$$

und aus Gl. (329) erhält man

$$H = \frac{p c^2 h}{12\,C}(6\,l - 7\,c) \;.\;.\;.\;.\;.\;.\;. \quad (333)$$

Ist nur der eine Seitenteil belastet, so ergibt sich infolge der Symmetrie

$$H = \frac{p c^2 h}{24\,C}(6\,l - 7\,c) \;.\;.\;.\;.\;.\;.\;. \quad (334)$$

c) Belastung nur des Mittelteiles d mit p.

Diese Formel ergibt sich ohne weiteres aus der Differenz der Gl. (332) und (333). Es ist demnach:

$$H = \frac{p h}{12\,C}\big(l^3 - c^2(2\,l - c) - c^2(6\,l - 7\,c)\big) ,$$

$$H = \frac{p h}{12\,C}\big(l^3 - 8\,c^2(l - c)\big) \;.\;.\;.\;.\;.\;.\;.\;.\;. \quad (335)$$

Für die Belastung durch Einzellasten ergibt sich:

d) Belastung eines Seitenteiles mit P_1 oder P_2.

Es werden bei Entwicklung der Formel zwei symmetrisch angreifende, gleich große Lasten P_1 und P_2 angenommen. Es ist dann:

$$A = B = P ,$$

konstantes Moment des Mittelteiles $= M_m = P\,a$

$$\operatorname{tang}\alpha_1 = \frac{M_m d}{2\,EJ} = \frac{P a d}{2\,EJ} ,$$

ferner nach den Gl. (30) und (33)

$$f = \frac{P c^3}{3 \mathsf{E} J} - \frac{P(c-a)^2}{6 \mathsf{E} J}(3c - (c-a)) = \frac{P a (3c^2 - a^2)}{6 \mathsf{E} J},$$

$$\operatorname{tang} \alpha_2 = \frac{f}{c} = \frac{P a (3c^2 - a^2)}{6 c \mathsf{E} J}$$

und somit

$$\operatorname{tang} \alpha = \frac{P a d}{2 \mathsf{E} J} + \frac{P a (3c^2 - a^2)}{6 c \mathsf{E} J} = \frac{P a}{6 c \mathsf{E} J}(3c(l-c) - a^2),$$

$$\delta_0 = 2h \operatorname{tang} \alpha = \frac{P a h}{3 c \mathsf{E} J}(3c(l-c) - a^2).$$

Für einseitige Belastung ist infolge der Symmetrie δ_0 nur halb so groß und man erhält aus Gl. (329)

$$H = \frac{P a h}{6 c C}(3c(l-c) - a^2) \quad \ldots \ldots \quad (336)$$

Für $a = c$ ist

$$H = \frac{P h c}{6 C}(3l - 4c) \quad \ldots \ldots \ldots \quad (337)$$

e) Belastung des Mittelteiles mit P_3.

Nach Gl. (12) ergibt sich der Biegungswinkel bei m links zu

$$\operatorname{tang} \alpha_1' = \frac{M_0}{6 \mathsf{E} J}\left(2l - a - \frac{3c^2}{a}\right) = \frac{P b}{6 l \mathsf{E} J}(l^2 - b^2 - 3c^2)$$

und in analoger Weise bei m rechts

$$\operatorname{tang} \alpha_1'' = \frac{P a}{6 l \mathsf{E} J}(l^2 - a^2 - 3c^2);$$

hieraus ergibt sich

$$\Sigma \operatorname{tang} \alpha_1 = \frac{P}{6 l \mathsf{E} J}(a(l^2 - a^2 - 3c^2) + b(l^2 - b^2 - 3c^2)) = \frac{P(ab - c^2)}{2 \mathsf{E} J}.$$

Es ist ferner:

$$A = \frac{P b}{l}, \quad B = \frac{P a}{l}$$

und die Durchbiegungen bei A und B

$$f_A = \frac{A c^3}{3 \mathsf{E} J}, \quad f_B = \frac{B c^3}{3 \mathsf{E} J};$$

demnach:

$$\operatorname{tang} \alpha_2' = \frac{f_A}{c} = \frac{A c^2}{3 \mathsf{E} J}, \quad \operatorname{tang} \alpha_2'' = \frac{f_B}{c} = \frac{B c^2}{3 \mathsf{E} J},$$

$$\Sigma \operatorname{tang} \alpha_2 = \frac{c^2}{3 \mathsf{E} J}(A + B) = \frac{P c^2}{3 \mathsf{E} J}$$

und

$$\operatorname{tang}\alpha = \frac{P}{6\,\mathsf{E}J}\left(3(a\,b - c^2) + 2\,c^2\right) = \frac{P(3\,a\,b - c^2)}{6\,\mathsf{E}J},$$

woraus

$$\delta_0 = h \cdot \operatorname{tang}\alpha = \frac{P\,h(3\,a\,b - c^2)}{6\,\mathsf{E}J}$$

und nach Gl. (329)

$$H = \frac{P\,h(3\,a\,b - c^2)}{6\,C} \quad \ldots \ldots \ldots \quad (338)$$

Als Probe der Richtigkeit setzt man $a = c$ und $b = l - c$ und erhält dann die Gl. (337).

Das Moment des Balkens im Abstande x vom Auflager beträgt

$$M = M_0 - H\,y\,, \quad \ldots \ldots \ldots \quad (339)$$

wo M_0 das Moment des unarmierten Balkens durch die Belastung bedeutet. Für den mittleren Teil ist $y = h$.

Beispiel 18. Zu Aufgabe 44.

Ein hölzerner Balken soll durch eiserne Zugstangen und hölzerne Vertikalen armiert werden. Es sei:

$$l = 10{,}0 \text{ cm}, \quad l_1 = 8{,}0 \text{ m}, \quad h = 1{,}0 \text{ m}, \quad F = 20 \cdot 30 = 600 \text{ qcm},$$

$$F_v = 20 \cdot 15 = 300 \text{ qcm}, \quad \mathsf{E}_u = 2\,000\,000\,, \quad \mathsf{E} = \mathsf{E}_v = 120\,000\,,$$

$$J = \frac{20 \cdot 30^3}{12} = 45\,000 \text{ cm}^4, \quad d = 3{,}0 \text{ m}, \quad c = 3{,}5 \text{ m}, \quad W = 3000 \text{ cm}^3.$$

Die Zugstangen sollen an der Unterkante des Balkens befestigt werden, daher ist $e = 0{,}15$ m. Der armierte Balken soll eine gleichmäßig verteilte Belastung von $p = 600$ kg pro Meter tragen.

Zunächst wird die Konstante C überschläglich nach Gl. (331) berechnet. Es ist

$$C = \frac{100}{6}\left(200(2 \cdot 300 + 800) + 15(800 - 300)\right) = 4\,791\,700$$

und nach Gl. (332) ergibt sich bei voller Belastung

$$H = \frac{6{,}0 \cdot 100}{12 \cdot 4\,791\,700}\left(1000^3 - 350^2(2000 - 350)\right) = 8340 \text{ kg};$$

ferner ist:

$$\operatorname{tang}\alpha = \frac{100 - 15}{250} = 0{,}34\,, \quad \alpha = 18^\circ 50',$$

$$\cos\alpha = 0{,}95\,, \quad U = \frac{8340}{0{,}95} = 8750 \text{ kg}.$$

Gewählt wird nun $F_u = 10$ qcm, und der genaue Wert der Konstante C wird nach Formel (330) berechnet. Es ist

$$\frac{l_1 J}{F} = \frac{800 \cdot 45\,000}{600} = 60\,000\,,$$

$$\frac{\mathsf{E}J}{\mathsf{E}_v F_v}(l_1 - d)\operatorname{tang}^3\alpha = \frac{45\,000}{300}(800 - 300)\,0{,}34^3 = 3000\,,$$

$$\frac{\mathsf{E}J}{F_u \mathsf{E}_u}\left(\frac{l_1 - d}{\cos^3\alpha} + d\right) = \frac{120\,000 \cdot 45\,000}{10 \cdot 2\,000\,000}\left(\frac{800 - 300}{0{,}95^3} + 300\right) = 237\,870\,,$$

$$C = 60\,000 + 3000 + 237\,870 + 4\,791\,700 = 5\,092\,570\,.$$

Das Verhältnis zwischen dem genauen und angenäherten Werte von C beträgt somit

$$\frac{5\,092\,570}{4\,791\,700} = 1{,}063\,.$$

Es ist also der genaue Wert nur 6,3 % größer als der angenäherte. Bei Verwendung des angenäherten Wertes ergibt sich demnach eine 6,3 % größere Horizontalkraft H, was für den Balken günstiger, aber für die Zugstangen ungünstiger ist. Da der Unterschied aber so klein ist, genügt es stets, den angenäherten Wert C in Rechnung zu stellen.

Für Belastung nur eines Seitenteiles $A - m_1$ mit p ergibt sich nach Gl. (334)

$$H = \frac{6{,}0 \cdot 350^2 \cdot 100}{24 \cdot 4\,791\,700}(6000 - 7 \cdot 350) = 2270 \text{ kg}.$$

Es ist dann

$$B = \frac{p\,c^2}{2\,l} = \frac{600 \cdot 3{,}50^2}{20{,}00} = 368 \text{ kg},$$

$$A = 3{,}5 \cdot 600 - 368 = 1732 \text{ kg}.$$

Das Moment bei m_1 beträgt

$$M_1 = 1732 \cdot 3{,}5 - \frac{600 \cdot 3{,}5^2}{2} - 2270 \cdot 1{,}0 = +117 \text{ kgm}$$

und das Moment bei m_2

$$M_2 = 368 \cdot 3{,}5 - 2270 \cdot 1{,}0 = -982 \text{ kgm}.$$

An der Anschlußstelle der Zugstange links bei n_1 beträgt das Moment

$$M_n = 1732 \cdot 1{,}0 - \frac{600 \cdot 1{,}0^2}{2} = 1432 \text{ kgm}.$$

Bei voller Belastung berechnet sich das Moment an dieser Stelle zu

$$A = \frac{600 \cdot 10}{2} = 3000 \text{ kg}, \qquad M_n = 3000 \cdot 1{,}0 - \frac{600 \cdot 1{,}0^2}{2} = 2700 \text{ kgm},$$

das Moment in der Mitte zu

$$M_0 = \frac{600 \cdot 10{,}0^2}{8} - 8340 \cdot 1{,}0 = -840 \text{ kgm}$$

und bei m_1 zu

$$M_1 = 3000 \cdot 3{,}5 - \frac{600 \cdot 3{,}5^2}{2} - 8340 \cdot 1{,}0 = -1515 \text{ kgm}.$$

Die größte Beanspruchung des Balkens beträgt demnach

$$k = \frac{270\,000}{3000} = 90 \text{ kg/qcm}.$$

Beispiel 19. Zu Aufgabe 44.

Ein eiserner Träger I Nr. Pr. 26 soll durch eiserne Zugstangen und Vertikalen armiert werden. Es sei

$$l = 10{,}0 \text{ m}, \quad l_1 = 8{,}0 \text{ m}, \quad h = 1{,}0 \text{ m}, \quad d = 3{,}0 \text{ m}, \quad c = 3{,}5 \text{ m},$$

$$J = 5798 \text{ cm}^4, \quad W = 446 \text{ cm}^3, \quad F = 53{,}7 \text{ qcm}, \quad F_a = 10{,}0 \text{ qcm},$$

$$F_c = 20{,}0 \text{ qcm}, \quad e = 0{,}13 \text{ m},$$

$$\operatorname{tang}\alpha = \frac{0{,}85}{2{,}5} = 0{,}34\,, \quad \alpha = 18^\circ 50', \quad \cos\alpha = 0{,}95.$$

Der Träger soll eine Einzellast $P = 5000$ kg tragen. Nach Gl. (331) ist angenähert

$$C = \frac{100}{6}(200(600 + 800) + 13(800 - 300)) = 4\,775\,000\,.$$

Der genaue Wert von C berechnet sich nach der Gl. (330) zu

$$\frac{l_1 J}{F} = \frac{800 \cdot 5798}{53{,}7} = 86\,376\,,$$

$$\frac{\mathsf{E} J}{\mathsf{E}_e F_e}(l_1 - d)\,\mathrm{tang}^3\alpha = \frac{5798}{20}(800 - 300)\,0{,}34^3 = 5653\,,$$

$$\frac{\mathsf{E} J}{F_u \mathsf{E}_u}\left(\frac{l_1 - d}{\cos^3\alpha} + d\right) = \frac{5798}{10}\left(\frac{800 - 300}{0{,}95^3} + 300\right) = 511\,963\,,$$

$$C = 86\,376 + 5653 + 511\,963 + 4\,775\,000 = 5\,378\,992\,,$$

demnach beträgt der Unterschied der beiden Werte

$$\frac{5\,378\,992}{4\,775\,000} = 1{,}126 \qquad \text{oder} \qquad = 12{,}6\,\%.$$

Der Unterschied ist also bei einem ganz aus Eisen bestehenden Träger so erheblich, daß der genaue Wert, wenigstens wenn hohe Beanspruchungen zugelassen werden, in Betracht gezogen werden muß.

Es soll nun das größte Moment bei verschiedenen Lastenstellungen ermittelt werden.

1. Last P bei n_1.

$$B = \frac{5000 \cdot 1{,}0}{10{,}0} = 500 \text{ kg}, \qquad A = 5000 - 500 = 4500 \text{ kg}.$$

$$M_u = 4500 \cdot 1{,}0 = 4500 \text{ kgm}.$$

2. Last P bei m_1.

Nach Gl. (337) ist angenähert

$$H = \frac{500 \cdot 100 \cdot 350}{6 \cdot 4\,775\,000}(3000 - 4 \cdot 350) = 9773 \text{ kg};$$

ferner

$$B = \frac{5000 \cdot 3{,}5}{10{,}0} = 1750 \text{ kg}, \qquad A = 3250 \text{ kg},$$

$$M_1 = 3250 \cdot 3{,}5 - 9773 \cdot 1{,}0 = +1602 \text{ kgm},$$

$$M_2 = 1750 \cdot 3{,}5 - 9773 \cdot 1{,}0 = -3648 \text{ kgm}.$$

Der genaue Wert von H beträgt

$$H = \frac{9773}{1{,}126} = 8680 \text{ kg}$$

und demnach

$$M_1 = 3250 \cdot 3{,}5 - 8680 \cdot 1{,}0 = +2695 \text{ kgm},$$

$$M_2 = 1750 \cdot 3{,}5 - 8680 \cdot 1{,}0 = -2555 \text{ kgm}.$$

3. Last P in der Mitte bei 0.

Nach Gl. (338) ist angenähert:

$$H = \frac{5000 \cdot 100}{6 \cdot 4\,775\,000}(3 \cdot 500 \cdot 500 - 350^2) = 10\,951 \text{ kg},$$

ferner

$$A = B = 2500 \text{ kg};$$

$$M_2 = M_1 = 2500 \cdot 3{,}5 - 10951 \cdot 1{,}0 = -2201 \text{ kgm},$$

$$M_0 = \frac{5000 \cdot 10{,}0}{4} - 10951 \cdot 1{,}0 = +1549 \text{ kgm}.$$

Der genaue Wert von H beträgt

$$H = \frac{10951}{1{,}126} = 9725 \text{ kg}$$

und demnach

$$M_1 = M_2 = 2500 \cdot 3{,}5 - 9725 \cdot 1{,}0 = -975 \text{ kgm},$$

$$M_0 = \frac{5000 \cdot 10{,}0}{4} - 9725 \cdot 1{,}0 = +2775 \text{ kgm}.$$

Man sieht hieraus, daß sich die Momente (bei Verwendung des genauen oder angenäherten Wertes von C) ganz erheblich voneinander unterscheiden.

Das größte Moment tritt in dem vorliegenden Beispiele im Anschlußpunkte der Zugstange bei n auf, und die größte Beanspruchung beträgt

$$k = \frac{450000}{446} = 1009 \text{ kg/qcm}.$$

Um den Punkt n zu bestimmsn, wo die Zugstange angeschlossen werden muß, ermittelt man die Stelle, wo im unarmierten Balken das größte zulässige Moment entsteht.

In dem vorliegenden Falle würde sich ergeben

zulässige Beanspruchung $k = 1000$ kg/qcm,

größtes Moment $M = 446000$ kgcm,

$$A = \frac{P(l - x)}{l} = \frac{5000(10{,}0 - x)}{10{,}0},$$

$$M = A\,x = \frac{5000(10{,}0 - x)\,x}{10{,}0} = 4460{,}00,$$

$$x^2 - 10\,x + 8{,}92 = 0,$$

$$x = \frac{10}{2} + \sqrt{5^2 - 8{,}92} = 5{,}0 - 4{,}01 = \text{rd. } 1{,}0 \text{ m},$$

daher

$$l_1 = l - 2\,x = 10 - 2 \cdot 1{,}0 = 8{,}0 \text{ m}.$$

§ 18. Einfach statisch unbestimmte eingespannte Stütze mit einem wagerechten Stützpunkte m.

Aufgabe 45. Es soll der Horizontaldruck H für die in Fig. 84 und 85 gezeichneten Belastungsfälle ermittelt werden. Man bestimmt getrennt die durch die Belastung und durch den Stützendruck H hervorgerufenen Durchbiegungen des Punktes m der freistehenden eingespannten Stütze. Aus der Bedingung, daß die Summe der Durchbiegungen bei $m = 0$ sein muß, erhält man dann den Ausdruck für H.

a) **Wagerechte Einzellast K.**

Die Durchbiegung bei m beträgt durch H nach Gl. (30)

$$f_1 = -\frac{H h^3}{3 E J},$$

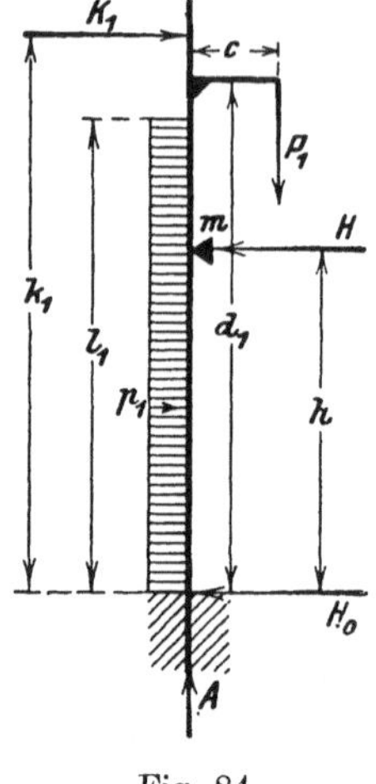

Fig. 84.

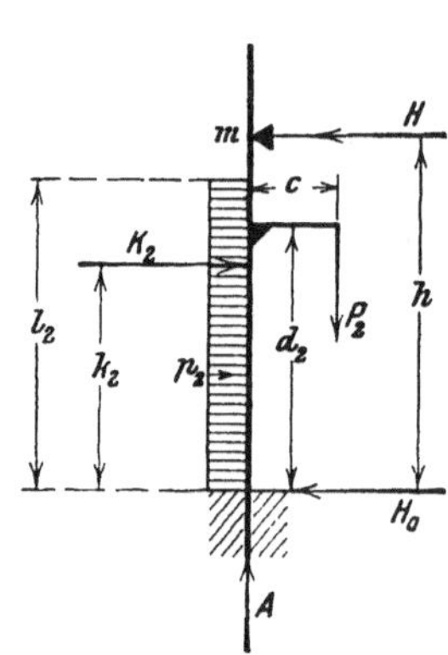

Fig. 85.

durch K_1 oberhalb m nach Gl. (32)

$$f_2 = \frac{K_1 h^2}{6 E J}(3 k_1 - h).$$

Demnach ist

$$f_1 + f_2 = 0, \qquad \frac{H h^3}{3 E J} = \frac{K_1 h^2}{6 E J}(3 k_1 - h)$$

und

$$H = \frac{K_1(3 k_1 - h)}{2 h} \quad . \quad . \quad . \quad . \quad . \quad . \quad . \quad . \quad . \quad (340)$$

Für K_2 unterhalb m ergibt sich nach Gl. (33):

$$f_2 = \frac{K_2 k_2^2}{6 E J}(3 h - k_2),$$

$$f_1 + f_2 = 0, \qquad \frac{H h^3}{3 E J} = \frac{K_2 k_2^2}{6 E J}(3 h - k_2),$$

$$H = \frac{K_2 k_2^2 (3 h - k_2)}{2 h^3}; \quad . \quad . \quad . \quad . \quad . \quad . \quad . \quad . \quad (341)$$

ferner ist

$$H_0 = K - H.$$

b) Wagerechte gleichmäßig verteilte Belastung p.

Für die Belastungshöhe l_1 größer als h ergibt sich nach Gl. (46)

$$f_2 = \frac{p_1 h^2}{24\,E J}\left(6\,l_1^2 - h(4\,l_1 - h)\right)$$

und aus

$$f_1 + f_2 = 0$$

$$H = \frac{p_1\left(6\,l_1^2 - h(4\,l_1 - h)\right)}{8\,h} \quad \ldots\ldots\ldots \quad (342)$$

Reicht die Belastung nur bis m, so ergibt sich für $l_1 = h$

$$H = \frac{3\,p\,h}{8} \quad \ldots\ldots\ldots \quad (343)$$

Für die Belastungshöhe l_2 kleiner als h ergibt sich die Durchbiegung am Ende der Belastung nach Gl. (45) zu:

$$f_2' = \frac{p_2\,l_2^4}{8\,E J}$$

und der Biegungswinkel daselbst nach Gl. (44) zu:

$$\operatorname{tang}\alpha = \frac{p_2\,l_2^3}{6\,E J},$$

daher ist

$$f_2 = f_2' + (h - l_2)\operatorname{tang}\alpha = \frac{p_2\,l_2^4}{8\,E J} + \frac{(h - l_2)\,p_2\,l_2^3}{6\,E J} = \frac{p_2\,l_2^3(4\,h - l_2)}{24\,E J}, \quad (344)$$

und aus $f_1 + f_2 = 0$ erhält man:

$$H = \frac{p_2\,l_2^3(4\,h - l_2)}{8\,h^3}, \quad \ldots\ldots\ldots \quad (345)$$

ferner ist

$$H_0 = p\,l - H.$$

c) Belastung P der Konsole.

$$M_0 = P\,c\,.$$

Für d_1 größer als h ergibt sich nach Gl. (34)

$$f_2 = \frac{M_0\,h^2}{2\,E J}$$

und aus $f_1 + f_2 = 0$

$$H = \frac{3\,M_0}{2\,h} \quad \ldots\ldots\ldots \quad (346)$$

Derselbe Wert ergibt sich natürlich auch, wenn die Konsole im Punkt m angeordnet ist.

Für d_2 kleiner als h ergibt sich die Durchbiegung an der Konsole nach Gl. (34) zu:

$$f_2' = \frac{M_0\, d_2^2}{2\, \mathsf{E} J}$$

und der Biegungswinkel daselbst nach Gl. (35) zu:

$$\operatorname{tang} \alpha = \frac{M_0\, d_2}{\mathsf{E} J},$$

daher ist

$$f_2 = f_2' + (h - d_2) \operatorname{tang} \alpha = \frac{M_0\, d_2 (2h - d_2)}{2\, \mathsf{E} J}, \quad . \quad . \quad . \qquad (347)$$

und aus $f_1 + f_2 = 0$ ergibt sich:

$$H = \frac{3\, M_0\, d_2 (2h - d_2)}{2 h^3}; \quad . \quad . \quad . \quad . \quad . \quad . \quad . \qquad (348)$$

ferner ist

$$H_0 = -H.$$

Diese Kraft hat immer umgekehrte Richtung von H.

§ 19. Zweifach statisch unbestimmte eingespannte Stütze mit zwei wagerechten Stützpunkten m und n.

Aufgabe 46. Es sind die Stützendrücke H_1 und H_2 für die in Fig. 86—88 gezeichneten Belastungsfälle zu ermitteln.

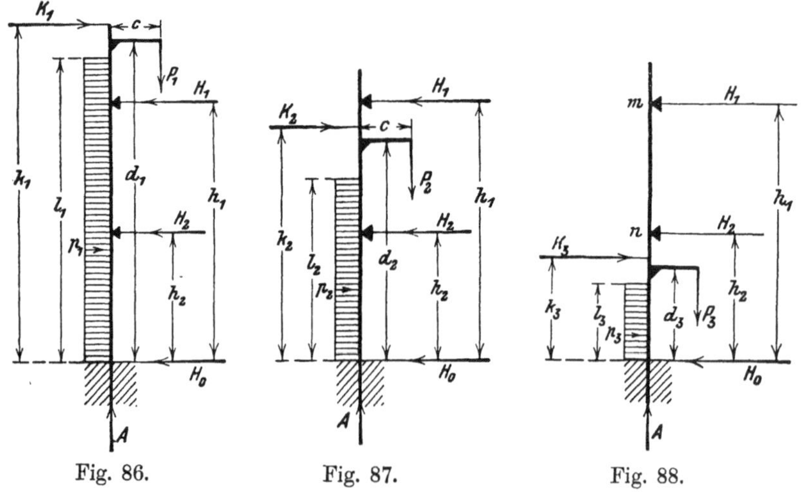

Fig. 86. Fig. 87. Fig. 88.

Wie in der vorigen Aufgabe bestimmt man getrennt die durch die Belastung und durch die Kräfte H_1 und H_2 bei m und n hervorgerufenen Durchbiegungen der freistehenden eingespannten Stütze. Aus der Bedingung, daß die Summe der Durchbiegungen sowohl in m als in n $= 0$ sein muß, erhält man dann zwei Gleichungen, aus denen H_1 und H_2 bestimmt werden.

Die Durchbiegung bei m beträgt:
durch H_1 nach Gl. (30)

$$f_1 = -\frac{H_1 h_1^3}{3\,EJ},$$

durch H_2 nach Gl. (33)

$$f_2 = -\frac{H_2 h_2^2}{6\,EJ}(3\,h_1 - h_2).$$

Wird die Durchbiegung bei m durch die äußere Belastung mit f_m bezeichnet, so hat man

$$f_1 + f_2 + f_m = 0,$$

woraus

$$6\,EJ\,f_m = 2\,H_1 h_1^3 + H_2 h_2^2(3\,h_1 - h_2) \quad . \quad . \quad . \quad . \quad . \quad \text{(I)}$$

Die Durchbiegung bei n beträgt:
durch H_1 nach Gl. (32)

$$f_1 = -\frac{H_1 h_2^2(3\,h_1 - h_2)}{6\,EJ},$$

durch H_2 nach Gl. (30)

$$f_2 = -\frac{H_2 h_2^3}{3\,EJ},$$

und wird die Durchbiegung bei n durch die äußere Belastung mit f_n bezeichnet, so ergibt sich in gleicher Weise

$$6\,EJ\,f_n = H_1 h_2^2(3\,h_1 - h_2) + 2\,h_2^3 H_2 \quad . \quad . \quad . \quad . \quad . \quad \text{(II)}$$

Aus den Gl. (I) und (II) erhält man dann die folgenden Ausdrücke für H_1 und H_2:

$$H_1 = \frac{6\,EJ}{C\,h_2}\left(2\,h_2 f_m - (3\,h_1 - h_2) f_n\right), \quad . \quad . \quad . \quad . \quad (349)$$

$$H_2 = \frac{6\,EJ}{C\,h_2^3}\left(2\,h_1^3 f_n - h_2^2(3\,h_1 - h_2) f_m\right), \quad . \quad . \quad . \quad (350)$$

wo

$$C = 4\,h_1^3 - h_2(3\,h_1 - h_2)^2 \quad . \quad . \quad . \quad . \quad . \quad . \quad . \quad . \quad . \quad . \quad (351)$$

eine von der Belastung unabhängige konstante Größe ist.

Ist $h_1 = 2\,h_2$, so lauten die Formeln:

$$C = 7\,h_2^3,$$

$$H_1 = \frac{6\,EJ}{7\,h_2^3}(2\,f_m - 5\,f_n), \quad . \quad . \quad . \quad . \quad . \quad . \quad . \quad (352)$$

$$H_2 = \frac{6\,EJ}{7\,h_2^3}(16\,f_n - 5\,f_m) \quad . \quad . \quad . \quad . \quad . \quad . \quad . \quad (353)$$

a) Wagerechte Einzellast K.

K_1 oberhalb H_1.

Die Durchbiegungen bei m und n betragen nach Gl.

$$f_m = \frac{K_1 h_1^2}{6 EJ}(3k_1 - h_1),$$

$$f_n = \frac{K_1 h_2^2}{6 EJ}(3k_1 - h_2).$$

Durch Einsetzen dieser Werte in die Gl. (349) und (350) erhält man:

$$H_1 = \frac{K_1}{C}\left(2h_1^2(3k_1 - h_1) - h_2(3h_1 - h_2)(3k_1 - h_2)\right), \qquad (354)$$

$$H_2 = \frac{K_1 h_1^2}{C h_2}\left(2h_1(3k_1 - h_2) - (3h_1 - h_2)(3k_1 - h_1)\right). \qquad (355)$$

Für $h_1 = 2h_2$ ergibt sich ferner:

$$H_1 = \frac{K_1}{7h_2}(9k_1 - 11h_2), \quad \ldots\ldots \qquad (356)$$

$$H_2 = \frac{12 K_1}{7h_2}(2h_2 - k_1) \quad \ldots\ldots \qquad (357)$$

und für $k_1 = 3h_2$:

$$\left.\begin{aligned} H_1 &= \frac{16}{7}K_1, \qquad H_2 = -\frac{12}{7}K_1, \\ H_0 &= K_1 - \Sigma H = K_1\left(\frac{7}{7} - \frac{16}{7} + \frac{12}{7}\right) = \frac{3}{7}K_1. \end{aligned}\right\} \qquad (358)$$

K_2 zwischen H_1 und H_2.

Die Durchbiegungen bei m und n betragen:

nach Gl. (33)

$$f_m = \frac{K_2 k_2^2}{6 EJ}(3h_1 - k_2),$$

nach Gl. (32)

$$f_n = \frac{K_2 h_2^2}{6 EJ}(3k_2 - h_2).$$

Aus den Gl. (349) und (350) erhält man:

$$H_1 = \frac{K_2}{C}\left(2k_2^2(3h_1 - k_2) - h_2(3h_1 - h_2)(3k_2 - h_2)\right), \qquad (359)$$

$$H_2 = \frac{K_2}{C h_2}\left(2h_1^3(3k_2 - h_2) - k_2^2(3h_1 - h_2)(3h_1 - k_2)\right). \qquad (360)$$

Für $h_1 = 2\,h_2$ ergibt sich:

$$H_1 = \frac{K_2}{7\,h_2^3}\left(2\,k_2^2(6\,h_2 - k_2) - 5\,h_2^2(3\,k_2 - h_2)\right), \quad . \quad . \qquad (361)$$

$$H_2 = \frac{K_2}{7\,h_2^3}\left(16\,h_2^2(3\,k_2 - h_2) - 5\,k_2^2(6\,h_2 - k_2)\right) \quad . \quad . \quad . \qquad (362)$$

Greift ferner die Last in der Mitte zwischen H_1 und H_2 an, so ist $k_2 = \frac{3\,h_2}{2}$ und die Formeln lauten:

$$\left.\begin{aligned} H_1 &= \frac{11}{28}\,K_2\,, \qquad H_2 = \frac{43}{56}\,K_2\,, \\ H_0 &= K_2\left(\frac{56 - 22 - 43}{56}\right) = -\frac{9}{56}\,K_2\,. \end{aligned}\right\} \quad . \quad . \quad . \qquad (363)$$

K_3 zwischen A und H_2.

Die Durchbiegungen f_m und f_n betragen nach Gl. (33):

$$f_m = \frac{K_3\,k_3^2}{6\,EJ}(3\,h_1 - k_3)\,,$$

$$f_n = \frac{K_3\,k_3^2}{6\,EJ}(3\,h_2 - k_3)\,.$$

Aus den Gl. (349) und (350) erhält man dann:

$$H_1 = \frac{K_3\,k_3^2}{C\,h_2}\left(2\,h_2(3\,h_1 - k_3) - (3\,h_1 - h_2)\,(3\,h_2 - k_3)\right), \quad . \quad . \qquad (364)$$

$$H_2 = \frac{K_3\,k_3^2}{C\,h_2^3}\left(2\,h_1^3(3\,h_2 - k_3) - h_2^2(3\,h_1 - h_2)\,(3\,h_1 - k_3)\right). \qquad (365)$$

Ist $h_1 = 2\,h_2$, so ergibt sich:

$$H_1 = -\frac{3\,K_3\,k_3^2}{7\,h_2^3}(k_3 - h_2)\,, \quad . \quad . \quad . \quad . \quad . \quad . \quad . \qquad (366)$$

$$H_2 = \frac{K_3\,k_3^2}{7\,h_2^3}(18\,h_2 - 11\,k_3)\,, \quad . \quad . \quad . \quad . \quad . \qquad (367)$$

und ist ferner $k_3 = \frac{h_2}{2}$, so lauten die Formeln

$$\left.\begin{aligned} H_1 &= -\frac{3}{56}\,K_3\,, \qquad H_2 = \frac{25}{56}\,K_3\,, \\ H_0 &= K_3 - \Sigma H = \frac{34}{56}\,K_3\,. \end{aligned}\right\} \quad . \quad . \quad . \quad . \qquad (368)$$

b) Wagerechte gleichmäßig verteilte Belastung p.

Belastungshöhe l_1 größer als h_1.

Die Durchbiegungen f_m und f_n betragen nach Gl. (46):

$$f_m = \frac{p h_1^2}{24 EJ} (6 l_1^2 - h_1(4 l_1 - h_1)) ,$$

$$f_n = \frac{p h_2^2}{24 EJ} (6 l_1^2 - h_2 (4 l_1 - h_2)) ,$$

und aus den Gl. (349) und (350) erhält man:

$$H_1 = \frac{p}{4C} (2h_1^2[6l_1^2 - h_1(4l_1 - h_1)] - h_2(3h_1 - h_2)[6l_1^2 - h_2(4l_1 - h_2)]) , \quad (369)$$

$$H_2 = \frac{p h_1^2}{4Ch_2} (2h_1[6l_1^2 - h_2(4l_1 - h_2)] - (3h_1 - h_2)[6l_1^2 - h_1(4l - h_1)]) . \quad (370)$$

Reicht die Belastung nur bis H, so ist für $l_1 = h_1$

$$H_1 = \frac{p}{4C} (6 h_1^2 (h_1^2 - 3 h_1 h_2 + 3 h_2^2) + h_2^3 (h_2^2 - 4 h_1 h_2)) , \quad (371)$$

$$H_2 = \frac{p h_1^3}{4 C h_2} (3 h_1^2 - 5 h_1 h_2 + 2 h_2^2) \quad \ldots\ldots\ldots\ldots \quad (372)$$

und für $h_1 = 2 h_2$ ergibt sich in dem Falle

$$\left.\begin{aligned} H_1 &= \frac{17}{28} p h_2 , \\ H_2 &= \frac{32}{28} p h_2 , \\ H_0 &= 2 p h_2 - \Sigma H = \frac{7}{28} p h . \end{aligned}\right\} \quad \ldots\ldots \quad (373)$$

Für $l_1 > h_1$ und $h_1 = 2 h_2$ ergibt sich ferner:

$$\left.\begin{aligned} H_1 &= \frac{p}{28 h_2} (18 l_1^2 - 41 l_1 h_2 + 27 h_2^2) , \\ H_2 &= \frac{p}{7 h_2} (-6 l_1^2 + 24 l_1 h_2 - 16 h_2^2) \end{aligned}\right\} \quad \ldots\ldots \quad (374)$$

und in diesem Falle für $l_1 = 3 h_2$

$$H_1 = \frac{33}{14} p h_2 , \quad H_2 = \frac{4}{14} p h_2 , \quad H_0 = \frac{5}{14} p h_2 \quad \ldots \quad (375)$$

Belastungshöhe l_2 zwischen h_1 und h_2.

Die Durchbiegungen f_m und f_n betragen:

nach Gl. (344)

$$f_m = \frac{p_2 l_2^3}{24 \mathsf{E} J}(4 h_1 - l_2),$$

nach Gl. (46)

$$f_n = \frac{p_2 h_2^2}{24 \mathsf{E} J}(6 l_2^2 - h_2(4 l_2 - h_2)).$$

Aus den Gl. (349) und (350) erhält man dann:

$$H_1 = \frac{p_2}{4 C}(2 l_2^3 (4 h_1 - l_2) - h_2 (3 h_1 - h_2)[6 l_2^2 - h_2 (4 l_2 - h_2)]), \quad (376)$$

$$H_2 = \frac{p_2}{4 C h_2}(2 h_1^3 [6 l_2^2 - h_2 (4 l_2 - h_2)] - (3 h_1 - h_2) l_2^3 (4 h_1 - l_2)). \quad (377)$$

Für $h_1 = 2 h_2$ ergibt sich ferner:

$$H_1 = \frac{p_2}{28 h_2^3}(2 l_2^2 (8 l_2 h_2 - l_2^2 - 15 h_2^2) + 5 h_2^3 (4 l_2 - h_2)), \quad (378)$$

$$H_2 = \frac{p_2}{28 h_2^3}(l_2^2 (96 h_2^2 - 40 h_2 l_2 + 5 l_2^2) - 16 h_2^3 (4 l_2 - h_2)). \quad (379)$$

Belastungshöhe l_3 kleiner als h_2.

Die Durchbiegungen f_m und f_n betragen nach Gl. (344):

$$f_m = \frac{p_3 l_3^3}{24 \mathsf{E} J}(4 h_1 - l_3),$$

$$f_n = \frac{p_3 l_3^3}{24 \mathsf{E} J}(4 h_2 - l_3).$$

Aus den Gl. (349) und (350) ergibt sich:

$$H_1 = \frac{p_3 l_3^3}{4 C h_2}(2 h_2 (4 h_1 - l_3) - (3 h_1 - h_2)(4 h_2 - l_3)), \quad (380)$$

$$H_2 = \frac{p_3 l_3^3}{4 C h_2^3}(2 h_1^3 (4 h_2 - l_3) - h_2^2 (3 h_1 - h_2)(4 h_1 - l_3)) \quad (381)$$

und ferner für $h_1 = 2 h_2$:

$$H_1 = \frac{p_3 l_3^3}{28 h_2^3}(3 l_3 - 4 h_2), \quad (382)$$

$$H_2 = \frac{p_3 l_3^3}{28 h_2^3}(24 h_2 - 11 l_3). \quad (383)$$

Reicht die Belastung bis H_2, so ist:

$$\left.\begin{array}{l} H_1 = -\frac{1}{28} p_3 h_2 \,, \qquad H_2 = \frac{13}{28} p_3 h_2 \,, \\ H_0 = p_3 h_2 - \Sigma H = \frac{16}{28} p_3 h_2 \,. \end{array}\right\} \quad \ldots \quad (384)$$

c) Belastung P der Konsole.

$$M_0 = P c \,.$$

Für d_1 größer als h_1 ergibt sich nach Gl. (34):

$$f_m = \frac{M_0 h_1^2}{2 EJ} \,,$$

$$f_n = \frac{M_0 h_2^2}{2 EJ} \,.$$

Aus den Gl. (349) und (350) erhält man dann:

$$H_1 = \frac{3 M_0}{C} (2 h_1^2 - h_2 (3 h_1 - h_2)) \,, \quad \ldots \quad (385)$$

$$H_2 = -\frac{3 M_0 h_1^2}{C h_2} (h_1 - h_2) \,. \quad \ldots \quad (386)$$

Ist $h_1 = 2 h_2$, so ergibt sich:

$$\left.\begin{array}{l} H_1 = \frac{9 M_0}{7 h_2} \,, \qquad H_2 = -\frac{12 M_0}{7 h_2} \,, \\ H_0 = -\Sigma H = \frac{3 M_0}{7 h_2} \,. \end{array}\right\} \quad \ldots \quad (387)$$

Wenn d_1 größer ist als h_1, ist es gleichgültig, in welcher Höhe über H_1 die Konsole angebracht ist. Die obigen Formeln sind auch gültig, wenn die Konsole bei H_1 angebracht ist.

Ist die Konsole zwischen H_1 und H_2 in der Höhe d_2 angebracht, so betragen die Durchbiegungen:

nach Gl. (347)

$$f_m = \frac{M_0 d_2}{2 EJ} (2 h_1 - d_2) \,,$$

nach Gl. (34)

$$f_n = \frac{M_0 h_2^2}{2 EJ} \,.$$

Aus den Gl. (349) und (350) ergibt sich dann:

$$H_1 = \frac{3 M_0}{C} (2 d_2 (2 h_1 - d_2) - h_2 (3 h_1 - h_2)) \,, \quad \ldots \quad (388)$$

$$H_2 = \frac{3 M_0}{C h_2} (2 h_1^3 - d_2 (2 h_1 - d_2) (3 h_1 - h_2)) \quad \ldots \quad (389)$$

und ferner für $h_1 = 2\,h_2$:

$$H_1 = \frac{3\,M_0}{7\,h_2^3}\left(2\,d_2\,(4\,h_2 - d_2) - 5\,h_2^2\right), \quad . \quad . \quad . \quad . \quad (390)$$

$$H_2 = \frac{3\,M_0}{7\,h_2^3}\left(16\,h_2^2 - 5\,d_2\,(4\,h_2 - d_2)\right) \quad . \quad . \quad . \quad . \quad . \quad (391)$$

Ist die Konsole unter H_2 in der Höhe d_3 angebracht, so ergeben sich die Durchbiegungen f_m und f_n nach Gl. (347) zu:

$$f_m = \frac{M_0\,d_3}{2\,\mathsf{E}J}\,(2\,h_1 - d_3)\,,$$

$$f_n = \frac{M_0\,d_3}{2\,\mathsf{E}J}\,(2\,h_2 - d_3)\,,$$

und man erhält aus den Gl. (349) und (350):

$$H_1 = \frac{3\,M_0\,d_3}{C\,h_2}\left(2\,h_2\,(2\,h_1 - d_3) - (3\,h_1 - h_2)\,(2\,h_2 - d_3)\right), \qquad (392)$$

$$H_2 = \frac{3\,M_0\,d_3}{C\,h_2^3}\left(2\,h_1^3\,(2\,h_2 - d_3) - h_2^2(3\,h_1 - h_2)\,(2\,h_1 - d_3)\right). \quad (393)$$

Für $h_1 = 2\,h_2$ ergibt sich:

$$H_1 = \frac{3\,M_0\,d_3}{7\,h_2^3}\,(3\,d_3 - 2\,h_2)\,, \quad . \quad . \quad . \quad . \quad . \quad . \quad . \quad (394)$$

$$H_2 = \frac{3\,M_0\,d_3}{7\,h_2^3}\,(12\,h_2 - 11\,d_3)\,, \quad . \quad . \quad . \quad . \quad . \quad . \quad (395)$$

und ist ferner $d_3 = h_2$, so erhält man:

$$H_1 = \frac{3\,M_0}{7\,h_2}\,, \qquad H_2 = \frac{3\,M_0}{7\,h_2}\,, \qquad H_0 = -\frac{6\,M_0}{7\,h_2} = -\Sigma H\,.$$

In allen den vorstehenden Formeln sind die Längen in m, die Kräfte in kg und die Momente in kgm einzusetzen.

V. Graphische Methoden zur Ermittlung der Konstanten für die Berechnung der Steifrahmen.

§ 20. Einfache Konstanten.

Alle diese Konstanten lassen sich, wie im folgenden gezeigt werden soll, auf graphischem Wege sehr leicht ermitteln.

Faßt man z. B. in der Gleichung

$$R = l + 2\,h\,\frac{J}{J_v} + l\,\frac{J}{J_r}$$

$\frac{J}{J_v}$ als Tangens eines Winkels α und $\frac{J}{J_r}$ als Tangens eines Winkels β auf, so kann man setzen

$$R = l + 2h \operatorname{tang}\alpha + l \operatorname{tang}\beta \quad \text{. . . . . . .} (396)$$

Dies führt zu der in Fig. 89 gezeigten einfachen Konstruktion.

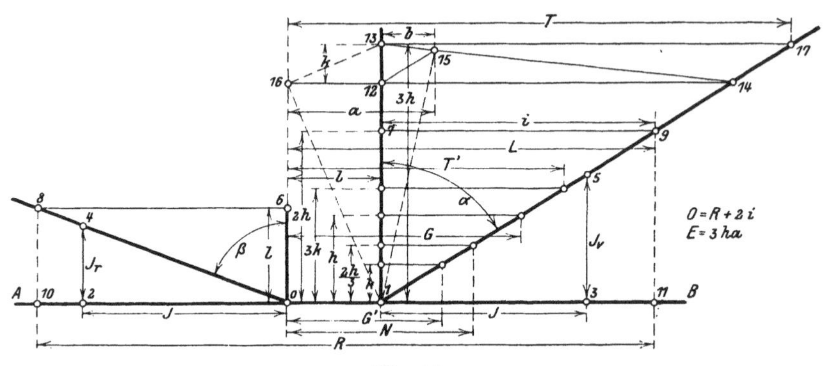

Fig. 89.

Auf der Wagerechten AB mache man in einem bestimmten Längenmaßstab (z. B. 1 m = 1 cm) die Strecke (0—1) = l, in einem beliebigen Maßstabe (0—2) und (1—3) = J und senkrecht dazu (3—5) = J_v und (2—4) = J_r, ziehe sodann die Verbindungslinien (0—4) und (1—5); die Winkel α und β sind somit bestimmt. Nunmehr errichte man in den Punkten 0 und 1 zwei Senkrechte, mache (0—6) = l und (1—7) = $2h$, ziehe die Wagerechten (6—8) und (7—9) zum Schnitt mit den verlängerten Linien (0—4) und (1—5) und man hat:

[Gl. (68)] $\quad R = l + 2h\frac{J}{J_v} + l\frac{J}{J_r}$ = der Länge (10—11),

[Gl. (62)] $\quad L = l + 2h\frac{J}{J_v}$ = der Länge (0—11).

In gleicher Weise erhält man die folgenden Konstanten:

[Gl. (53)] $\quad N = l + \frac{2h}{3}\frac{J}{J_v}$,

[Gl. (56)] $\quad G = l + h\frac{J}{J_v}$,

[Gl. (66)] $\quad O = l + 6h\frac{J}{J_v} + l\frac{J}{J_r} = R + 2i$,

[Gl. (110)] $T = l + 3h\frac{J}{J_v}$,

[Gl. (99)] $G' = l + k\frac{J}{J_v}$,

[Gl. (106)] $T' = l + 3k\frac{J}{J_v}$.

Die Konstante

[Gl. (102)] $E = 3hl + k(3h - k)\frac{J}{J_v}$

ermittelt man in folgender Weise:

Man mache (12—13) $= k$, ziehe die Wagerechte (12—14) und die Verbindungslinie (13—14), hiernach die Linie (12—15) parallel mit der Linie (1—14) und man hat:

$$E = 3ha\,.$$

Beweis:

Es ist die Länge (12—14) $= (3h - k)\frac{J}{J_v}$,

der Inhalt des Dreiecks (12—13—14) $= \frac{k}{2}(3h - k)\frac{J}{J_v}$

= dem Inhalte des Dreiecks (1—13—15) $= \frac{3hb}{2}$.

Ferner ist der Inhalt des Dreiecks (1—13—16) $= \frac{3hl}{2}$, und es ergibt sich:

$$\frac{3hb}{2} + \frac{3hl}{2} = \frac{3h}{2}(b + l) = \frac{3ha}{2} = \frac{E}{2}\,.$$

Somit ist

$$E = 3ha.$$

Es sollen nun die aus mehreren dieser Konstanten zusammengesetzten Größen graphisch ermittelt werden.

§ 21. Zusammengesetzte Konstanten zu den Aufgaben 20 bis 25, Fig. 37 bis 41.

In Fig. 90 werden zunächst die Konstanten L, R, T, E und T' in bekannter Weise wie in Fig. 89 ermittelt.

Nun mache man die Strecke (11—19) $= l$, ziehe durch 19 eine Linie rechtwinklig zu (1—9) und ermittle in bekannter Weise die Konstanten N und G. Hierauf zeichne man den Viertelkreis (25—26), errichte im Abstande l von 11, im Punkte 28, eine Senkrechte zum Schnittpunkt 27 mit der Wagerechten (20—21), ziehe die Verbindungslinie (26—27) und im Abstande C_1 von 27 die Wagerechte x_2. Es ist dann

$$\text{die Strecke } (26\text{—}28) = G + l$$

und somit

$$\frac{G + l}{N} = \frac{x_2}{C_1} \quad \ldots\ldots\ldots\ldots \quad (397)$$

Man wähle für C_1 eine gerade Zahl, z. B. $C_1 = 10$ m, und trage sie in dem gewählten Längenmaßstabe auf.

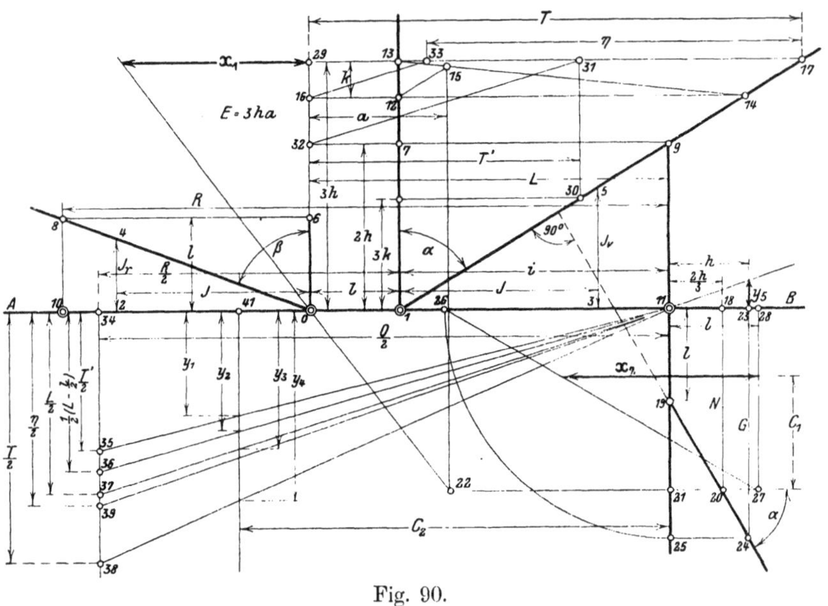

Fig. 90.

Ferner errichte man in 15 eine Senkrechte zum Schnittpunkt 22 mit der Wagerechten durch 21, ziehe durch 22 und 0 eine Linie zum Schnitt mit der Wagerechten (13—17) und man hat:

$$\frac{x_1}{3\,h} = \frac{a}{N},$$

$$x_1 = \frac{3\,h\,a}{N} = \frac{E}{N} \quad \ldots\ldots\ldots\ldots \quad (398)$$

Zur Bestimmung der Größe $(T\,h - T'k)$ ziehe man die Senkrechte (30—31), hierauf die Verbindungslinie (31—32) und hierzu parallel die Linie (16—33).

Es ist dann:

$$\text{Inhalt des Dreiecks } (17—29—32) = \frac{T\,h}{2},$$

$$\text{,, ,, ,, } (16—29—31) = \frac{T'\,k}{2}$$

= Inhalt des Dreiecks (32—29—33) und daher

$$\frac{T\,h}{2} - \frac{T'\,k}{2} = \frac{\eta \cdot h}{2},$$

$$\eta = \frac{T\,h - T'\,k}{h} \quad \ldots \ldots \quad (399)$$

Nun errichte man im Abstande $\frac{R}{2}$ von 1, im Punkt 34, eine Senkrechte, setze auf diese die Strecke $\frac{\eta}{2}$ ab und ziehe durch 39 und 11 eine Linie zum Schnitt mit der Senkrechten in 23. Es ist dann

$$\text{die Strecke } (11—34) = \frac{O}{2} = \frac{R}{2} + i,$$

$$y_5 : h = \frac{\eta}{2} : \frac{O}{2},$$

$$y_5 = \frac{h\,\eta}{O} = \frac{T\,h - T'\,k}{O} \quad \ldots \quad (400)$$

Auf der Senkrechten in 34 trage man nun die Größen $\frac{T}{2}$, $\frac{T'}{2}$, $\frac{L}{2}$ und $\frac{1}{2}\left(L - \frac{l}{2}\right)$ auf, verbinde diese Punkte mit 11, errichte im Abstande C_2 von 11, im Punkte 41, eine Senkrechte und man hat:

$$\frac{y_1}{C_2} = \frac{T'}{O}, \quad \ldots \ldots \quad (401)$$

$$\frac{y_2}{C_2} = \frac{L - \frac{l}{2}}{O}, \quad \ldots \ldots \quad (402)$$

$$\frac{y_3}{C_2} = \frac{L}{O}, \quad \ldots \ldots \quad (403)$$

$$\frac{y_4}{C_2} = \frac{T}{O} \quad \ldots \ldots \quad (404)$$

Für C_2 wähle man ebenfalls eine gerade Zahl.

§ 22. Zusammengesetzte Konstanten zu den Aufgaben 13 bis 18, zu geschlossenen Rahmen von der in Fig. 18 und 19 gezeigten Form.

1. Für Belastung des Querträgers und der Konsolen.

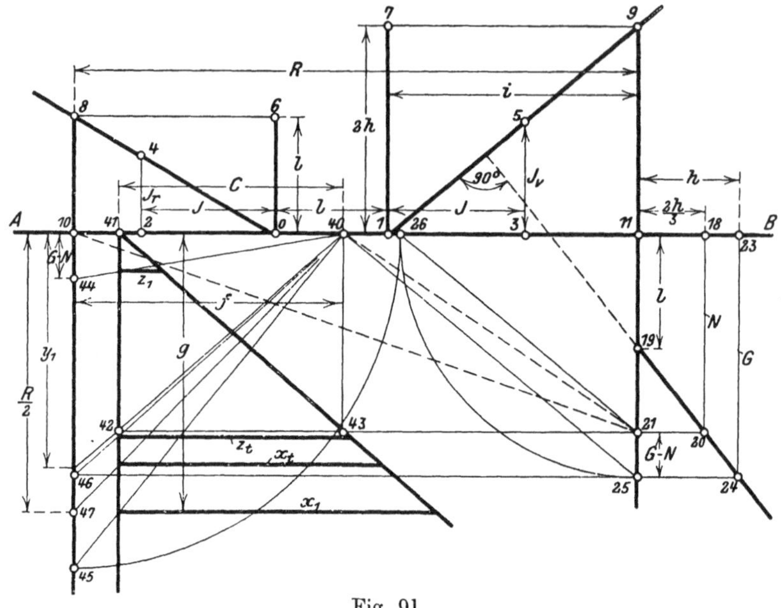

Fig. 91.

In Fig. 91 ermittle man zunächst in bekannter Weise die Konstanten R, G und N, hierauf verbinde man 21 mit 26, ziehe hierzu parallel die Linie 25—40, errichte im Abstande C von 40, im Punkte 41, eine Senkrechte zum Schnitt mit der Wagerechten durch 21 und ziehe durch 40 und 42 eine Linie zum Schnitt mit der Senkrechten durch 10. Es ist dann:

$$\text{Inhalt des Dreiecks } (11—25—26) = \frac{G^2}{2}$$

$$= \quad ,, \quad ,, \quad ,, \quad (11—21—40)$$

und demnach der Inhalt des Dreiecks (10—21—40)

$$= \frac{RN}{2} - \frac{G^2}{2} = \frac{RN-G^2}{2} = \frac{fN}{2}$$

und

$$f = \frac{RN-G^2}{N}; \quad \ldots \ldots \ldots \quad (405)$$

ferner hat man

$$y_1 : f = N : C,$$

$$y_1 C = fN = RN-G^2. \quad \ldots \ldots \ldots \quad (406)$$

Nun errichte man in 40 eine Senkrechte zum Schnitt mit der Wagerechten (21—42), ziehe die Verbindungslinie (41—43), schlage um 10 den Viertelkreis (26—45), verbinde 45 mit 40 und zeichne durch den Schnittpunkt dieser Linie mit der Senkrechten durch 41 die Wagerechte x_1. Es ist dann:

$$\text{die Strecke } (10—45) = R—G,$$

$$(R—G) : f = g : C,$$

$$g = \frac{(R—G)\,C}{f} = \frac{(R—G)\,C\,N}{R\,N—G^2},$$

ferner:

$$x_1 : g = C : N,$$

$$x_1 = \frac{g\,C}{N} = \frac{(R—G)\,C^2}{R\,N—G^2},$$

$$\frac{x_1}{C^2} = \frac{R—G}{R\,N—G^2} \quad \ldots\ldots\ldots\ldots \quad (407)$$

Auf der Senkrechten durch 10 mache man hierauf (10—44) $= G—N$, (10—46) $= G$ und (10—47) $= \frac{R}{2}$, verbinde die Punkte 44, 46 und 47 mit 40 und zeichne durch die Schnittpunkte dieser Linien mit der Senkrechten in 41 die Wagerechten z_1, z_t und x_t. In analoger Weise hat man dann:

$$\frac{z_1}{C^2} = \frac{G—N}{R\,N—G^2}, \quad \ldots\ldots\ldots \quad (408)$$

$$\frac{z_t}{C^2} = \frac{G}{R\,N—G^2}, \quad \ldots\ldots\ldots \quad (409)$$

$$\frac{2\,x_t}{C^2} = \frac{R}{R\,N—G^2} \quad \ldots\ldots\ldots \quad (410)$$

2. Für Belastungen der Vertikalen.

In Fig. 92 ermittle man zunächst in bekannter Weise die Konstanten L, R, N, G, G', E und bestimme die Punkte 26 und 40. Zur Bestimmung des Ausdrucks $\frac{E\,G - 3\,h\,N\,G'}{R\,N—G^2}$ zeichne man hierauf um 10 den Viertelkreis (40—49), um 11 den Viertelkreis (54—55), mache (11—56) $= a$, ziehe die Linie (56—57) parallel mit (21—26), errichte in 57 eine Senkrechte zum Schnittpunkt 58 mit der Wagerechten durch 49 und ziehe die Linie (58—55). Diese letztere und die Senkrechte in 55 schneiden dann auf der Wagerechten (13—17) das Stück z_2 ab.

Es ist dann:

$$\text{der Inhalt des Dreiecks } (11—26—56) = \frac{a\,G}{2}$$

$$= \text{dem} \quad ,, \quad ,, \quad ,, \quad (11—57—21)$$

$$\text{und der} \quad ,, \quad ,, \quad ,, \quad (11—55—21) = \frac{NG'}{2},$$

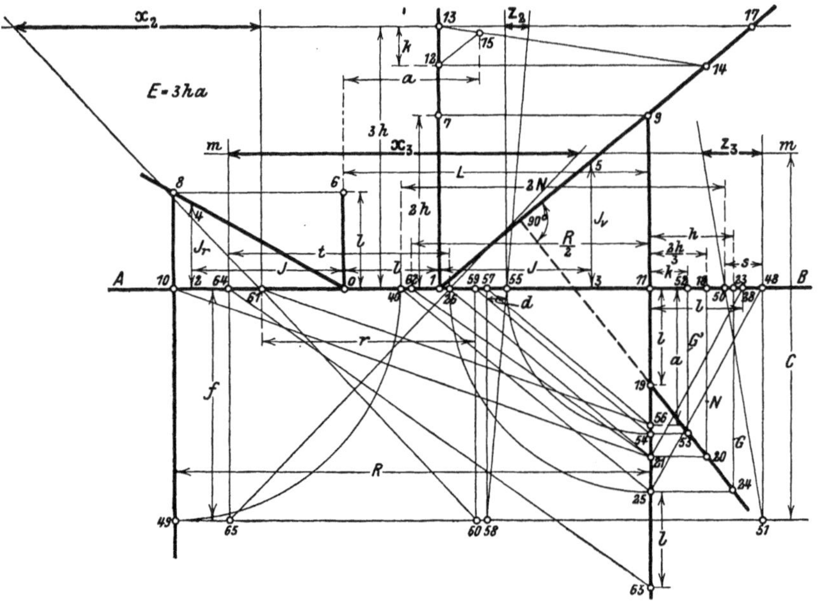

Fig. 92.

daher

$$\frac{N\,d}{2} = \frac{a\,G}{2} - \frac{N\,G'}{2},$$

$$d = \frac{a\,G—N\,G'}{N}; \quad . \; . \; . \; . \; . \; . \; . \; . \; . \qquad (411)$$

ferner ist

$$d : f = z_2 : 3\,h\,,$$

$$z_2 = \frac{3\,h\,d}{f}$$

und nach der vorigen Aufgabe

$$f = \frac{RN—G^2}{N}.$$

Demnach erhält man

$$z_2 = \frac{3\,h\,(a\,G—N\,G')}{RN—G^2} = \frac{E\,G - 3\,h\,N\,G'}{RN—G^2} \quad . \; . \; . \; . \qquad (412)$$

Zur Bestimmung des Ausdrucks $\frac{ER - 3hGG'}{RN - G^2}$ zeichne man die Linie (54—59) parallel zu (21—26), errichte in 59 die Senkrechte zum Schnittpunkt 60 mit der Wagerechten durch 49, ziehe die Linie (21—10) und hierzu parallel die Linie (56—61). Die durch 60 und 61 gehende Linie und die Senkrechte in 61 schneiden dann auf der verlängerten Wagerechten (13—17) das Stück x_2 ab. Es ist nun:

der Inhalt des Dreiecks (10—11—56) $= \frac{Ra}{2}$

= dem „ „ „ (61—11—21);

der „ „ „ (11—26—54) $= \frac{GG'}{2}$

= dem „ „ „ (11—59—21);

daher:

$$\frac{rN}{2} = \frac{Ra}{2} - \frac{GG'}{2},$$

$$r = \frac{Ra - GG'}{N}, \quad \text{(413)}$$

ferner ist

$$r : f = x_2 : 3h$$

und somit

$$x_2 = \frac{3hr}{f} = \frac{3h(Ra - GG')}{RN - G^2} = \frac{ER - 3hGG'}{RN - G^2} \quad \text{(414)}$$

Zur Bestimmung des Ausdrucks $\frac{(G + l)G - 2N^2}{RN - G^2}$ mache man (11—28) $= l$, ziehe die Linie (21—28) und hierzu parallel die Linie (25—48); sodann mache man die Strecke (40—50) $= 2N$, errichte in 48 eine Senkrechte zum Schnittpunkt 51 mit der Wagerechten durch 49, ziehe die Linie (51—50) und im Abstande C von 51 die Wagerechte m—m. Die Linie (51—50) und die Senkrechte (51—48) schneiden dann auf m—m das Stück z_3 ab. Es ist:

der Inhalt des Dreiecks (26—28—25) $= \frac{(G + l)G}{2}$

= dem „ „ „ (40—48—21),

der „ „ „ (40—50—21) $= \frac{2N^2}{2}$,

daher:

$$\frac{sN}{2} = \frac{(G + l)G}{2} - \frac{2N^2}{2},$$

$$s = \frac{(G + l)G - 2N^2}{N}. \quad \text{(415)}$$

Somit hat man

$$\frac{z_3}{C} = \frac{s}{f} = \frac{(G+l)G - 2N^2}{RN - G^2} \quad \ldots\ldots \quad (416)$$

Es ist nun noch der Ausdruck $\frac{(G+l)R - 2NG}{RN - G^2}$ zu ermitteln.

Man mache $(11—62) = \frac{R}{2}$ und $(25—63) = l$, ziehe die Linie (21—62) und hierzu parallel die Linie (63—64), errichte in 64 eine Senkrechte zum Schnittpunkt 65 mit der Wagerechten durch 49 und ziehe die Linie (65—26). Diese letztere und die Senkrechte in 64 schneiden dann auf der m—m-Linie das Stück x_3 ab.

Es ist dann:

der Inhalt des Dreiecks $(11—62—63) = \frac{(G+l)R}{4}$

= dem „ „ „ (64—11—21),

der „ „ „ $(26—11—21) = \frac{2GN}{4}$,

daher:

$$\frac{Nt}{2} = \frac{(G+l)R - 2NG}{4},$$

$$t = \frac{(G+l)R - 2NG}{2N}, \quad \ldots\ldots \quad (417)$$

demnach hat man

$$\frac{x_3}{C} = \frac{t}{f} = \frac{(G+l)R - 2NG}{2(RN - G^2)}$$

oder

$$\frac{2x_3}{C} = \frac{(G+l)R - 2NG}{RN - G^2} \quad \ldots\ldots \quad (418)$$

C wähle man gleich einer geraden Zahl, z. B. = 10 m.

Die Konstanten $\frac{Th - T'k}{O}$, $\frac{T'}{O}$, $\frac{T}{O}$, $\frac{L}{O}$ und $\frac{L - \frac{l}{2}}{O}$ werden wie in Fig. 90 ermittelt.

§ 23. Zusammengesetzte Konstanten zu Aufgabe 19, zu dem in Fig. 34 gezeigten beiderseitig eingespannten Rahmen.

1. Für Belastung des Querträgers und der Konsolen.

Die Konstruktion der Fig. 93 ist genau wie in Fig. 91 für den geschlossenen Rahmen, nur tritt die Konstante L an Stelle der Konstante R. Ein Beweis der Richtigkeit ist daher überflüssig. Es sollen nur die Grundzüge der Konstruktion wiederholt werden.

Man mache (0—1) $= l$, in beliebigem Maßstabe (1—3) $= J$ und senkrecht dazu (3—5) $= J_v$, ziehe die Linie (1—5), mache (1—7) $= 2\,h$, ziehe die Wagerechte (7—9) und die Senkrechte (9—11). Hierauf mache man (11—18) $= \frac{2\,h}{3}$, (11—23) $= h$, (11—19) $= l$, zeichne durch 19 eine Linie rechtwinklig zu (1—5), ziehe die Senkrechten (18—20),

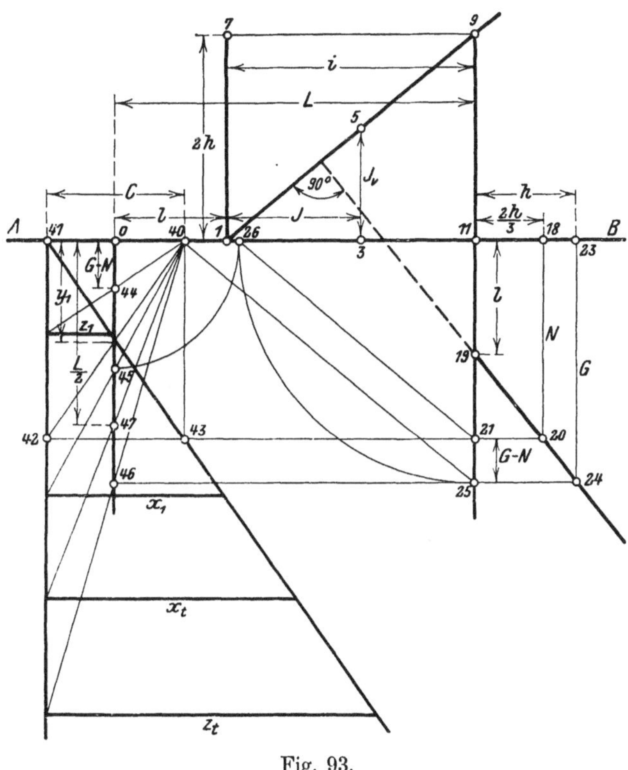

Fig. 93.

(23—24) und die Wagerechten (20—21), (24—25), schlage um 11 den Viertelkreis (25—26), ziehe die Linie (21—26) und parallel dazu die Linie (25—40). Jetzt wähle man den Punkt 41 so, daß C eine gerade Zahl wird, z. B. $C = 10$ m, errichte in 41, 0 und 40 Senkrechten, ziehe die Wagerechten (21—42) und (25—46), zeichne um 0 den Viertelkreis (26—45), mache (0—44) $= G—N$ und (0—47) $= \frac{L}{2}$, verbinde die Punkte 42, 44, 45, 46 und 47 mit Punkt 40 und ziehe die Linie (41—43). Nun zeichne man die Wagerechten z_1, x_1, x_t und z_t und ermittle den Schnittpunkt der Senkrechten (0—46) mit der Linie (40—42).

Es ist dann:

$$y_1 C = LN - G^2 \,, \qquad (419)$$

$$\frac{z_1}{C^2} = \frac{G-N}{LN-G^2} \,, \qquad (420)$$

$$\frac{x_1}{C^2} = \frac{L-G}{LN-G^2} \,, \qquad (421)$$

$$\frac{2\,x_t}{C^2} = \frac{L}{LN-G^2} \,, \qquad (422)$$

$$\frac{z_t}{C^2} = \frac{G}{LN-G^2} \,. \qquad (423)$$

2. Für Belastung der Vertikalen.

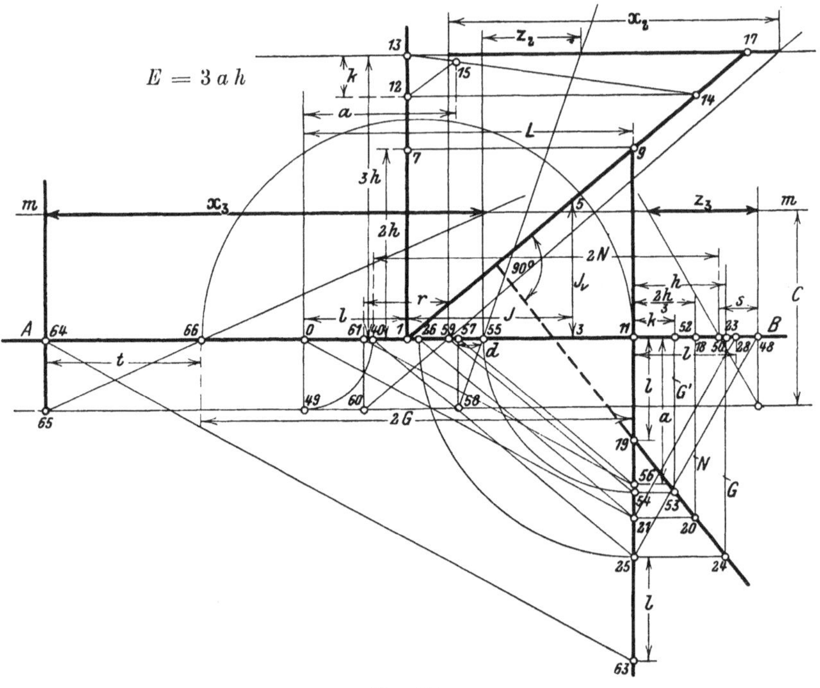

Fig. 94.

In Fig. 94 werden die Werte x_2 und z_2 genau wie in Fig. 92 ermittelt. Der Punkt 49 wird durch den Viertelkreis (40—49) um 0 bestimmt. Es sind die Linien (56—57), (54—59) und (25—40) parallel zu (21—26) zu ziehen. Die Punkte 61 und 64 werden durch die Linien (56—61) und (63—64) parallel zu (0—21) und der Punkt 66 durch den Halbkreis (11—66) um 26 bestimmt. Die übrigen Konstanten L, E, G, G' und N werden zuerst in bekannter Weise ermittelt.

Es ist dann:

$$x_2 = \frac{EL - 3hGG'}{LN - G^2}, \quad \ldots \quad (424)$$

$$z_2 = \frac{EG - 3hNG'}{LN - G^2}, \quad \ldots \quad (425)$$

$$\frac{x_3}{C} = \frac{(G + l)L - 2NG}{LN - G^2}, \quad \ldots \quad (426)$$

$$\frac{z_3}{C} = \frac{(G + l)G - 2N^2}{LN - G^2}. \quad \ldots \quad (427)$$

Für C wählt man wie vorher eine gerade Zahl, z. B. $= 10$ m. Die Richtigkeit der Konstruktion ist unter b, 2 für Fig. 92 erbracht.

Die Ermittlung der Konstanten $\frac{T}{3L - 2l}$, $\frac{Th - T'k}{3L - 2l}$, $\frac{L - \frac{l}{2}}{3L - 2l}$ für die Querkräfte erfolgt genau wie in Fig. 90, nur ist die Strecke $(1—34) = \frac{L}{2}$ statt $\frac{R}{2}$.

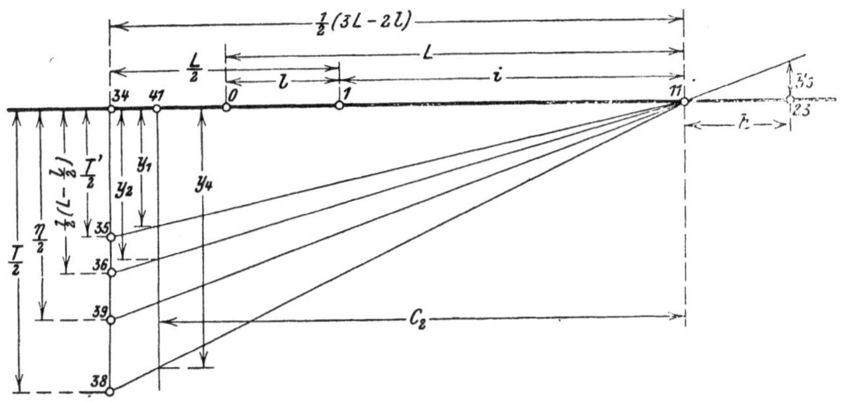

Fig. 95.

In Fig. 95 ist dann:

$$y_5 = \frac{Th - T'k}{3L - 2l}, \quad \ldots \quad (428)$$

$$\frac{y_1}{C_2} = \frac{T'}{3L - 2l}, \quad \ldots \quad (429)$$

$$\frac{y_2}{C_2} = \frac{L - \frac{l}{2}}{3L - 2l}, \quad \ldots \quad (430)$$

$$\frac{y_4}{C_2} = \frac{T}{3L - 2l}. \quad \ldots \quad (431)$$

§ 24. Zusammengesetzte Konstanten zu den Aufgaben 26 bis 30, zu dem in Fig. 44 gezeigten einseitig eingespannten Rahmen.

1. Für Belastungen des Querträgers und der Konsolen.

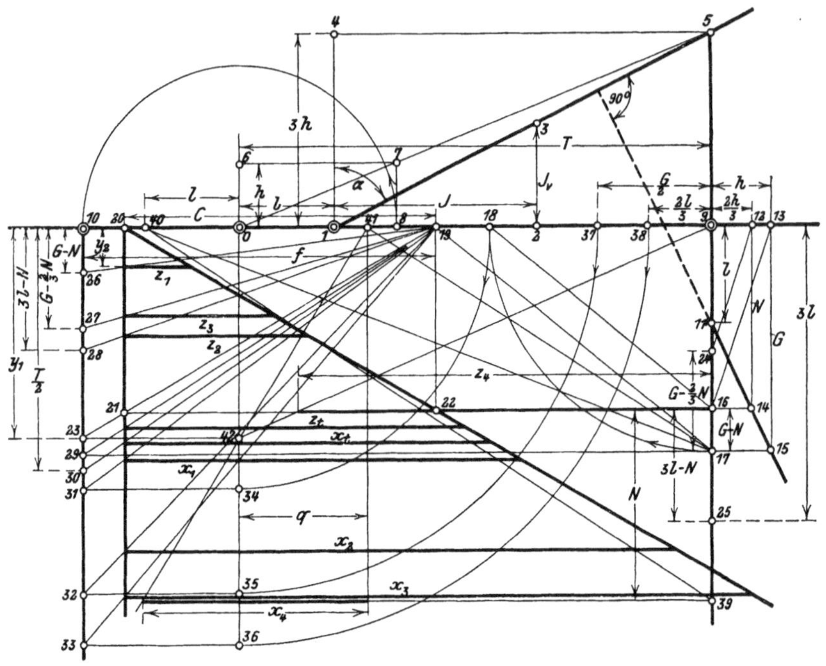

Fig. 96.

In Fig. 96 ermittle man zunächst in bekannter Weise die Konstante T, zeichne die Senkrechte (5—9) und ermittle N und G.

Hierauf ziehe man die Wagerechte (6—7), die Senkrechte (7—8), zeichne um 0 den Halbkreis (8—10) und errichte in 10 eine Senkrechte. Nun zeichne man um 9 den Viertelkreis (17—18), ziehe die Linie (16—18) und parallel dazu (17—19), errichte in Punkt 20, im Abstande C von 19, eine Senkrechte zum Schnittpunkt 21 mit der Wagerechten durch 16 und ziehe die Verbindungslinie (19—21) zum Schnittpunkt 23 mit der Senkrechten in 10. Es ist dann:

$$\text{die Strecke } (0—8) = \frac{T}{3} \text{ und } (10—9) = \frac{4\,T}{3},$$

$$\text{der Inhalt des Dreiecks } (10—9—16) = \frac{4\,T}{3} \cdot \frac{N}{2},$$

$$\text{,, \quad ,, \quad ,, \quad ,, } (18—9—17) = \frac{G^2}{2}$$

$$= \text{dem ,, \quad ,, \quad ,, } (19—9—16);$$

daher:

$$\frac{4NT}{6} - \frac{G^2}{2} = \frac{fN}{2},$$

$$f = \frac{4NT - 3G^2}{3N}; \quad \ldots \ldots \quad (432)$$

ferner ist

$$y_1 : f = N : C$$

und somit

$$y_1 C = fN = \frac{4NT - 3G^2}{3} \quad \ldots \quad (433)$$

Für C wähle man wie früher eine gerade Zahl, z. B. $C = 10$ m. Nun mache man auf der Senkrechten in 10 (10—26) $= G—N$, verbinde 26 mit 19, ziehe die Linie (20—22) durch den Schnittpunkt 22 der Senkrechten in 19 mit der Wagerechten in 16 und zeichne durch den Schnittpunkt der Linien (20—21) und (26—19) eine Wagerechte, von welcher die Linien (20—21) und (20—22) das Stück z_1 abschneiden. Man erhält dann:

$$(G—N) : f = y_2 : C,$$

$$y_2 = \frac{C(G—N)}{f},$$

$$z_1 : y_2 = C : N,$$

$$z_1 = \frac{C y_2}{N} = \frac{C^2(G—N)}{fN} = \frac{C^2(G—N)\,3}{4NT - 3G^2},$$

$$\frac{z_1}{3C^2} = \frac{G—N}{4NT - 3G^2} \quad \ldots \ldots \quad (434)$$

Hierauf ziehe man die Linie (13—16) und dazu parallel die Linie (12—24), mache (9—25) $= 3\,l$, und es ist (17—24) $= G - \frac{2}{3}N$ und (16—25) $= 3\,l - N$.

Auf der Senkrechten in 10 werden nun die Strecken $\left(G - \frac{2}{3}N\right)$, $(3\,l - N)$, G, $\frac{T}{2}$, $(T - G)$, $\left(T - \frac{G}{2}\right)$ und $\left(T - \frac{2\,l}{3}\right)$ abgesetzt und die respektiven Punkte 27, 28, 29, 30, 31, 32 und 33 mit Punkt 19 verbunden.

In analoger Weise ist dann:

$$\frac{z_2}{3C^2} = \frac{3\,l - N}{4NT - 3G^2}, \quad \ldots \ldots \quad (435)$$

$$\frac{z_3}{3C^2} = \frac{G - \frac{2}{3}N}{4NT - 3G^2}, \quad \ldots \ldots \quad (436)$$

$$\frac{x_1}{3\,C^2} = \frac{T-G}{4\,N\,T - 3\,G^2}\,, \qquad (437)$$

$$\frac{x_2}{3\,C^2} = \frac{T - \frac{G}{2}}{4\,N\,T - 3\,G^2}\,, \qquad (438)$$

$$\frac{x_3}{3\,C^2} = \frac{T - \frac{2\,l}{3}}{4\,N\,T - 3\,G^2}\,, \qquad (439)$$

$$\frac{z_t}{3\,C^2} = \frac{G}{4\,N\,T - 3\,G^2}\,, \qquad (440)$$

$$\frac{2\,x_t}{3\,C^2} = \frac{T}{4\,N\,T - 3\,G^2}\,. \qquad (441)$$

2. Für wagerechte Belastung der Vertikalen.

Da die graphischen Methoden für diese Belastungen etwas kompliziert sind, soll nur der am häufigsten vorkommende Fall, nämlich eine Einzellast K in der Höhe des Querträgers, behandelt werden [vgl. Gl. (193) und (194)].

Man ziehe in Fig. 96 durch 0 eine Senkrechte zum Schnittpunkt 42 mit der Wagerechten durch 23 und verbinde 42 mit 9. Auf der Wagerechten (21—16) wird dann das Stück z_4 abgeschnitten und man hat:

$$T : y_1 = z_4 : N\,,$$

$$z_4 = \frac{T\,N}{y_1} = \frac{3\,C\,T \cdot N}{4\,N\,T - 3\,G^2}\,,$$

$$\frac{z_4}{3\,C} = \frac{T\,N}{4\,N\,T - 3\,G^2}\,. \qquad (442)$$

Ferner mache man (0—40) $= l$ und (16—39) $= N$, ziehe die Linie (39—40) und dazu parallel (17—41), errichte in 41 eine Senkrechte und ziehe die Linie durch 41 und 42. Diese zwei Linien schneiden dann auf der Wagerechten durch 39 das Stück x_4 ab.

Es ist:

der Inhalt des Dreiecks (0—9—39) $= \dfrac{2\,N\,T}{2}$,

,, ,, ,, ,, (40—9—17) $= \dfrac{(T+l)\,G}{2}$

$=$ dem ,, ,, ,, (41—9—39);

daher

$$2\,N\,T - G(T + l) = 2\,N\,q\,,$$

ferner

$$q : y_1 = x_4 : 2N,$$

$$x_4 = \frac{2Nq}{y_1} = \frac{(2TN - G(T+l))\,3C}{(4NT - 3G^2)}$$

und somit

$$\frac{x_4}{3C} = \frac{2NT - G(T+l)}{4NT - 3G^2} \quad \ldots\ldots \quad (443)$$

VI. Bestimmung der Konstanten mit Hilfe der Tabellen.

§ 25.

Die Tabellen[1]) sollen zur schnellen überschläglichen Bestimmung der Konstanten dienen; jedoch kann man auch mit Hilfe derselben die genauen Werte durch Interpolieren ermitteln.

Die in den Tabellen enthaltenen Zahlen sind in folgender Weise ermittelt worden:

Man setzt: $\frac{h}{l} = n$ und die Formeln lauten dann:

[Gl. (53)] $$N = l + \frac{2h}{3}\frac{J}{J_v} = l\left(1 + \frac{2n}{3}\frac{J}{J_v}\right),$$

[Gl. (56)] $$G = l + h\frac{J}{J_v} = l\left(1 + n\frac{J}{J_v}\right),$$

[Gl. (62)] $$L = l + 2h\frac{J}{J_v} = l\left(1 + 2n\frac{J}{J_v}\right),$$

[Gl. (110)] $$T = l + 3h\frac{J}{J_v} = l\left(1 + 3n\frac{J}{J_v}\right),$$

[Gl. (68)] $$R = l + 2h\frac{J}{J_v} + l\frac{J}{J_r} = l\left(1 + 2n\frac{J}{J_v} + \frac{J}{J_r}\right),$$

[Gl. (66)] $$O = l + 6h\frac{J}{J_v} + l\frac{J}{J_r} = l\left(1 + 6n\frac{J}{J_v} + \frac{J}{J_r}\right).$$

Es sind die eingeklammerten Werte in den Tabellen eingetragen; diese müssen daher mit l multipliziert werden. Die in den Tabellen enthaltenen Zahlen für die zusammengesetzten Konstanten $(NL - G^2)$ und $(RN - G^2)$ müssen folglich mit l^2 multipliziert werden.

Es sei z. B. gegeben:

$$l = 9{,}38 \text{ m}, \quad h = 7{,}23 \text{ m}, \quad J = 138000 \text{ cm}^4,$$
$$J_v = 63000 \text{ cm}^4, \quad J_r = 8400 \text{ cm}^4.$$

---

[1]) Die Tabellen sind auf S. 214—229 untergebracht.

Es ergibt sich dann:

$$n = \frac{h}{l} = \frac{7,23}{9,38} = 0,77\,,$$

$$\frac{J}{J_v} = \frac{138000}{63000} = 2,19\,,$$

$$\frac{J}{J_r} = \frac{138000}{8400} = 16,43\,,$$

wenn es sich nur um die überschläglichen Werte handelt, rundet man diese Zahlen ab auf

$$n = 0,8\,, \quad \frac{J}{J_v} = 2\,, \quad \frac{J}{J_r} = 16$$

und findet in der Tabelle IV

$$N = 2,07\,l = 19,42\,, \quad G = 2,6\,l = 24,39\,, \quad L = 4,2\,l = 39,40\,,$$

$$T = 5,8\,l = 54,40\,, \quad R = 20,2\,l = 189,48\,, \quad O = 26,6\,l = 249,51\,,$$

$$LN{-}G^2 = 1,93\,l^2 = 169,80\,, \quad RN{-}G^2 = 35,05\,l^2 = 3083,70\,.$$

Somit ergibt sich:

$$\frac{G-N}{LN-G^2} = \frac{(2,6-2,07)\,l}{1,93\,l^2} = \frac{0,53}{1,93\cdot 9,38} = 0,0293\,,$$

$$\frac{L-G}{LN-G^2} = \frac{(4,2-2,6)\,l}{1,93\,l^2} = \frac{1,6}{1,93\cdot 9,38} = 0,0884\,,$$

$$\frac{G-N}{RN-G^2} = \frac{(2,6-2,07)\,l}{35,05\,l^2} = \frac{0,53}{35,05\cdot 9,38} = 0,0016\,,$$

$$\frac{R-G}{RN-G^2} = \frac{(20,2-2,6)\,l}{35,05\,l^2} = \frac{17,6}{35,05\cdot 9,38} = 0,0535\,.$$

Die genauen Werte berechnen sich zu:

$$N = 9,38 + \frac{2\cdot 7,23}{3}\cdot 2,19 = 19,93\,,$$

$$G = 9,38 + 7,23\cdot 2,19 = 25,21\,,$$

$$L = 9,38 + 2\cdot 7,23\cdot 2,19 = 41,04\,,$$

$$T = 9,38 + 3\cdot 7,23\cdot 2,19 = 56,87\,,$$

$$R = 9,38 + 2\cdot 7,23\cdot 2,19 + 9,38\cdot 16,43 = 195,15\,,$$

$$O = 9,38 + 6\cdot 7,23\cdot 2,19 + 9,38\cdot 16,43 = 258,47\,,$$

$$LN - G^2 = 182{,}39\,,$$

$$RN - G^2 = 3253{,}80\,,$$

$$\frac{G-N}{LN-G^2} = \frac{5{,}28}{182{,}39} = 0{,}0289\,, \qquad \frac{L-G}{LN-G^2} = \frac{15{,}83}{182{,}39} = 0{,}0868\,,$$

$$\frac{G-N}{RN-G^2} = \frac{5{,}28}{3253{,}8} = 0{,}0016\,, \qquad \frac{R-G}{RN-G^2} = \frac{169{,}94}{3253{,}8} = 0{,}0522\,.$$

Die Verhältnisse zwischen den angenäherten und genauen Werten betragen dann:

$$\frac{0{,}0293}{0{,}0289} = 1{,}014 = 1{,}4\%\,, \qquad \frac{0{,}0884}{0{,}0868} = 1{,}019 = 1{,}9\%\,,$$

$$\frac{0{,}0016}{0{,}0016} = 1{,}000 = 0\%\,, \qquad \frac{0{,}0535}{0{,}0522} = 1{,}025 = 2{,}5\%\,.$$

Es genügt demnach, für die zusammengesetzten Konstanten vollständig die angenäherten Werte aus den Tabellen zu entnehmen, um so mehr, da die angenäherten Werte etwas größer sind als die genauen.

Für die einfachen Konstanten ergibt sich:

$$\frac{19{,}42}{19{,}93} = 0{,}974 = 2{,}6\%\,, \qquad \frac{24{,}39}{25{,}21} = 0{,}967 = 3{,}3\%\,,$$

$$\frac{39{,}40}{41{,}04} = 0{,}960 = 4{,}0\%\,, \qquad \frac{54{,}40}{56{,}87} = 0{,}957 = 4{,}3\%\,,$$

$$\frac{189{,}48}{195{,}15} = 0{,}977 = 2{,}3\%\,, \qquad \frac{249{,}51}{258{,}47} = 0{,}965 = 3{,}5\%\,.$$

Der Unterschied zwischen den angenäherten und den genauen Werten ist demnach für die einfachen Konstanten durchschnittlich etwas größer, aber immerhin so unbedeutend, daß man ruhig mit den angenäherten Werten rechnen kann.

Bei Berechnung der Temperaturspannungen beachte man, daß l in Zentimeter einzusetzen ist, oder, wenn l in Meter eingesetzt ist, daß l mit 100 und l^2 mit 100^2 multipliziert werden muß.

VII. Bestimmung des mittleren Trägheitsmoments von Stäben mit veränderlichem Querschnitt.

§ 26.

Die vorstehenden Formeln wurden alle unter der Voraussetzung entwickelt, daß die Stäbe konstanten Querschnitt bzw. Trägheitsmoment haben. Dies ist aber meistens nicht der Fall, besonders bei den Brückenendrahmen, wo die Stäbe fast immer zusammengesetzten, genieteten Querschnitt haben. In die Formeln kann natürlich nur ein Wert vom Trägheitsmoment eines Stabes eingesetzt werden. Dieser Wert muß daher so gewählt werden, daß die Veränderlichkeit des Querschnitts möglichst der Wirklichkeit entsprechend in Betracht gezogen wird. Bei der Entwicklung der Formeln wurde der Einfluß der Belastung durch die Durchbiegung f oder durch den Biegungswinkel α am Stabende ausgedrückt, und es war einmal die Durchbiegung, ein andermal der Biegungswinkel maßgebend. Das mittlere konstante Trägheitsmoment eines Stabes von veränderlichem Querschnitt, das mit J_m bezeichnet werden soll, muß daher so bestimmt werden, daß die fraglichen Werte α oder f bei Zugrundelegung des Wertes J_m möglichst gleich den bei Berücksichtigung der Veränderlichkeit des Trägheitsmomentes wirklich entstehenden Werten werden. Wird irgendein Trägheitsmoment eines Stabes von veränderlichem Querschnitt mit J bezeichnet, so kann man setzen:

$$J_m = n \cdot J \qquad \text{oder} \qquad n = \frac{J_m}{J}, \quad \ldots \ldots \quad (444)$$

wo n einen von der Stabform bzw. von der Veränderlichkeit des Trägheitsmoments abhängigen Koeffizienten bedeutet.

Nach Abschnitt I (Fig. 2) bestimmt sich die Biegungslinie bei konstantem Trägheitsmoment aus der als Belastung aufgefaßten Momentenfläche. Ist dagegen das Trägheitsmoment veränderlich, so müssen die Ordinaten M_x der Momentenfläche mit dem Trägheitsmoment J_x an der betreffenden Stelle dividiert und die hierdurch entstehende Fläche als Belastung aufgefaßt werden.

Es geht hieraus hervor, daß der Koeffizient n nicht allein von der Stabform, sondern auch von der Art der Belastung abhängig ist. Der Elastizitätsmodul E wird wie früher konstant angenommen.

Nach Gl. (3) lautet die Gleichung des Biegungswinkels

$$\operatorname{tang}\alpha = \frac{1}{\mathsf{E}}\left(\int \frac{M_x}{J_x}\,dx + C_1\right).$$

Multipliziert man die Werte $\frac{1}{J_x}$ mit einem konstanten Wert, z. B. mit J, und setzt man

$$\frac{J}{J_x} = c\,,$$

so ergibt sich

$$\operatorname{tang}\alpha = \frac{1}{EJ}\left(\int M_x c\,dx + C_1\right) \quad . \quad . \quad . \quad . \quad . \quad (445)$$

Die Gleichung der Durchbiegung erhält man durch nochmaliges Integrieren dieses Ausdrucks. Es ist daher:

$$f = \int \operatorname{tang}\alpha\,dx + C_2 \quad . \quad . \quad . \quad . \quad . \quad . \quad . \quad . \quad . \quad (446)$$

M_x und c müssen als Funktionen von x ausgedrückt werden. Ist die c-Kurve, d. h. die durch Auftragen der Ordinaten c entstehende Linie, nicht kontinuierlich, sondern eine gebrochene Linie, so muß die Biegungslinie stückweise ermittelt werden.

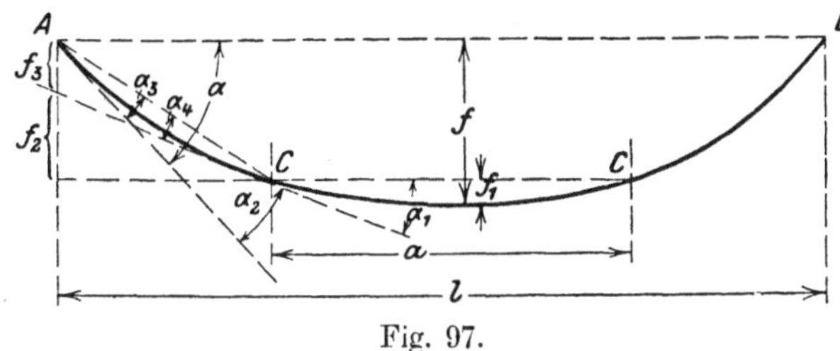

Fig. 97.

Ist z. B. die c-Linie des in Fig. 97 gezeigten gebogenen symmetrischen Stabes in den Punkten C gebrochen, so bestimme man zunächst die Durchbiegung f_1 und den Biegungswinkel α_1 des mittleren Stabteiles C—C, betrachte hiernach den Stabteil C—A als bei C eingespannt und bestimme den Winkel $\alpha_2 = \alpha_3 + \alpha_4$ und die Durchbiegung f_3. Die gesamte Durchbiegung beträgt dann

$$f = f_1 + f_2 + f_3 = f_1 + \frac{l-a}{2} \cdot \operatorname{tang}\alpha_1 + f_3 \quad . \quad . \quad . \quad (447)$$

und der Biegungswinkel am Stabende:

$$\alpha = \alpha_1 + \alpha_2 \quad . \quad . \quad . \quad . \quad . \quad . \quad . \quad . \quad . \quad . \quad (448)$$

Die Werte α_2 und f_3 bestimmt man am einfachsten dadurch, daß man zwei Stabteile A—C und C—B in C miteinander biegungsfest verbunden denkt, wie in Fig. 98 gezeigt.

Die Durchbiegung in der Mitte dieses Stabes von $l-a$ Stützweite ist dann $= f_3$ und der Biegungswinkel am Stabende $= \alpha_2$.

Der Koeffizient n wird natürlich verschieden, je nachdem die Durchbiegung oder der Biegungswinkel bei der Bestimmung von J_m maßgebend sind.

Der Koeffizient n soll daher im folgenden mit n_f bezeichnet werden, wenn die Durchbiegung bei der Bestimmung von J_m berücksichtigt wird, und mit n_α, wenn der Biegungswinkel zugrunde gelegt wird.

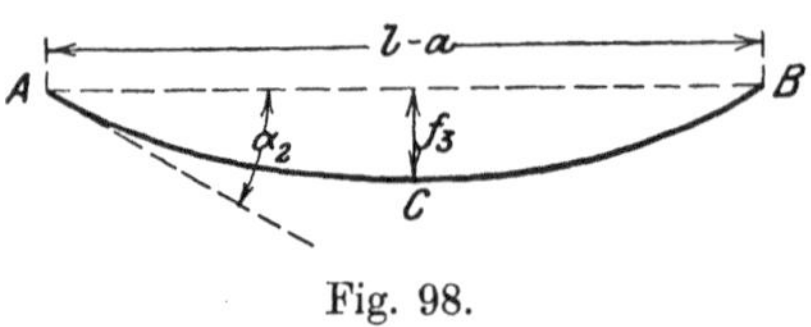

Fig. 98.

Im folgenden sollen die Durchbiegungen und Biegungswinkel, sowie die Koeffizienten n für verschiedene, öfters vorkommende Stabformen und Belastungen ermittelt werden. Es werden die folgenden Belastungen zugrunde gelegt:

1. Belastung durch ein konstantes Moment M,
2. eine Einzellast P in der Mitte eines frei aufliegenden Balkens oder am Ende eines eingespannten, freitragenden Balkens;
3. gleichmäßig verteilte Belastung p.

Aufgabe 47. Der Stab hat die in Fig. 99a gezeigte Form. Das Trägheitsmoment des mittleren Teiles ist konstant $= J$ und wächst an den Enden geradlinig nach den Auflagern zu bis zum Werte J_1.

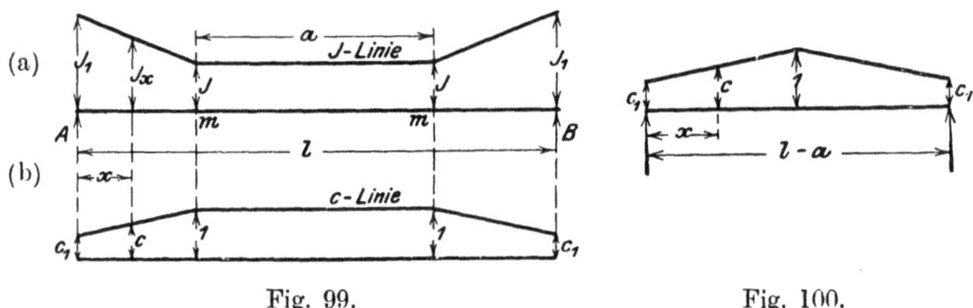

Fig. 99. Fig. 100.

Die c-Linie hat dann die in Fig. 99b gezeigte Form. Bei A und B hat c den Wert $c_1 = \frac{J}{J_1}$ und bei m den Wert $1 = \frac{J}{J}$.

Der mittlere Teil wird für sich behandelt und die zwei Endteile zu einem Balken von $(l-a)$ Stützweite zusammengesetzt, wie in Fig. 100 gezeigt.

Für diesen Teil lautet dann die Gleichung der c-Linie

$$c = c_1 + (1 - c_1)\frac{2x}{l-a} \quad \text{. . . . .} \quad (449)$$

1. Belastung durch ein konstantes Moment M.

Für den mittleren Teil ergibt sich nach Gl. (28):

$$f_1 = \frac{M a^2}{8 EJ},$$

nach Gl. (25)

$$\operatorname{tang} \alpha_1 = \frac{M a}{2 EJ}.$$

Für die zusammengesetzten Endteile (Fig. 100) ist nach Gl. (445)

$$\operatorname{tang} \alpha = \frac{1}{EJ} \int M \left(c_1 + (1 - c_1) \frac{2x}{l - a} \right) dx + C_1$$

$$= \frac{M}{EJ} \left(c_1 x + \frac{1 - c_1}{l - a} x^2 + C_1 \right).$$

In der Mitte, also für $x = \frac{l - a}{2}$, muß $\operatorname{tang} \alpha = 0$ sein und die Konstante C_1 ergibt sich daher zu:

$$C_1 = -\frac{l - a}{4} (1 + c_1).$$

Somit ist

$$\operatorname{tang} \alpha = \frac{M}{EJ} \left(c_1 x + \frac{1 - c_2}{l - a} x^2 - \frac{l - a}{4} (1 + c_1) \right). \quad . \quad (450)$$

Ferner erhält man nach Gl. (446)

$$\left. \begin{aligned} f &= \int \operatorname{tang} \alpha \, dx + C_2 \\ &= \frac{M}{EJ} \left(c_1 \frac{x^2}{2} + \frac{1 - c_1}{l - a} \frac{x^3}{3} - \frac{l - a}{4} (1 + c_1) x + C_2 \right). \end{aligned} \right\} . \quad (451)$$

Da die Durchbiegung am Auflager $= 0$ sein muß, so erhält man für $x = 0$ $C_2 = 0$.

Den Biegungswinkel α_2 erhält man aus Gl. (450), indem man $x = 0$ setzt. Es ist

$$\operatorname{tang} \alpha_2 = \frac{M (l - a)}{4 EJ} (c_1 + 1) \quad . \; . \; . \; . \; . \; . \quad (452)$$

Setzt man in Gl. (451) $x = \frac{l - a}{2}$, so erhält man die Durchbiegung f_3:

$$f_3 = \frac{M (l - a)^2}{24 EJ} (c_1 + 2) \quad . \; . \; . \; . \; . \; . \; . \quad (453)$$

Für den ganzen Stab (Fig. 99) ergibt sich nun nach den Gl. (447) und (448):

$$\operatorname{tang}\alpha = \frac{M\,a}{2\,E\,J} + \frac{M\,(l-a)}{4\,E\,J}(c_1+1) = \frac{M}{4\,E\,J}\bigl(2l-(1-c_1)\,(l-a)\bigr), \quad (454)$$

$$\left.\begin{aligned} f &= \frac{M\,a^2}{8\,E\,J} + \frac{l-a}{2}\cdot\frac{M\,a}{2\,E\,J} + \frac{M\,(l-a)^2}{24\,E\,J}(c_1+2) \\ &= \frac{M}{24\,E\,J}\bigl(3\,l^2-(1-c_1)\,(l-a)^2\bigr)\,. \end{aligned}\right\} \quad (455)$$

Setzt man in diesen Gleichungen $c_1 = 1$, so erhält man die betreffenden Werte für konstantes Trägheitsmoment J_m. Es ist:

$$\operatorname{tang}\alpha_m = \frac{2\,M\,l}{4\,E\,J_m}, \qquad f_m = \frac{3\,l^2\,M}{24\,E\,J_m},$$

wie bereits in den Gl. (25) und (28) ermittelt. Durch Gleichstellung dieser Werte, also $\operatorname{tang}\alpha = \operatorname{tang}\alpha_m$ und $f = f_m$, ergeben sich dann die folgenden Gleichungen für die Koeffizienten $n = \frac{J_m}{J}$ (Gl. [444]):

$$n_\alpha = \frac{2\,l}{2\,l-(1-c_1)\,(l-\mathrm{a})}, \quad (456)$$

$$n_f = \frac{3\,l^2}{3\,l^2-(1-c_1)\,(l-a)^2}, \quad (457)$$

wo $c_1 = \frac{J}{J_1}$ das Verhältnis zwischen den Trägheitsmomenten in der Mitte und am Auflager bedeutet.

2. Belastung durch eine Einzellast P in der Mitte.

Die Momentenfläche ist dann ein Dreieck, wie in Fig. 101 gezeigt, von der Höhe $M_0 = \frac{P\,l}{4}$.

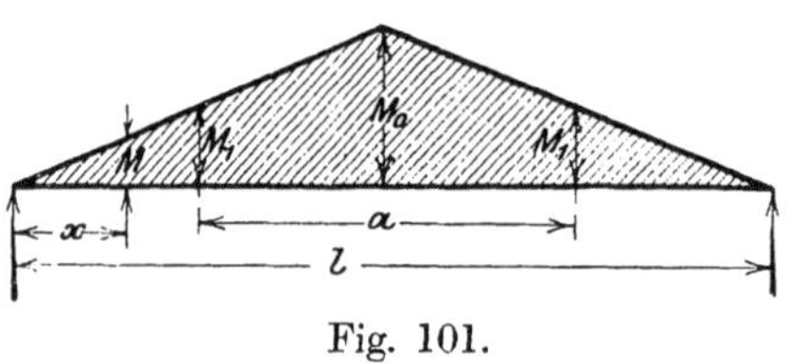

Fig. 101.

Es ist:

$$M_1 = M_0\,\frac{(l-a)}{l},$$

$$M = M_0\,\frac{2\,x}{l}\,.$$

Vergleicht man den mittleren Teil (a) mit Fig. 100, so ist es klar, daß man f_1 und α_1 aus den Gl. (452) und (453) erhält, wenn man $(l-a)$ mit a, c_1 mit M_1 und 1 mit M_0 vertauscht. Es ergibt sich somit:

$$\operatorname{tang}\alpha_1 = \frac{M\,a}{4\,E\,J}(M_1+M_0) = \frac{M_0\,a}{4\,E\,J\,l}(2\,l-a)\,, \quad (458)$$

$$f_1 = \frac{a^2}{24\,E\,J}(M_1+2\,M_0) = \frac{M_0\,a^2}{24\,E\,J\,l}(3\,l-a)\,. \quad (459)$$

Für die zusammengesetzten Endteile ist:

$$c = c_1 + (1 - c_1)\frac{2x}{l-a} \qquad \text{und} \qquad M = M_0 \frac{2x}{l},$$

$$M\,c = \frac{2M_0}{l}\left(c_1 x + \frac{(1-c_1)}{l-a}\,2x^2\right),$$

$$\operatorname{tang}\alpha = \frac{1}{\mathsf{E}J}\int M\,c\,dx + C_1 = \frac{2M_0}{\mathsf{E}J\,l}\left(c_1\frac{x^2}{2} + \frac{1-c_1}{l-a}\,\frac{2x^3}{3} + C_1\right).$$

Für $x = \dfrac{l-a}{2}$ ist $\operatorname{tang}\alpha = 0$ und daher

$$C_1 = -\frac{(l-a)^2}{24}(2 + c_1),$$

$$\operatorname{tang}\alpha = \frac{2M_0}{\mathsf{E}J\,l}\left(c_1\frac{x^2}{2} + \frac{1-c_1}{l-a}\,\frac{2x^3}{3} - \frac{(l-a)^2}{24}(2+c_1)\right). \tag{460}$$

Setzt man $x = 0$, so erhält man den Biegungswinkel am Stabende:

$$\operatorname{tang}\alpha_2 = \frac{M_0}{12\,\mathsf{E}J\,l}(2 + c_1) \quad \ldots\ldots\ldots \tag{461}$$

Ferner ist:

$$\left.\begin{aligned} f &= \int \operatorname{tang}\alpha\,dx + C_2 \\ &= \frac{2M_0}{\mathsf{E}J\,l}\left(c_1\frac{x^3}{6} + \frac{1-c_1}{l-a}\,\frac{2x^4}{12} - \frac{(l-a)^2}{24}(2+c_1)\,x\right). \end{aligned}\right\} \tag{462}$$

Da $f = 0$ ist für $x = 0$, wird $C_2 = 0$ in allen den hier behandelten Fällen und soll daher im folgenden fortgelassen werden.

Die Durchbiegung in der Mitte erhält man aus der Gl. (462) durch Einsetzen von $x = \dfrac{l-a}{2}$. Es ist:

$$f_3 = \frac{M_0(l-a)^3}{48\,\mathsf{E}J\,l}(c_1 + 3) \quad \ldots\ldots\ldots \tag{463}$$

Für den ganzen Stab ergibt sich demnach:

$$\left.\begin{aligned} \operatorname{tang}\alpha &= \frac{M_0\,a}{4\,\mathsf{E}J\,l}(2l - a) + \frac{M_0}{12\,\mathsf{E}J\,l}(c_1 + 2) \\ &= \frac{M_0}{12\,\mathsf{E}J\,l}\left(3l^2 - (1-c_1)(l-a)^2\right), \end{aligned}\right\} \quad \ldots \tag{464}$$

$$f = \frac{M_0\,a^2}{24\,\mathsf{E}J\,l}(3l - a) + \frac{M_0\,a}{4\,\mathsf{E}J\,l}(2l-a)\frac{l-a}{2} + \frac{M_0(l-a)^3}{48\,\mathsf{E}J\,l}(c_1 + 3),$$

$$f = \frac{M_0}{48\,\mathsf{E}J\,l}\left(4l^3 - (1-c_1)(l-a)^3\right). \quad \ldots \tag{465}$$

Setzt man in diesen Gleichungen $c_1 = 1$, so ergibt sich für konstantes Trägheitsmoment

$$\operatorname{tang} \alpha_m = \frac{M_0 l}{4 E J_m}, \qquad f_m = \frac{M_0 l^2}{12 E J_m},$$

und durch Gleichstellung dieser beiden Werte für f und α erhält man:

$$n_\alpha = \frac{3 l^2}{3 l^2 - (1 - c_1)(l - a)^2}, \qquad (466)$$

$$n_f = \frac{4 l^3}{4 l^3 - (1 - c_1)(l - a)^3}. \qquad (467)$$

3. Belastung durch eine gleichmäßig verteilte Last p.

Die Momentenfläche ist eine Parabelfläche von der Höhe $M_0 = \frac{p l^2}{8}$. Teilt man den mittleren Teil in ein Rechteck von der Höhe

$$M_1 = \frac{M_0}{l^2}(l^2 - a^2)$$

und eine Parabelfläche von der Höhe

$$(M_0 - M_1) = \frac{M_0 a^2}{l^2},$$

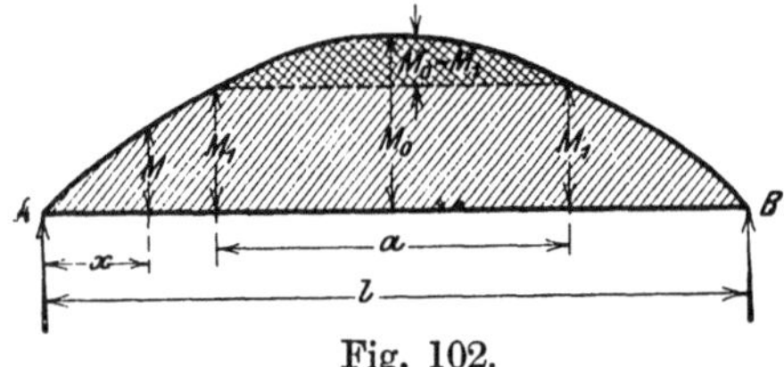

Fig. 102.

so ergibt sich aus den Gl. (25), (28), (38) und (40)

$$\operatorname{tang} \alpha_1 = \frac{M_0 a}{2 E J l^2}(l^2 - a^2) + \frac{M_0 a^3}{3 E J l^2} = \frac{M_0 a}{6 E J l^2}(3 l^2 - a^2), \qquad (468)$$

$$f_1 = \frac{M_0 a^2}{8 E J l^2}(l^2 - a^2) + \frac{5 M_0 a^4}{48 E J l^2} = \frac{M_0 a^2}{48 E J l^2}(6 l^2 - a^2). \qquad (469)$$

Für die zusammengesetzten Endteile ist:

$$c = c_1 + (1 - c_1)\frac{2 x}{l - a} \quad \text{und} \quad M = \frac{4 M_0}{l^2} x (l - x),$$

$$M c = \frac{4 M_0}{l^2}\left(c_1 l x - c_1 x^2 + \frac{1 - c_1}{l - a}(2 l x^2 - 2 x^3)\right),$$

$$\operatorname{tang} \alpha = \frac{1}{E J}\int M c \, dx + C_1$$

$$= \frac{4 M_0}{E J l^2}\left[c_1 l \frac{x^2}{2} - c_1 \frac{x^3}{3} + \frac{1 - c_1}{l - a}\left(2 l \frac{x^3}{3} - \frac{2 x^4}{4}\right) + C_1\right].$$

Für $x = \frac{l-a}{2}$ ist $\operatorname{tang}\alpha = 0$ und daher

$$C_1 = -\frac{(l-a)^2}{96}\left(5l + 3a + c_1(3l + a)\right),$$

$$\left.\begin{aligned}\operatorname{tang}\alpha = \frac{4M_0}{EJl^2}\Bigg[&c_1 l\frac{x^2}{2} - c_1\frac{x^3}{3} + \frac{1-c_1}{l-a}\left(\frac{2l}{3}x^3 - \frac{x^4}{2}\right)\\ &-\frac{(l-a)^2}{96}\left(5l + 3a + c_1(3l + a)\right)\Bigg];\end{aligned}\right\} \quad (470)$$

für $x = 0$ ergibt sich dann der Biegungswinkel am Stabende zu:

$$\operatorname{tang}\alpha_2 = \frac{M_0(l-a)^2}{24\,EJl^2}\left(5l + 3a + c_1(3l + a)\right) \quad . \quad . \quad . \quad (471)$$

Ferner ist:

$$\left.\begin{aligned}f = \int\operatorname{tang}\alpha\,dx = \frac{4M_0}{EJl^2}\Bigg[&c_1 l\frac{x^3}{6} - c_1\frac{x^4}{12} + \frac{1-c_1}{l-a}\left(\frac{2l}{12}x^4 - \frac{x^5}{10}\right)\\ &-\frac{(l-a)^2}{96}\left(5l + 3a + c_1(3l + a)\right)x\Bigg].\end{aligned}\right\} \quad (472)$$

Die Durchbiegung in der Mitte ergibt sich hieraus durch Einsetzen von $x = \frac{l-a}{2}$ zu:

$$f_3 = \frac{M_0(l-a)^3}{480\,EJl^2}\left(33l + 27a + c_1(17l + 3a)\right) \quad . \quad . \quad (473)$$

Für den ganzen Stab ergibt sich demnach:

$$\operatorname{tang}\alpha = \operatorname{tang}\alpha_1 + \operatorname{tang}\alpha_2$$

$$= \frac{M_0}{24\,EJl^2}\left(4a(3l^2 - a^2) + (l-a)^2\left[5l + 3a + c_1(3l + a)\right]\right),$$

$$\operatorname{tang}\alpha = \frac{M_0}{24\,EJl^2}\left(8l^3 - (1-c_1)(l-a)^2(3l + a)\right), \quad . \quad (474)$$

$$f = f_1 + \frac{l-a}{2}\operatorname{tang}\alpha_1 + f_3 = \frac{M_0}{480\,EJl^2}\left(10a^2(6l^2 - a^2)\right.$$

$$\left.+ 40a(l-a)(3l^2 - a^2) + (l-a)^3\left[33l + 27a + c_1(17l + 3a)\right]\right),$$

$$f = \frac{M_0}{480\,EJl^2}\left(50l^4 - (1-c_1)(l-a)^3(17l + 3a)\right) \quad . \quad . \quad (475)$$

Wie in den vorigen Aufgaben, erhält man nun für $c_1 = 1$:

$$\operatorname{tang}\alpha_m = \frac{M_0 l}{3\,EJ_m} \quad \text{und} \quad f_m = \frac{5M_0 l^2}{48\,EJ_m},$$

$$n_\alpha = \frac{8\,l^3}{8\,l^3 - (1 - c_1)\,(l - a^2)\,(3\,l + a)}, \quad \ldots \ldots \quad (476)$$

$$n_f = \frac{50\,l^4}{50\,l^4 - (1 - c_1)\,(l - a)^3\,(17\,l + 3\,a)} \quad \ldots \quad (477)$$

Bei der in Fig. 99 gezeigten Stabform ist c_1 immer kleiner als 1. Die in dieser Aufgabe entwickelten Formeln sind aber auch gültig für c, größer als 1; in diesem Falle hat der Stab die in Fig. 103 gezeigte Form.

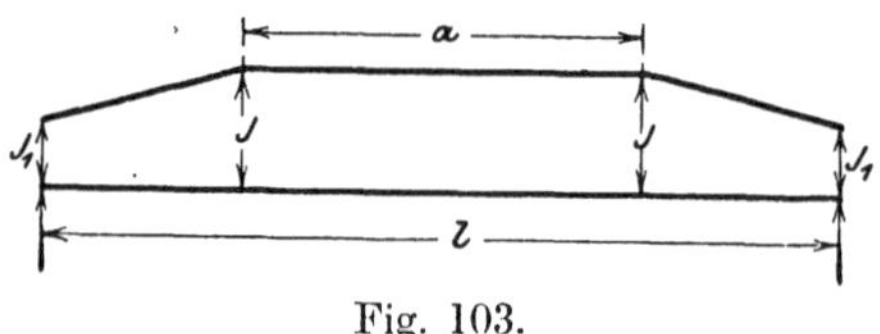

Fig. 103.

Aufgabe 48. Der Stab hat die in Fig. 104 gezeigte Form. Das Trägheitsmoment wächst vom Auflager bis zur Mitte nach einer Parabelkurve.

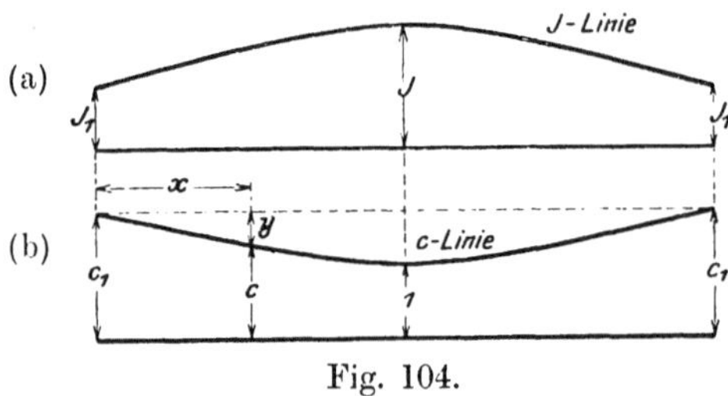

Fig. 104.

Die c-Linie nähert sich in diesem Falle ebenfalls einer Parabelkurve, deren Gleichung lautet:

$$c = c_1 - y = c_1 - \frac{4\,(c_1 - 1)}{l^2}\,x\,(l - x) \quad \ldots \ldots \quad (478)$$

Diese Gleichung ist aber nur gültig für c_1 größer als 1.

1. Der Stab sei durch ein konstantes Moment beansprucht.

Es ist dann:

$$M\,c = M\left(c_1 - \frac{4\,(c_1 - 1)}{l^2}\,x\,(l - x)\right),$$

$$\operatorname{tang}\alpha = \frac{1}{EJ}\int M\,c\,dx + C_1 = \frac{M}{EJ}\left[c_1\,x - \frac{4\,(c_1 - 1)}{l^2}\left(l\,\frac{x^2}{2} - \frac{x^3}{3}\right) + C_1\right].$$

Für $x = \frac{l}{2}$ ist $\operatorname{tang}\alpha = 0$, und daraus ergibt sich

$$C_1 = -\frac{l}{6}\,(c_1 + 2),$$

und mithin:

$$\operatorname{tang}\alpha = \frac{M}{\mathsf{E}J}\left[c_1 x - \frac{4(c_1-1)}{l^2}\left(\frac{l x^2}{2} - \frac{x^3}{3}\right) - \frac{l}{6}(c_1+2)\right]. \qquad (479)$$

Setzt man in dieser Gleichung $x = 0$, so erhält man den Biegungswinkel am Stabende:

$$\operatorname{tang}\alpha = \frac{M l}{6\,\mathsf{E}J}(c_1+2)\,. \quad \ldots\ldots \quad (480)$$

Ferner ist:

$$f = \int \operatorname{tang}\alpha\, dx = \frac{M}{\mathsf{E}J}\left[c_1 \frac{x^2}{2} - \frac{4(c_1-1)}{l^2}\left(\frac{l}{2}\frac{x^3}{3} - \frac{x^4}{12}\right) - \frac{l}{6}(c_1+2)\,x\right]. \quad (481)$$

Die Durchbiegung in der Mitte ergibt sich für $x = \frac{l}{2}$ zu:

$$f = \frac{M l^2}{48\,\mathsf{E}J}(c_1+5)\,. \quad \ldots\ldots \quad (482)$$

Für $c_1 = 1$ ergibt sich nun bei konstantem Trägheitsmoment aus den Gl. (480) und (482):

$$\operatorname{tang}\alpha_m = \frac{M l}{2\,\mathsf{E}J_m}, \qquad f = \frac{M l^2}{8\,\mathsf{E}J_m}$$

und demnach:

$$n_\alpha = \frac{3}{c_1+2}, \quad \ldots\ldots \quad (483)$$

$$n_f = \frac{6}{c_1+5}. \quad \ldots\ldots \quad (484)$$

2. Belastung durch eine Einzellast P in der Mitte.

Es ist dann:

$$M = \frac{2 M_0 x}{l},$$

$$M c = \frac{2 M_0}{l}\left(c_1 x - \frac{4(c_1-1)}{l^2}\, x^2 (l-x)\right)$$

und demnach:

$$\operatorname{tang}\alpha = \frac{1}{\mathsf{E}J}\int M c\, dx + C_1 = \frac{2 M_0}{l\,\mathsf{E}J}\left[c_1 \frac{x^2}{2} - \frac{4(c_1-1)}{l^2}\left(l\frac{x^3}{3} - \frac{x^4}{4}\right) + C_1\right].$$

Für $x = \frac{l}{2}$ ist $\operatorname{tang}\alpha = 0$ und daher:

$$C_1 = -\frac{l^2}{48}(c_1+5)\,,$$

$$\operatorname{tang}\alpha = \frac{2 M_0}{l\,\mathsf{E}J}\left[c_1 \frac{x^2}{2} - \frac{4(c_1-1)}{l^2}\left(l\frac{x^3}{3} - \frac{x^4}{4}\right) - \frac{l^2}{48}(c_1+5)\right]. \qquad (485)$$

Der Biegungswinkel am Stabende ergibt sich daraus für $x = 0$ zu:

$$\operatorname{tang}\alpha = \frac{M_0\, l}{24\, E J}(c_1 + 5) \quad . \quad . \quad . \quad . \quad . \quad . \quad . \quad . \quad (486)$$

Ferner ist:

$$f = \int \operatorname{tang}\alpha\, dx = \frac{2 M_0}{l E J}\left[\frac{c_1}{2}\frac{x^3}{3} - \frac{4(c_1 - 1)}{l^2}\left(\frac{l}{3}\frac{x^4}{4} - \frac{1}{4}\frac{x^5}{5}\right) - \frac{l^2}{48}(c_1 + 5)\, x\right] \quad (487)$$

und die Durchbiegung in der Mitte für $x = \frac{l}{2}$

$$f = \frac{M_0\, l^2}{120\, E J}(c_1 + 9) \quad . \quad . \quad . \quad . \quad . \quad . \quad . \quad . \quad . \quad . \quad (488)$$

Für $c_1 = 1$ erhält man aus den Gl. (486) und (488)

$$\operatorname{tang}\alpha_m = \frac{M_0\, l}{4\, E J_m}, \qquad f_m = \frac{M_0\, l^2}{12\, E J_m}$$

und demnach:

$$n_\alpha = \frac{6}{c_1 + 5}, \quad . \quad . \quad . \quad . \quad . \quad . \quad . \quad . \quad . \quad . \quad (489)$$

$$n_f = \frac{10}{c_1 + 9} \quad . \quad . \quad . \quad . \quad . \quad . \quad . \quad . \quad . \quad . \quad (490)$$

3. Für gleichmäßig verteilte Belastung ergibt sich:

$$M = \frac{4 M_0}{l^2}\, x(l - x),$$

$$c = c_1 - \frac{4(c_1 - 1)}{l^2}\, x(l - x),$$

$$M c = \frac{4 M_0}{l^4}\left(l^2 c_1 (x l - x^2) - 4(c_1 - 1)(l^2 x^2 - 2 l x^3 + x^4)\right),$$

$$\operatorname{tang}\alpha = \frac{1}{E J}\int M c\, dx + C_1$$

$$= \frac{4 M_0}{E J l^4}\left[l^2 c_1\left(l\frac{x^2}{2} - \frac{x^3}{3}\right) - 4(c_1 - 1)\left(l^2\frac{x^3}{3} - 2 l\frac{x^4}{4} + \frac{x^5}{5}\right) + C_1\right].$$

Für $x = \frac{l}{2}$ ist $\operatorname{tang}\alpha = 0$ und daher:

$$C_1 = -\frac{l^2}{60}(c_1 + 4),$$

$$\left.\begin{aligned} \operatorname{tang}\alpha = \frac{M_0}{15\, E J\, l^4}\big(10\, c_1\, l^2 x^2 (3 l - 2 x) \\ - 4(c_1 - 1)\, x^3 (20 l^2 - 30 l x + 12 x^2) - (c_1 + 4)\, l^5\big)\,. \end{aligned}\right\} \quad (491)$$

Für $x = 0$ ergibt sich dann der Biegungswinkel am Stabende zu:

$$\operatorname{tang} \alpha = \frac{M_0 l}{15 \mathsf{E} J}(c_1 + 4) \quad \ldots \ldots \quad (492)$$

Aus Gl. (491) ergibt sich ferner:

$$\left.\begin{aligned} f = \int \operatorname{tang} \alpha \, dx = \frac{M_0}{15 \mathsf{E} J l^4} \Big[10 c_1 l^2 \left(l x^3 - \frac{x^4}{2} \right) \\ - 4(c_1 - 1)(5 l^2 x^4 - 6 l x^5 + 2 x^6) - (c_1 + 4) l^5 x \Big] \end{aligned}\right\} . \quad (493)$$

und daher für $x = \frac{l}{2}$ die Durchbiegung in der Mitte:

$$f = \frac{M_0 l^2}{240 \mathsf{E} J}(3 c_1 + 22) \quad \ldots \ldots \quad (494)$$

Für $c_1 = 1$ erhält man aus Gl. (492) und (494):

$$\operatorname{tang} \alpha_m = \frac{M_0 l}{3 \mathsf{E} J_m}, \qquad f_m = \frac{M_0 5 l^2}{48 \mathsf{E} J_m},$$

und demnach ergibt sich

$$n_\alpha = \frac{5}{c_1 + 4}, \quad \ldots \ldots \quad (495)$$

$$n_f = \frac{25}{3 c_1 + 22}. \quad \ldots \ldots \quad (496)$$

Aufgabe 49. Bei der in Fig. 105 gezeigten Stabform wächst das Trägheitsmoment von der Mitte bis zu den Auflagern nach einer Parabelkurve.

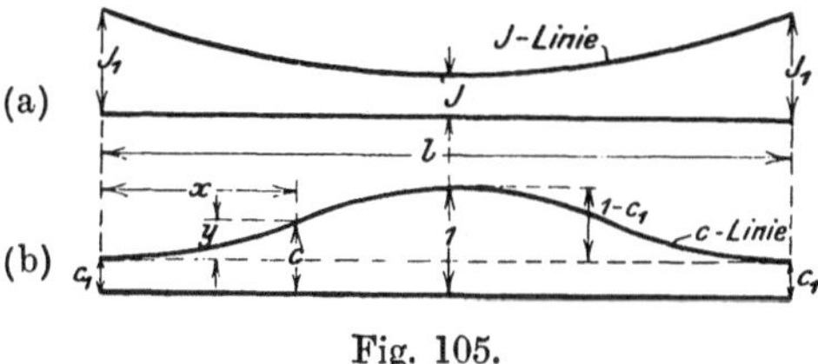

Fig. 105.

Die c - Linie nähert sich in diesem Falle mehr einer Parabel 4. Grades von der Form:

$$y = (1 - c_1)\left(\frac{4 x (l - x)}{l^2}\right)^2,$$

und die Gleichung der c - Linie lautet:

$$c = c_1 + \frac{16(1 - c_1)}{l^4}(l^2 x^2 - 2 l x^3 + x^4) \quad \ldots \quad (497)$$

1. Belastung durch ein konstantes Moment.

Es ist:

$$M c = M\left(c_1 + \frac{16(1-c_1)}{l^4}(l^2 x^2 - 2 l x^3 + x^4)\right),$$

$$\operatorname{tang}\alpha = \frac{1}{\mathsf{E}J}\int M c\, dx + C_1$$

$$= \frac{M}{\mathsf{E}J}\left[c_1 x + \frac{16(1-c_1)}{l^4}\left(l^2\frac{x^3}{3} - \frac{l x^4}{2} + \frac{x^5}{5}\right) + C_1\right].$$

Aus der Beziehung $\operatorname{tang}\alpha = 0$ für $x = \frac{l}{2}$ erhält man:

$$C_1 = -\left(\frac{c_1 l}{2} + \frac{4 l}{15}(1-c_1)\right) = -\frac{l}{30}(8 + 7 c_1),$$

$$\operatorname{tang}\alpha = \frac{M}{\mathsf{E}J}\left[c_1 x + \frac{16(1-c_1)}{l^4}\left(l^2\frac{x^3}{3} - \frac{l x^4}{2} + \frac{x^5}{5}\right) - \frac{l}{30}(8 + 7 c_1)\right] \quad (498)$$

und daraus für $x = 0$ den Biegungswinkel am Stabende:

$$\operatorname{tang}\alpha = \frac{M l}{30\,\mathsf{E}J}(8 + 7 c_1)\,. \quad \ldots\ldots \quad (499)$$

Ferner ist:

$$\left.\begin{aligned} f &= \int \operatorname{tang}\alpha\, dx \\ &= \frac{M}{\mathsf{E}J}\left[c_1\frac{x^2}{2} + \frac{16(1-c_1)}{l^4}\left(\frac{l^2 x^4}{12} - \frac{l x^5}{10} + \frac{x^6}{30}\right) - \frac{l x}{30}(8 + 7 c_1)\right], \end{aligned}\right\} \quad (500)$$

woraus für $x = \frac{l}{2}$ die Durchbiegung in der Mitte:

$$f = \frac{M l^2}{120\,\mathsf{E}J}(4 c_1 + 11)\,. \quad \ldots\ldots \quad (501)$$

Für $c_1 = 1$ erhält man aus den Gl. (499) und (501):

$$\operatorname{tang}\alpha_m = \frac{M l}{2\,\mathsf{E}J_m}, \qquad f_m = \frac{M l^2}{8\,\mathsf{E}J_m},$$

und somit:

$$n_\alpha = \frac{15}{8 + 7 c_1}, \quad \ldots\ldots \quad (502)$$

$$n_f = \frac{15}{11 + 4 c_1}. \quad \ldots\ldots \quad (503)$$

2. Belastung durch die Last P in der Mitte.

Es ist:

$$M = \frac{2\,M_0\,x}{l}\,,$$

$$M\,c = \frac{2\,M_0}{l}\left(c_1\,x + \frac{16(1-c_1)}{l^4}\,(l^2\,x^3 - 2\,l\,x^4 + x^5)\right),$$

$$\operatorname{tang}\alpha = \frac{1}{\mathsf{E}J}\int M\,c\,d\,x + C_1$$

$$= \frac{2\,M_0}{l\,\mathsf{E}J}\left[c_1\frac{x^2}{2} + \frac{16\,(1-c_1)}{l^4}\left(l^2\frac{x^4}{4} - \frac{2\,l\,x^5}{5} + \frac{x^6}{6}\right) + C_1\right].$$

Für $x = \frac{l}{2}$ ist $\operatorname{tang}\alpha = 0$, und daher ergibt sich:

$$C_1 = -\frac{l^2}{120}\,(4\,c_1 + 11)\,,$$

$$\operatorname{tang}\alpha = \frac{2\,M_0}{l\,\mathsf{E}J}\left[\frac{c_1}{2}\,x^2 + 16\,\frac{(1-c_1)}{l^4}\left(\frac{l^2}{4}\,x^4 - \frac{2\,l}{5}\,x^5 + \frac{x^6}{6}\right) - \frac{l^2}{120}\,(4\,c_1 + 11)\right]. \quad (504)$$

Der Biegungswinkel am Stabende ergibt sich dann für $x = 0$ zu:

$$\operatorname{tang}\alpha = \frac{M_0\,l}{60\,\mathsf{E}J}\,(4\,c_1 + 11)\,. \quad \ldots\ldots \quad (505)$$

Ferner ist:

$$\left.\begin{aligned} f &= \int \operatorname{tang}\alpha\,d\,x \\ &= \frac{2\,M_0}{l\,\mathsf{E}J}\left[\frac{c_1\,x^3}{6} + \frac{16\,(1-c_1)}{l^4}\left(\frac{l^2}{20}\,x^5 - \frac{l}{15}\,x^6 + \frac{x^7}{42}\right) - \frac{l^2\,x}{120}\,(4\,c_1 + 11)\right] \end{aligned}\right\} \quad (506)$$

und die Durchbiegung in der Mitte für $x = \frac{l}{2}$

$$f = \frac{M_0\,l^2}{420\,\mathsf{E}J}\,(6\,c_1 + 29)\,. \quad \ldots\ldots \quad (507)$$

Für $c_1 = 1$ ist nun

$$\operatorname{tang}\alpha_m = \frac{M_0\,l}{4\,\mathsf{E}J_m}\,, \qquad f_m = \frac{M_0\,l^2}{12\,\mathsf{E}J_m}$$

und man erhält:

$$n_\alpha = \frac{15}{4\,c_1 + 11}\,, \quad \ldots\ldots \quad (508)$$

$$n_f = \frac{35}{6\,c_1 + 29}\,. \quad \ldots\ldots \quad (509)$$

3. Gleichmäßig verteilte Belastung.

Es ist dann:

$$M = \frac{4\,M_0\,x(l-x)}{l^2},$$

$$M\,c = \frac{4\,M_0}{l^2}\left(c_1\,x(l-x) + \frac{16(1-c_1)}{l^4}\,(l^3 x^3 - 3\,l^2 x^4 + 3\,l\,x^5 - x^6)\right),$$

$$\operatorname{tang}\alpha = \frac{1}{\mathsf{E}J}\int M\,c\,dx + C_1$$

$$= \frac{4\,M_0}{l^2\,\mathsf{E}J}\left[c_1\left(\frac{l\,x^2}{2} - \frac{x^3}{3}\right) + \frac{16(1-c_1)}{l^4}\left(l^3\frac{x^4}{4} - 3\,l^2\frac{x^5}{5} + 3\,l\frac{x^6}{6} - \frac{x^7}{7}\right) + C_1\right].$$

Für $x = \frac{l}{2}$ ist $\operatorname{tang}\alpha = 0$ und daher:

$$C_1 = -\frac{l^3}{420}\,(11\,c_1 + 24),$$

$$\left.\begin{aligned}\operatorname{tang}\alpha = \frac{4\,M_0}{l^2\,\mathsf{E}J}\Bigg[c_1\left(\frac{l\,x^2}{2} - \frac{x^3}{3}\right)\\ + \frac{16(1-c_1)}{l^4}\left(\frac{l^3 x^4}{4} - \frac{3\,l^2 x^5}{5} + \frac{l\,x^6}{2} - \frac{x^7}{7}\right) - \frac{l^3}{420}\,(11\,c_1 + 24)\Bigg].\end{aligned}\right\}\quad(510)$$

Hieraus ergibt sich für $x = 0$ der Biegungswinkel am Stabende:

$$\operatorname{tang}\alpha = \frac{M_0\,l}{105\,\mathsf{E}J}\,(11\,c_1 + 24)\,. \qquad (511)$$

Ferner ist:

$$\left.\begin{aligned}f = \int\operatorname{tang}\alpha\,dx = \frac{4\,M_0}{l^2\,\mathsf{E}J}\Bigg[c_1\left(\frac{l\,x^3}{6} - \frac{x^4}{12}\right)\\ + \frac{16(1-c_1)}{l^4}\left(\frac{l^3 x^5}{20} - \frac{l^2 x^6}{10} + \frac{l\,x^7}{14} - \frac{x^8}{56}\right) - \frac{l^3 x}{420}\,(11\,c_1 + 24)\Bigg]\end{aligned}\right\}\quad(512)$$

und die Durchbiegung in der Mitte für $x = \frac{l}{2}$:

$$f = \frac{M_0\,l^2}{48\cdot 70\,\mathsf{E}J}\,(279 + 71\,c_1)\,. \qquad (513)$$

Setzt man in den Gl. (511) und (513) $c_1 = 1$, so erhält man:

$$\operatorname{tang}\alpha_m = \frac{M_0\,l}{3\,\mathsf{E}J_m}, \qquad f_m = \frac{M_0\,l^2\,5}{48\,\mathsf{E}J_m}.$$

In bekannter Weise ergibt sich dann:

$$n_\alpha = \frac{35}{11\,c_1 + 24}, \qquad (514)$$

$$n_f = \frac{350}{71\,c_1 + 279}. \qquad (515)$$

Die in dieser Aufgabe entwickelten Formeln sind nur gültig für c_1 kleiner als 1.

Aufgabe 50. Es soll der in Fig. 106 gezeigte, bei A eingespannte freitragende Balken untersucht werden. Das Trägheitsmoment wächst geradlinig von m bis zum Auflager. Es ist die Durchbiegung und der Biegungswinkel am Stabende zu bestimmen.

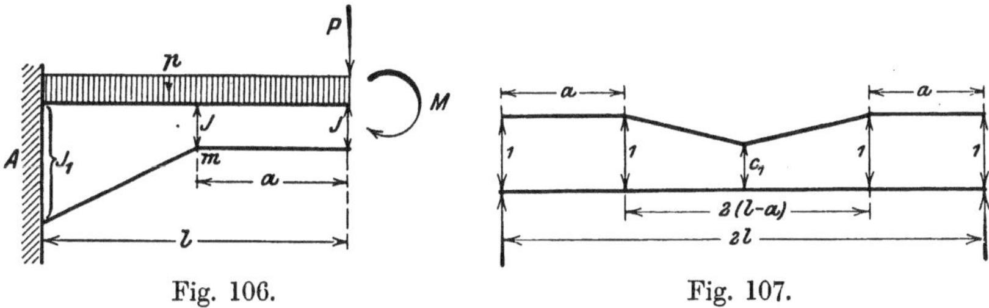

Fig. 106. Fig. 107.

Zur Lösung der Aufgabe denke man sich zwei solcher Balken bei A fest miteinander verbunden und den so gebildeten Balken von $2\,l$ Stützweite an den Enden frei aufliegend. Die c - Linie hat dann die in Fig. 107 gezeigte Form; wie in Aufgabe 47 wird der mittlere Teil für sich behandelt.

1. Belastung durch ein konstantes Moment M.

Für den mittleren Teil erhält man die Durchbiegung in der Mitte und den Biegungswinkel am Ende aus den Gl. (452) und (453), indem man c_1 mit 1 und $l - a$ mit $2\,(l - a)$ vertauscht. Mithin ergibt sich:

$$\operatorname{tang}\alpha_1 = \frac{M\,(l-a)}{2\,\mathsf{E}\,J}\,(c_1 + 1)\,,$$

$$f_1 = \frac{M\,(l-a)^2}{6\,\mathsf{E}\,J}\,(2\,c_1 + 1)\,.$$

Die beiden zusammengesetzten Endteile haben eine Stützweite $= 2\,a$ und konstantes Trägheitsmoment $= J$. Aus den Gl. (25) und (28) ergibt sich daher:

$$\operatorname{tang}\alpha_2 = \frac{M\,a}{\mathsf{E}\,J}\,, \qquad f_3 = \frac{M\,a^2}{2\,\mathsf{E}\,J}\,.$$

Für den ganzen Balken erhält man demnach:

$$\left.\begin{aligned} \operatorname{tang}\alpha = \operatorname{tang}\alpha_1 + \operatorname{tang}\alpha_2 &= \frac{M}{2\,\mathsf{E}\,J}\left((l-a)\,(c_1+1) + 2\,a\right) \\ &= \frac{M}{2\,\mathsf{E}\,J}\left(2\,l + (l-a)\,(c_1 - 1)\right), \end{aligned}\right\} \quad (516)$$

$$f = f_1 + a \operatorname{tang} \alpha_1 + f_3$$
$$= \frac{M}{6 \mathsf{E} J} \left((2 c_1 + 1)(l - a)^2 + 3 a (c_1 + 1)(l - a) + 3 a^2 \right),$$
$$f = \frac{M}{6 \mathsf{E} J} \left(3 l^2 + (c_1 - 1)(l - a)(2 l + a) \right) \quad . \quad . \quad . \quad (517)$$

Setzt man $c_1 = 1$, so ist:

$$\operatorname{tang} \alpha_m = \frac{M l}{\mathsf{E} J_m}, \qquad f_m = \frac{M l^2}{2 \mathsf{E} J_m}.$$

In bekannter Weise ergibt sich daher:

$$n_\alpha = \frac{2 l}{2 l + (l - a)(c_1 - 1)}, \quad . \quad . \quad . \quad . \quad . \quad . \quad . \quad . \quad . \quad . \quad (518)$$

$$n_f = \frac{3 l^2}{3 l^2 + (c_1 - 1)(l - a)(2 l + a)} \quad . \quad . \quad . \quad . \quad . \quad (519)$$

2. Belastung durch P am Ende des Balkens (Fig. 106).

Die Momentenfläche ist dann ein Dreieck (Fig. 108) von der Höhe $M_0 = P l$.

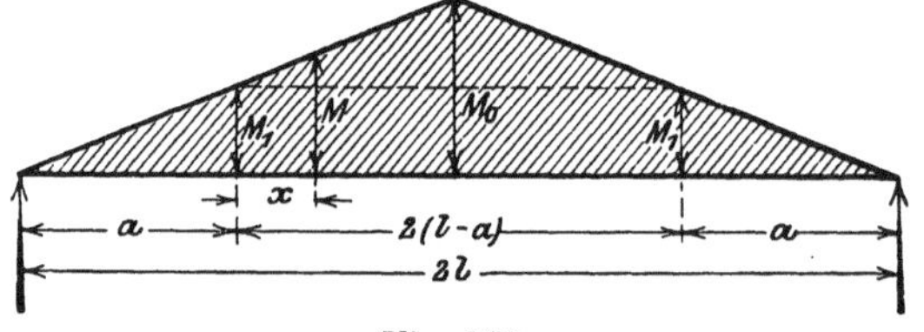

Fig. 108.

Für den mittleren Teil ist:

$$M = \frac{M_0}{l} (a + x),$$
$$c = 1 - (1 - c_1) \frac{x}{l - a},$$
$$M c = \frac{M_0}{l} \left(a + x + \frac{(c_1 - 1)}{l - a} (a x + x^2) \right),$$
$$\operatorname{tang} \alpha = \frac{1}{\mathsf{E} J} \int M c \, d x + C_1$$
$$= \frac{M_0}{l \mathsf{E} J} \left[a x + \frac{x^2}{2} + \frac{c_1 - 1}{l - a} \left(\frac{a x^2}{2} + \frac{x^3}{3} \right) + C_1 \right].$$

Es ist $\operatorname{tang} \alpha = 0$ für $x = l - a$ und daher

$$C_1 = - \frac{l - a}{6} (l + 2 a + c_1 (2 l + a)),$$

$$\operatorname{tang} \alpha = \frac{M_0}{l \mathsf{E} J} \left[a x + \frac{x^2}{2} + \frac{c_1 - 1}{l - a} \left(\frac{a x^2}{2} + \frac{x^3}{3} \right) - \frac{l - a}{6} (l + 2 a + c_1 (2 l + a)) \right]. \quad (520)$$

Für $x = 0$ erhält man den Biegungswinkel am Ende:

$$\operatorname{tang}\alpha_1 = \frac{M_0(l-a)}{6\,l\,\mathsf{E}\,J}\big(l + 2a + c_1(2l + a)\big) \quad . \quad . \quad . \tag{521}$$

Ferner ergibt sich:

$$\left.\begin{aligned} f = \int \operatorname{tang}\alpha\, dx = \frac{M_0}{l\,\mathsf{E}\,J}\Big[\frac{a\,x^2}{2} + \frac{x^3}{6} + \frac{c_1 - 1}{l-a}\Big(\frac{a\,x^3}{6} + \frac{x^4}{12}\Big) \\ - \frac{l-a}{6}\big(l + 2a + c_1(2l + a)\big)x\Big] \end{aligned}\right\} \tag{522}$$

und für $x = l - a$ die Durchbiegung in der Mitte:

$$f_1 = \frac{M_0(l-a)^2}{12\,l\,\mathsf{E}\,J}\big(2(2l + a) + (c_1 - 1)(3l + a)\big) \quad . \quad . \tag{523}$$

Für die zusammengesetzten Endteile ergibt sich

$$M_1 = \frac{M_0\,a}{l},$$

nach Gl. (15)

$$\operatorname{tang}\alpha_2 = \frac{M_1\,2a}{4\,\mathsf{E}\,J} = \frac{M_0\,a^2}{2\,\mathsf{E}\,J\,l},$$

nach Gl. (11)

$$f_3 = \frac{M_1\,a^2}{3\,\mathsf{E}\,J} = \frac{M_0\,a^3}{3\,\mathsf{E}\,J\,l}.$$

Demnach erhält man für den ganzen Balken:

$$\operatorname{tang}\alpha = \operatorname{tang}\alpha_1 + \operatorname{tang}\alpha_2 = \frac{M_0}{6\,\mathsf{E}\,J\,l}\big(3l^2 + (c_1 - 1)(l-a)(2l + a)\big), \tag{524}$$

$$f = f_1 + a\operatorname{tang}\alpha_1 + f_3 = \frac{M_0}{12\,\mathsf{E}\,J\,l}\big[4l^3 + (c_1 - 1)(l-a)\big(2l^2 + (l+a)^2\big)\big]. \tag{525}$$

Setzt man in diesen Gleichungen $c_1 = 1$, so ergibt sich:

$$\operatorname{tang}\alpha_m = \frac{M_0\,l}{2\,\mathsf{E}\,J_m}, \qquad f_m = \frac{M_0\,l^2}{3\,\mathsf{E}\,J_m}$$

und durch Gleichstellung dieser Werte für f und α:

$$n_\alpha = \frac{3\,l^2}{3\,l^2 + (c_1 - 1)(l-a)(2l + a)}, \quad . \quad . \quad . \quad . \tag{526}$$

$$n_f = \frac{4\,l^3}{4\,l^3 + (c_1 - 1)(l-a)\big(2l^2 + (l+a)^2\big)} \quad . \quad . \tag{527}$$

3. Belastung durch eine gleichmäßig verteilte Last p.

Die Momentenfläche hat die in Fig. 109 gezeigte Form, und die Gleichung lautet:

$$M = \frac{p x^2}{2} .$$

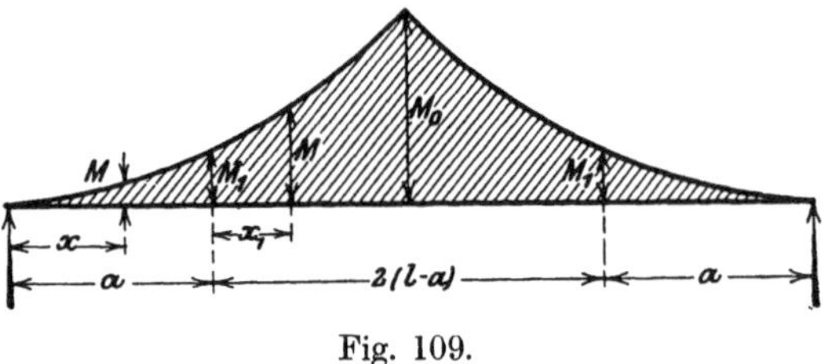

Fig. 109.

Für den mittleren Teil ist:

$$M = \frac{p}{2}(a + x_1)^2 = \frac{p}{2}(a^2 + 2\,a\,x_1 + x_1^2) ,$$

$$c = 1 - \frac{1 - c_1}{l - a} x_1 ,$$

daher

$$M\,c = \frac{p}{2}\left[a^2 + 2\,a\,x_1 + x_1^2 - \left(\frac{1 - c_1}{l - a}\right)(a^2 x_1 + 2\,a\,x_1^2 + x_1^3)\right] ,$$

$$\operatorname{tang}\alpha = \frac{1}{\mathsf{E}J}\int M\,c\,d\,x + C_1$$

$$= \frac{p}{2\,\mathsf{E}\,J}\left[a^2 x_1 + a\,x_1^2 + \frac{x_1^3}{3} - \frac{1 - c_1}{l - a}\left(\frac{a^2 x_1^2}{2} + \frac{2\,a\,x_1^3}{3} + \frac{x_1^4}{4}\right) + C_1\right] .$$

Für $x_1 = l - a$ ist $\operatorname{tang}\alpha = 0$, und hieraus ergibt sich

$$C_1 = -\frac{l - a}{12}\left(4(a^2 + a\,l + l^2) - (1 - c_1)\,(a^2 + 2\,a\,l + 3\,l^2)\right) .$$

$$\left.\begin{aligned} \operatorname{tang}\alpha = \frac{p}{2\,\mathsf{E}\,J}&\left[a^2 x_1 + a\,x_1^2 + \frac{x_1^3}{3} - \frac{1 - c_1}{l - a}\left(\frac{a^2}{2}x_1^2 + \frac{2\,a}{3}x_1^3 + \frac{x_1^4}{4}\right)\right. \\ &\left.- \frac{l - a}{12}\left(4(a^2 + a\,l + l^2) - (1 - c_1)\,(a^2 + 2\,a\,l + 3\,l^2)\right)\right] . \end{aligned}\right\} \quad (528)$$

Der Biegungswinkel am Stabende beträgt dann (für $x_1 = 0$):

$$\operatorname{tang}\alpha_1 = \frac{p\,(l - a)}{24\,\mathsf{E}\,J}\left(4(a^2 + a\,l + l^2) - (1 - c_1)\,(a^2 + 2\,a\,l + 3\,l^2)\right) . \quad (529)$$

Ferner ergibt sich aus Gl. (528)

$$\left.\begin{aligned} f = \int \operatorname{tang}\alpha\, d\,x = \frac{p}{2\,\mathrm{E}\,J}\Bigg[&\frac{a^2\,x_1^2}{2} + \frac{a\,x_1^3}{3} + \frac{x_1^4}{12} \\ &- \frac{1-c_1}{l-a}\left(\frac{a^2\,x_1^3}{6} + \frac{a\,x_1^4}{6} + \frac{x_1^5}{20}\right) \\ &- \frac{(l-a)x_1}{12}\left(4(a^2+a\,l+l^2) - (1-c_1)\,(a^2+2\,a\,l+3\,l^2)\right)\Bigg] \end{aligned}\right\} \quad (530)$$

und die Durchbiegung in der Mitte für $x_1 = l - a$

$$f_1 = \frac{p(l-a)^2}{24\,\mathrm{E}\,J}\left(-\frac{2}{5}\,(1-c_1)\,(6\,l^2+3\,a\,l+a^2)+(a^2+2\,a\,l+3\,l^2)\right). \quad (531)$$

Für die zusammengesetzten Endteile erhält man:
nach Gl. (44)

$$\operatorname{tang}\alpha_2 = \frac{p\,a^3}{6\,\mathrm{E}\,J},$$

nach Gl. (45)

$$f_3 = \frac{p\,a^4}{8\,\mathrm{E}\,J},$$

und es ergibt sich mithin für den ganzen Balken:

$$\left.\begin{aligned} \operatorname{tang}\alpha &= \operatorname{tang}\alpha_1 + \operatorname{tang}\alpha_2 \\ &= \frac{p}{24\,\mathrm{E}\,J}\left[4\,l^3 - (1-c_1)\,(l-a)\,(2\,l^2+(l+a)^2)\right], \end{aligned}\right\} \quad (532)$$

$$\left.\begin{aligned} f &= f_1 + a\operatorname{tang}\alpha_1 + f_3 \\ &= \frac{p}{40\,\mathrm{E}\,J}\left(5\,l^4 - (1-c_1)\,(l-a)\,(4\,l^3+3\,a\,l^2+2\,l\,a^2+a^3)\right). \end{aligned}\right\} \quad (533)$$

In bekannter Weise erhält man dann:

$$n_\alpha = \frac{4\,l^3}{4\,l^3 - (1-c_1)\,(l-a)\,(2\,l^2+(l+a)^2)}, \quad . \; . \; . \quad (534)$$

$$n_f = \frac{5\,l^4}{5\,l^4 - (l-c_1)\,(l-a)\,(4\,l^3+3\,a\,l^2+2\,l\,a^2+a^3)}. \quad (535)$$

Aufgabe 51. Der in Fig. 110 gezeigte, bei A eingespannte freitragende Balken, dessen Trägheitsmoment vom Ende bis zum Auflager annähernd nach einer Parabelkurve wächst, soll für die gezeichneten Belastungen untersucht werden.

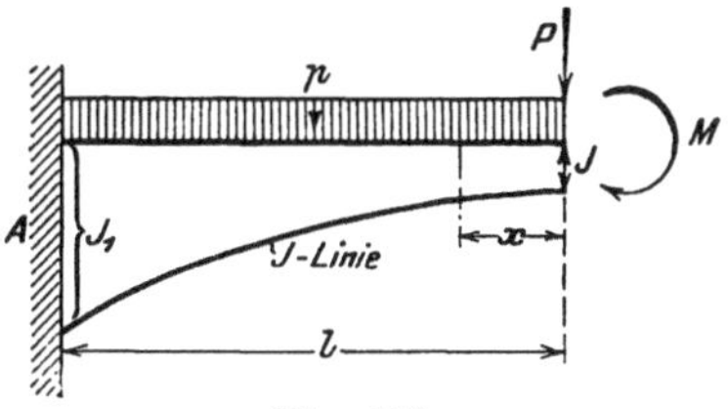

Fig. 110.

Wie in der vorigen Aufgabe denkt man sich zwei solcher Balken bei A fest miteinander verbunden und der so entstehende Balken an den Enden frei aufliegen. Die c-Linie nähert sich wie in Aufgabe 49 einer Parabelkurve 4. Grades und hat die in Fig. 111 gezeigte Form.

Die Gleichung der c-Linie bedeutet in diesem Falle:

$$c = 1 - \frac{16(1-c_1)}{l_1^4}(l_1^2 x^2 - 2 l_1 x^3 + x^4)\,.$$

$l_1 = 2l$

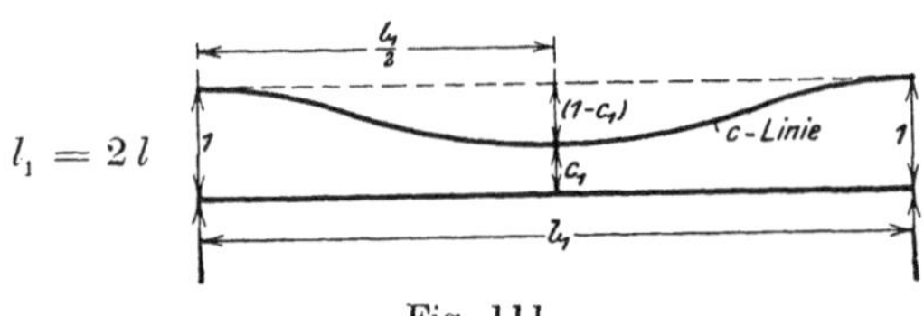

Fig. 111.

1. Belastung durch ein konstantes Moment M.

Es ist:

$$\operatorname{tang}\alpha = \frac{1}{EJ}\int M\,c\,dx + C_1$$

$$= \frac{M}{EJ}\left[x - \frac{16(1-c_1)}{l_1^4}\left(l_1^2\frac{x^3}{3} - \frac{l_1}{2}x^4 + \frac{x^5}{5}\right) + C_1\right].$$

Für $x = \frac{l_1}{2}$ ist $\operatorname{tang}\alpha = 0$, und daher ergibt sich:

$$C_1 = -\frac{l}{30}(7 + 8c_1)\,,$$

$$\operatorname{tang}\alpha = \frac{M}{EJ}\left[x - \frac{16(1-c_1)}{l_1^4}\left(\frac{l_1^2}{3}x^3 - \frac{l_1}{2}x^4 + \frac{x^5}{5}\right) - \frac{l}{30}(7+8c_1)\right]. \quad (536)$$

Der Biegungswinkel am Stabende beträgt dann (für $x = 0$):

$$\operatorname{tang}\alpha = \frac{M l_1}{30\,EJ}(7 + 8c_1) \cdot = \frac{M l}{15\,EJ}(7 + 8c_1)\;.\;.\;. \quad (537)$$

Ferner ergibt sich:

$$f = \int \operatorname{tang}\alpha\,dx = \frac{M}{EJ}\left[\frac{x^2}{2} - \frac{16(1-c_1)}{l_1^4}\left(\frac{l_1^2}{12}x^4 - \frac{l}{10}x^5 + \frac{x^6}{30}\right) - \frac{lx}{30}(7+8c_1)\right] \quad (538)$$

und die Durchbiegung in der Mitte für $x = \frac{l_1}{2}$

$$f = \frac{M l_1^2}{240\,EJ}(8 + 22c_1) \cdot = \frac{M l^2}{60\,EJ}(8 + 22c_1)\;.\;.\;. \quad (539)$$

In bekannter Weise erhält man dann:

$$n_\alpha = \frac{15}{7 + 8\,c_1}, \quad \ldots \ldots \ldots \quad (540)$$

$$n_f = \frac{15}{4 + 11\,c_1} \quad \ldots \ldots \ldots \quad (541)$$

2. Belastung durch die Einzellast P am Ende.

Die Momentenfläche ist ein Dreieck von der Höhe

$$M_0 = P\,l = \frac{P\,l_1}{2}\,.$$

Es ist:

$$M = \frac{2\,M_0\,x}{l_1},$$

$$M\,c = \frac{2\,M_0}{l_1}\left(x - \frac{16(1-c_1)}{l_1^4}\,(l_1^2\,x^3 - 2\,l_1\,x^4 + x^5)\right),$$

$$\operatorname{tang}\alpha = \frac{1}{\mathsf{E}\,J}\int M\,c\,d\,x + C_1$$

$$= \frac{2\,M_0}{l_1\,\mathsf{E}\,J}\left[\frac{x^2}{2} - \frac{16\,(1-c_1)}{l_1^4}\left(\frac{l^2}{4}\,x^4 - \frac{2\,l}{5}\,x^5 + \frac{x^6}{6}\right) + C_1\right].$$

Aus der Beziehung $\operatorname{tang}\alpha = 0$ für $x = \frac{l_1}{2}$ ergibt sich:

$$C_1 = -\frac{l_1^2}{120}\,(4 + 11\,c_1)$$

und daher:

$$\left.\begin{aligned}\operatorname{tang}\alpha = \frac{2\,M_0}{l_1\,\mathsf{E}\,J}\Bigg[\frac{x^2}{2} - \frac{16\,(1-c_1)}{l_1^4}\left(\frac{l_1^2}{4}\,x^4 - \frac{2\,l}{5}\,x^5 + \frac{x^6}{6}\right) \\ - \frac{l_1^2}{120}\,(4 + 11\,c_1)\Bigg].\end{aligned}\right\} \quad (542)$$

Für $x = 0$ ergibt sich der Biegungswinkel am Ende zu:

$$\operatorname{tang}\alpha = \frac{M_0\,l_1}{60\,\mathsf{E}\,J}\,(4 + 11\,c_1) = \frac{M_0\,l}{30\,\mathsf{E}\,J}\,(4 + 11\,c_1)\,. \quad . \quad (543)$$

Ferner erhält man:

$$\left.\begin{aligned}f = \int \operatorname{tang}\alpha\,d\,x = \frac{2\,M_0}{l_1\,\mathsf{E}\,J}\Bigg[\frac{x^3}{6} - \frac{16\,(1-c_1)}{l_1^4}\left(\frac{l_1^2}{20}\,x^5 - \frac{l_1}{15}\,x^6 + \frac{x^7}{42}\right) \\ - \frac{l_1^2\,x}{120}\,(4 + 11\,c_1)\Bigg]\end{aligned}\right\} \quad (544)$$

und die Durchbiegung in der Mitte für $x = \frac{l_1}{2}$

$$f = \frac{M_0 \, l_1^2}{6 \cdot 70 \, \mathsf{E} J} (6 + 29 \, c_1) = \frac{M_0 \, l^2}{105 \, \mathsf{E} J} (6 + 29 \, c_1) \quad . \quad . \quad . \quad (545)$$

Mithin ergibt sich in bekannter Weise:

$$n_\alpha = \frac{15}{4 + 11 \, c_1} , \quad . \quad . \quad . \quad . \quad . \quad . \quad . \quad . \quad . \quad . \quad (546)$$

$$n_f = \frac{35}{6 + 29 \, c_1} \quad . \quad . \quad . \quad . \quad . \quad . \quad . \quad . \quad . \quad . \quad (547)$$

3. Belastung durch die gleichmäßig verteilte Last p.

Die Momentengleichung lautet:

$$M = \frac{p \, x^2}{2} ,$$

und mithin ist:

$$M \, c = \frac{p}{2} \left(x^2 - \frac{16 (1 - c_1)}{l_1^4} (l_1^2 \, x^4 - 2 \, l \, x^5 + x^6) \right) ,$$

$$\operatorname{tang} \alpha = \frac{1}{\mathsf{E} J} \int M \, c \, d \, x + C_1$$

$$= \frac{p}{2 \, \mathsf{E} J} \left[\frac{x^3}{3} - \frac{16 (1 - c_1)}{l_1^4} \left(\frac{l_1^2}{5} x^5 - \frac{l_1}{3} x^6 + \frac{x^7}{7} \right) + C_1 \right] .$$

Für $x = \frac{l_1}{2}$ ist $\operatorname{tang} \alpha = 0$ und daher:

$$C_1 = \frac{29 \, l_1^3}{40 \cdot 21} (1 - c_1) - \frac{l_1^3}{24} ,$$

$$\left. \begin{aligned} \operatorname{tang} \alpha = \frac{p}{2 \, \mathsf{E} J} & \left[\frac{x^3}{3} - \frac{16 (1 - c_1)}{l_1^4} \left(\frac{l_1^2}{5} x^5 - \frac{l_1}{3} x^6 + \frac{x^7}{7} \right) \right. \\ & \left. + \frac{29 \, l_1^3}{40 \cdot 21} (1 - c_1) - \frac{l_1^3}{24} \right] . \end{aligned} \right\} \quad (548)$$

Der Biegungswinkel am Stabende beträgt dann für $x = 0$:

$$\operatorname{tang} \alpha = \frac{p \, l_1^3}{8 \cdot 210} (6 + 29 \, c_1) = \frac{p \, l^3}{210} (6 + 29 \, c_1) \quad . \quad . \quad . \quad (549)$$

Ferner ergibt sich:

$$\left. \begin{aligned} f = \int \operatorname{tang} \alpha \, d \, x = \frac{p}{2 \, \mathsf{E} J} & \left[\frac{x^4}{12} - \frac{16 (1 - c_1)}{l_1^4} \left(\frac{l_1^2}{30} x^6 - \frac{l_1}{21} x^7 + \frac{x^8}{56} \right) \right. \\ & \left. + \frac{29 \, l_1^3}{840} (1 - c_1) \, x - \frac{l_1^3}{24} x \right] \end{aligned} \right\} \quad (550)$$

und die Durchbiegung in der Mitte für $x = \frac{l_1}{2}$

$$f = \frac{p\,l_1^4}{16 \cdot 336\,E\,J}(5 + 37\,c_1) = \frac{p\,l^4}{336\,E\,J}(5 + 37\,c_1) \quad . \quad . \quad . \quad (551)$$

Die Koeffizienten n ergeben sich hieraus zu:

$$n_\alpha = \frac{35}{6 + 29\,c_1}, \quad . \quad . \quad . \quad . \quad . \quad . \quad . \quad . \quad . \quad (552)$$

$$n_f = \frac{42}{5 + 37\,c_1} \quad . \quad . \quad . \quad . \quad . \quad . \quad . \quad . \quad . \quad . \quad (553)$$

Die in dieser Aufgabe entwickelten Formeln sind nur gültig für c_1 kleiner als 1.

§ 27. Anleitung zur Bestimmung des mittleren Trägheitsmoments mit Hilfe der Formeln und Tabellen der Koeffizienten n.

In den folgenden Tabellen sind die Koeffizienten n_α und n_f für verschiedene Werte von c_1 und $\frac{a}{l}$ zusammengestellt. Mit Hilfe dieser Tabellen kann man sehr schnell beurteilen, ob die Veränderlichkeit des Querschnitts einen nennenswerten Einfluß auf die Biegung eines Stabes hat, und in den meisten Fällen die Koeffizienten n durch Interpolieren aus den Tabellen bestimmen.

Es ist aus den Tabellen ersichtlich, daß kleinere Aussteifungsecken oder Abnahme des Querschnitts auf eine kürzere Strecke am Stabende (vgl. die Werte n für $a = 0{,}8\,l$) nur einen unerheblichen Einfluß haben und daher fast immer vernachlässigt werden können.

Die Formeln, sowie die Tabellenwerte machen natürlich keinen Anspruch auf absolute Genauigkeit, da die gemachten Annahmen bezüglich den Verlauf der c - Linie nicht immer genau zutreffen werden; jedoch genügen dieselben vollständig zur annähernden Bestimmung des mittleren Trägheitsmoments. Man halte sich daher nicht allzu peinlich an die genauen Zahlen, sondern wähle abgerundete Werte der Koeffizienten n.

Wie aus den Tabellen hervorgeht, sind die Koeffizienten n in erheblichem Grade abhängig von der Art der Belastung.

Das mittlere Trägheitsmoment eines Stabes von veränderlichem Querschnitt ist mithin nicht konstant, sondern wechselt mit der Belastung. Bei verschiedenartiger Belastung eines Stabes nehme man das Mittel aus den in den Tabellen behandelten drei Belastungsfällen. Soll das mittlere Trägheitsmoment eines genieteten Trägers mit mehreren Lamellen bestimmt werden, so wähle man für a die Länge der voll angeschlossenen äußersten Lamelle und denke sich die gebrochene J - Linie durch eine gerade Linie ersetzt, wie in Fig. 112 punktiert angedeutet.

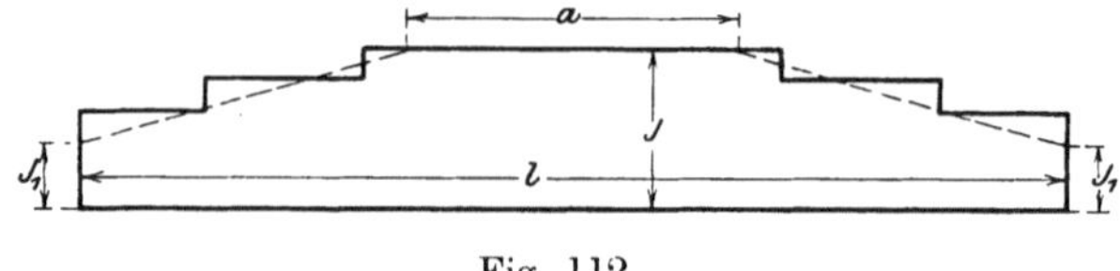

Fig. 112.

Bei einem gewöhnlichen genieteten Träger ist J_1 gleich dem Trägheitsmoment des Stegbleches am Auflager zu wählen, da die Gurtwinkel und Lamellen an dieser Stelle noch nicht angeschlossen sind.

Beispiel 20. Ein genieteter Träger von 10,0 m Stützweite mit 2 Lamellen 180 · 10, Gurtwinkel 80 · 80 · 10 und Stegblech 800 · 10 sei durch eine gleichmäßig verteilte Belastung beansprucht.

Es ist die Durchbiegung in der Mitte zu berechnen.

Die Trägheitsmomente betragen

mit 2 Lamellen	$J = 209\,700$ cm⁴,
„ 1 Lamelle	$J_{\text{I}} = 161\,500$ cm⁴,
ohne „	$J_0 = 112\,900$ cm⁴,
„ Gurtwinkel	$J_1 = 42\,700$ cm⁴.

Die Länge der äußersten Lamelle berechnet sich zu

$$l_2 = 10{,}0 \sqrt{1 - \frac{161\,500}{209\,700}} = 4{,}80 \text{ m}.$$

Für den beiderseitigen Anschluß gehen ab rd. 0,32 m, und mithin beträgt die Länge a:

$$a = 4{,}80 - 0{,}32 = 4{,}48 \text{ m},$$

$$\frac{a}{l} = \frac{4{,}48}{10{,}0} = \text{rd. } 0{,}45\,.$$

Ferner ist:

$$c_1 = \frac{J}{J_1} = \frac{209\,700}{42\,700} = 4{,}9\,.$$

Aus der Tabelle für n_f ergibt sich daher für die Belastung p, wenn $\frac{a}{l} = 0{,}4$:

$$n_f = 0{,}761 + (0{,}809 - 0{,}761)\,0{,}1 = 0{,}766\,,$$

wenn $\frac{a}{l} = 0{,}6$:

$$n_f = 0{,}913 + (0{,}933 - 0{,}913)\,0{,}1 = 0{,}915\,,$$

und somit für $\frac{a}{l} = 0{,}45$:

$$n_f = 0{,}766 + (0{,}915 - 0{,}766)\,\frac{5}{20} = 0{,}803 = \text{rd. } 0{,}80\,.$$

Aus der Gl. (477) erhält man:

$$n_f = \frac{50\, l^4}{50\, l^4 - (1 - c_1)\,(l - a)^3\,(17\, l + 3\, a)}$$

$$= \frac{50}{50 - (1 - 4{,}9)\,(1 - 0{,}45)^3\,(17 + 3 \cdot 0{,}45)} = 0{,}808 \cdot = \text{rd. } 0{,}81\,.$$

Der mittlere Trägheitsmoment beträgt demnach:

$$J_m = n_f \cdot J = 0{,}81 \cdot 209\,700 = 169\,860 \text{ cm}^4.$$

Die Durchbiegung bestimmt sich nun aus der bekannten Gl. (38), indem für J der Wert J_m eingesetzt wird.

§ 28. Bei der Bestimmung der mittleren Trägheitsmomente der Rahmen beachte man folgendes.

Der Einfluß der Biegung des Querträgers auf die statisch unbestimmten Größen wurde durch die Biegungswinkel an den Stabenden ausgedrückt, und folglich ist für diesen Stab der Koeffizient n_x maßgebend. Die Momentenfläche nähert sich bei mehreren Einzellasten einer Parabelkurve, und es ist daher die gleichmäßig verteilte Belastung p in Betracht zu ziehen.

Bei den geschlossenen Partelen (Fig. 13, 19 und 34) ist der Einfluß der Biegung der Vertikalen ebenfalls mehr abhängig von den Biegungswinkeln als von der Durchbiegung, und somit ist auch für diese Stäbe der Koeffizient n_x maßgebend. Als Belastung lege man bei diesen Vertikalstäben das konstante Moment zugrunde, da die Vertikalkraft Q ebenso wie das Moment M_c ein konstantes Moment in den Vertikalen hervorrufen. Die Querträger sind immer, und bei den vorgenannten Systemen auch die Vertikalen als frei aufliegende Balken zu behandeln.

Die Vertikalen der Rahmen mit gelenkartig angeschlossenem Riegel (Fig. 39, 40 und 41) sind dagegen als einseitig eingespannte, freitragende Balken (Fig. 106 und 110) zu behandeln, und zwar ist die durch eine Einzellast P am Stabende hervorgerufene Durchbiegung bzw. der Koeffizient n_f für die genannte Belastung maßgebend.

Der Riegel der geschlossenen Systeme (Fig. 13 und 19) wurde bei der Berechnung in der Mitte durchschnitten gedacht und ist folglich bei der Bestimmung des mittleren Trägheitsmoments ebenso als einseitig eingespannter freitragender Balken von der halben Länge zu betrachten. Bei diesen Stäben wäre eigentlich sowohl n_x als n_f in Betracht zu ziehen, da das Moment M_c vom Biegungswinkel und die Querkraft Q von der Durchbiegung abhängig sind. Mit Rücksicht darauf, daß M_c immer, Q aber nur bei unsymmetrischer Belastung entsteht, so genügt es jedoch, das mittlere Trägheitsmoment aus den Formeln für n_x zu bestimmen, und zwar lege man die Belastung durch das konstante Moment zugrunde.

Tabelle der Koeffizienten n_f.

Belastung	$\frac{a}{l}$	$c_1 = \frac{J}{J_1}$														
		0	0,1	0,2	0,4	0,6	0,8	1,0	1,2	1,4	1,6	1,8	2,0	3,0	4,0	5,0
Trägerform		(a) 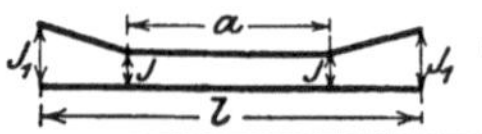							(b) 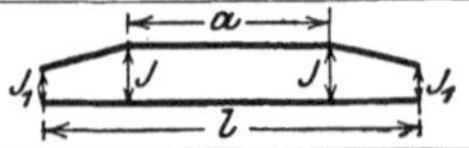							
	0	1,500	1,429	1,363	1,250	1,154	1,071	1,0	0,937	0,882	0,833	0,789	0,750	0,600	0,500	0,429
	0,2	1,271	1,238	1,206	1,147	1,093	1,045	1,0	0,959	0,921	0,887	0,854	0,826	0,701	0,610	0,540
M I	0,4	1,136	1,121	1,106	1,078	1,050	1,025	1,0	0,977	0,954	0,933	0,912	0,893	0,806	0,735	0,675
	0,6	1,056	1,050	1,045	1,033	1,022	1,011	1,0	0,989	0,979	0,969	0,959	0,950	0,904	0,862	0,824
	0,8	1,013	1,012	1,011	1,008	1,005	1,002	1,0	0,997	0,995	0,992	0,989	0,987	0,974	0,962	0,950
	0	1,333	1,290	1,250	1,176	1,111	1,053	1,0	0,952	0,909	0,870	0,833	0,800	0,667	0,572	0,500
	0,2	1,146	1,130	1,114	1,083	1,054	1,027	1,0	0,976	0,952	0,929	0,907	0,887	0,797	0,722	0,661
P II	0,4	1,058	1,052	1,045	1,033	1,022	1,010	1,0	0,989	0,978	0,968	0,958	0,949	0,903	0,860	0,823
	0,6	1,015	1,015	1,013	1,009	1,006	1,003	1,0	0,997	0,994	0,991	0,987	0,984	0,968	0,955	0,939
	0,8	1,002	1,002	1,002	1,001	1,001	1,0	1,0	1,0	0,999	0,999	0,998	0,998	0,996	0,995	0,992
	0	1,515	1,441	1,374	1,257	1,158	1,073	1,0	0,937	0,880	0,831	0,786	0,747	0,595	0,495	0,424
	0,2	1,220	1,194	1,168	1,121	1,078	1,038	1,0	0,966	0,933	0,903	0,874	0,848	0,736	0,650	0,582
p III	0,4	1,085	1,076	1,066	1,051	1,033	1,017	1,0	0,985	0,969	0,954	0,942	0,928	0,864	0,809	0,761
	0,6	1,025	1,023	1,021	1,014	1,010	1,002	1,0	0,996	0,990	0,986	0,981	0,977	0,954	0,933	0,913
	0,8	1,004	1,003	1,002	1,002	1,001	1,0	1,0	1,0	0,999	0,998	0,997	0,997	0,994	0,990	0,987
Trägerform		(c) 							(d) 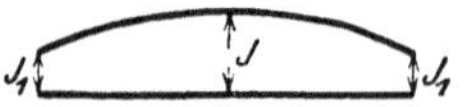							
M	—	1,364	1,316	1,271	1,190	1,119	1,056	1,0	0,968	0,938	0,909	0,883	0,857	0,750	0,666	0,600
P IV	—	1,207	1,182	1,159	1,115	1,074	1,036	1,0	0,980	0,962	0,943	0,926	0,909	0,833	0,769	0,714
p	—	1,254	1,223	1,193	1,139	1,088	1,042	1,0	0,977	0,954	0,933	0,912	0,893	0,807	0.753	0,676
Trägerform		(e) 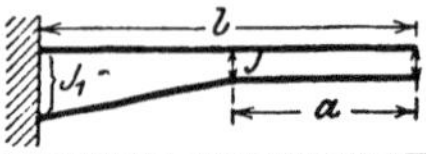														
	0	3,000	2,500	2,143	1,666	1,367	1,154	1,0								
	0,2	2,420	2,119	1,883	1,543	1,307	1,133	1,0								
M V	0,4	1,923	1,761	1,623	1,404	1,238	1,106	1,0								
	0,6	1,531	1,453	1,383	1,263	1,161	1,074	1,0								
	0,8	1,230	1,202	1,175	1,126	1,081	1,038	1,0								
	0	4,000	3,077	2,500	1,818	1,428	1,177	1,0								
	0,2	3,205	2,625	2,222	1,703	1,381	1.160	1,0								
P VI	0,4	2,463	2,148	1,905	1,576	1,311	1,135	1,0								
	0,6	1,840	1,696	1,574	1,377	1,224	1,100	1,0								
	0,8	1,355	1,309	1,266	1,186	1,117	1,060	1,0								
	0	5,000	3,571	2,777	1,923	1,471	1,190	1,0								
	0,2	4,000	3,077	2,500	1,818	1.429	1.177	1,0								
p VII	0,4	3,030	2,518	2,155	1,672	1,366	1.155	1,0								
	0,6	2,165	1,938	1,755	1,475	1,276	1,121	1,0								
	0,8	1,488	1,421	1,355	1,244	1,152	1,071	1,0								
Trägerform		(f) 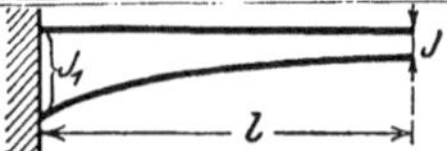														
M	—	3,750	2,941	2,419	1,786	1,415	1,170	1,0								
P VIII	—	5,833	3,933	2,966	1,989	1.496	1,198	1,0								
p	—	8,400	4,827	3,387	2,121	1,544	1,214	1,0								

Tabelle der Koeffizienten n_α.

Belastung	$\frac{a}{l}$	$c_1 = \frac{J}{J_1}$														
		0	0,1	0,2	0,4	0,6	0,8	1,0	1,2	1,4	1,6	1,8	2,0	3,0	4,0	5.0
Trägerform		(a) 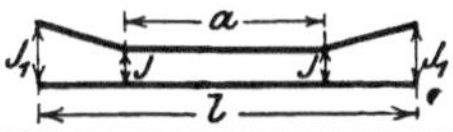							(b) 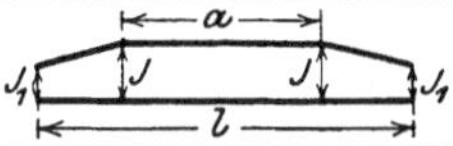							
	0	2,000	1,818	1,667	1,429	1,250	1,111	1,0	0,909	0,833	0,769	0,714	0,667	0,500	0,400	0,333
	0,2	1,667	1,563	1,471	1,316	1,190	1,087	1,0	0,926	0,862	0,806	0,758	0,714	0,556	0,455	0,385
M I	0,4	1,429	1,370	1,316	1,220	1,136	1,064	1,0	0,943	0,893	0,847	0,806	0,769	0,625	0,526	0,455
	0,6	1,250	1,220	1,190	1,136	1,087	1,042	1,0	0,962	0,926	0,893	0,862	0,833	0,714	0,625	0,556
	0,8	1,111	1,099	1,087	1,064	1,042	1,020	1,0	0,980	0,962	0,943	0,926	0,909	0,833	0,769	0,714
	0	1,500	1,429	1,364	1,250	1,154	1,071	1,0	0,938	0,882	0,833	0,789	0,750	0,600	0,500	0,429
	0,2	1,271	1,240	1,205	1,145	1,095	1,045	1,0	0,959	0,920	0,888	0,855	0,824	0,701	0,610	0,540
P II	0,4	1,136	1,119	1,107	1,079	1,049	1,024	1,0	0,977	0,956	0,932	0,912	0,893	0,806	0,735	0,676
	0,6	1,056	1,050	1,045	1,033	1,022	1,010	1,0	0,990	0,979	0,969	0,959	0,950	0,904	0,862	0,824
	0,8	1,013	1,012	1,010	1,008	1,005	1,003	1,0	0,997	0,995	0,992	0,989	0,987	0,974	0,962	0,950
	0	1,600	1,510	1,429	1,290	1,177	1,081	1,0	0,930	0,879	0,816	0,769	0,727	0,571	0,471	0,400
	0,2	1,345	1,300	1,258	1,182	1,114	1,054	1,0	0,951	0,907	0,866	0,830	0,796	0,661	0,565	0,494
p III	0,4	1,180	1,159	1,140	1,101	1,066	1,031	1,0	0,970	0,946	0,916	0,891	0,868	0,765	0,686	0,620
	0,6	1,078	1,069	1,061	1,045	1,030	1,015	1,0	0,986	0,972	0,958	0,946	0,932	0,874	0,822	0,777
	0,8	1,019	1,017	1,015	1,011	1,007	1,004	1,0	0,996	0,993	0,988	0,985	0,982	0,964	0,946	0,929
Trägerform		(c) 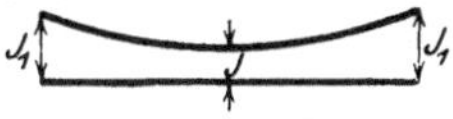							(d) 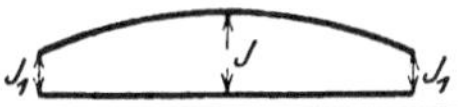							
M	—	1,875	1,723	1,596	1,389	1,230	1,102	1,0	0,938	0,882	0,834	0,789	0,750	0,600	0,500	0,429
P IV	—	1,364	1,316	1,271	1,190	1,119	1,056	1,0	0,968	0,938	0,909	0,883	0,857	0,750	0,666	0.600
p	—	1,460	1,393	1,337	1,225	1,145	1,068	1,0	0,962	0,926	0,893	0,862	0,833	0,714	0,625	0.556
Trägerform		(e) 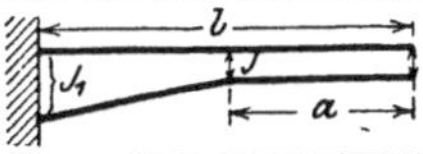														
	0	2,000	1,818	1,667	1,429	1,250	1,111	0,1								
	0,2	1,667	1,563	1,471	1,316	1,190	1,087	0,1								
M V	0,4	1,429	1,370	1,316	1,220	1,136	1,064	0,1								
	0,6	1,250	1,220	1,190	1,136	1,087	1,042	0,1								
	0,8	1,111	1,099	1,087	1,064	1,042	1,020	0,1								
	0	3,000	2,500	2,143	1,666	1,367	1,154	1,0								
	0,2	2,420	2,119	1,883	1,543	1,307	1,133	1,0								
P VI	0,4	1,923	1,761	1,623	1,404	1,238	1,106	1,0								
	0,6	1,531	1,453	1,383	1,263	1,161	1,074	1,0								
	0,8	1,230	1,202	1,175	1,126	1,081	1,038									
	0	4,000	3,077	2,500	1,818	1,428	1,177	1,0								
	0,2	3,205	2,625	2,222	1,703	1,381	1,160	1,0								
p VII	0,4	2,463	2,148	1,905	1,576	1,311	1,135	1,0								
	0,6	1,840	1,696	1,574	1,377	1,224	1,100	1,0								
	0,8	1,355	1,309	1,266	1,186	1,117	1,060	1,0								
Trägerform		(f) 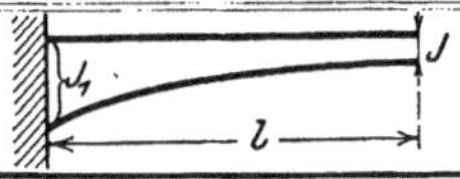														
M	—	2,142	1,923	1,745	1,470	1,271	1,119	1,0								
P VIII	—	3,750	2,940	2,419	1,785	1,415	1,171	1,0								
p	—	5,831	3,934	2,965	1,988	1,495	1,197	1,0								

Beispiel 21. Der in Fig. 113 gezeigte Endrahmen einer Eisenbahnbrücke soll berechnet werden.

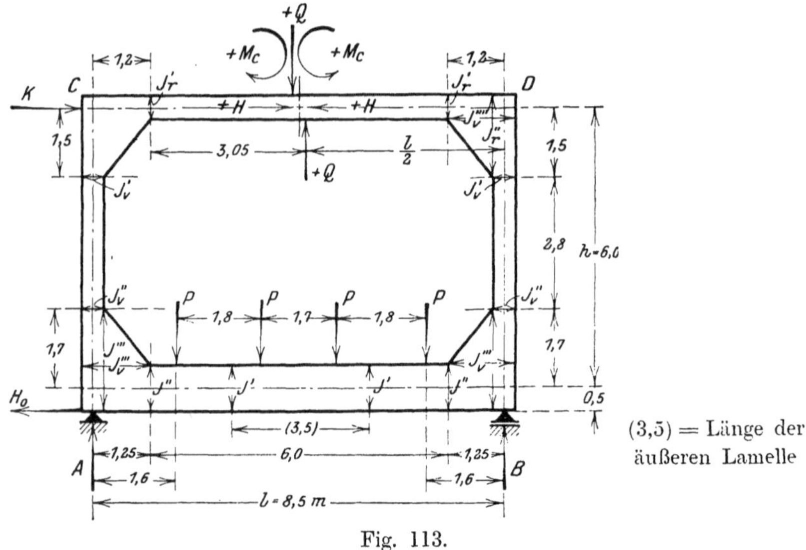

(3,5) = Länge der äußeren Lamelle

Fig. 113.

Die Belastung besteht aus 4 Einzellasten $P = 21{,}66$ t und einer gleichmäßig verteilten Belastung $p = 400$ kg pro Meter am Querträger und ein Winddruck $K = 14{,}94$ t in der Höhe des Riegels. Ferner ist eine Temperaturerhöhung von 30° C zu berücksichtigen. Die Trägheitsmomente betragen:

für den Riegel:

$$J_r' = 49\,500 \text{ cm}^4, \qquad J_r'' = 663\,600 \text{ cm}^4,$$

für die Vertikalen:

$$J_v' = 139\,300 \text{ cm}^4, \qquad J_v'' = 356\,400 \text{ cm}^4,$$

$$J_v''' = 1\,865\,000 \text{ cm}^4, \qquad J_v'''' = 482\,300 \text{ cm}^4,$$

für den Querträger:

$$J' = 1\,639\,100 \text{ cm}^4,$$

$$J'' = 1\,014\,100 \text{ cm}^4, \qquad J''' = 2\,851\,200 \text{ cm}^4.$$

Zunächst sind die mittleren Trägheitsmomente zu bestimmen.

Riegel:

$$l = 4{,}25 \text{ m}, \qquad a = 3{,}05 \text{ m}, \qquad c_1 = \frac{49\,500}{663\,600} = 0{,}07\,, \qquad \frac{a}{l} = \frac{3{,}05}{4{,}25} = 0{,}72\,.$$

Aus der Tabelle für n_α, Spalte V, geht hervor, daß n zwischen $c_1 = 0$ und $c_1 = 0{,}1$ für $\frac{a}{l} = 0{,}6$ bis $0{,}8$ nur sehr langsam zunimmt. Es werden daher die Werte für $c_1 = 0{,}1$ als die nächstliegenden für $c_1 = 0{,}07$ angenommen, und es ergibt sich

$$n_\alpha = 1{,}220 - (1{,}220 - 1{,}029)\frac{12}{20} = 1{,}105 = \text{rd. } 1{,}11\,,$$

$$J_r = 49\,500 \cdot 1{,}11 = \text{rd. } 54\,950 \text{ cm}^4.$$

Vertikalen:

$$J = \frac{139\,300 + 356\,400}{2} = 247\,850\,, \qquad J_1 = \frac{1\,865\,000 + 482\,300}{2} = 1\,173\,650\,.$$

$$c_1 = \frac{247\,850}{1\,173\,650} = 0{,}21\,, \qquad a = 2{,}8\,, \qquad \frac{a}{l} = \frac{2{,}8}{6{,}0} = 0{,}47\,.$$

Aus der Tabelle für n_α, Spalte I, werden die Werte für $c_1 = 0{,}2$ angenommen, und es ergibt sich:

$$n_\alpha = 1{,}316 - (1{,}316 - 1{,}190)\frac{7}{20} = 1{,}272 = \text{rd. } 1{,}27\,,$$

$$J_v = 247\,850 \cdot 1{,}27 = \text{rd. } 314\,770 \text{ cm}^4.$$

Querträger:

Für den mittleren Teil ergibt sich zunächst:

$$J = 1\,639\,100\,, \qquad J_1 = 1\,014\,100\,, \qquad c_1 = \frac{1\,639\,100}{1\,014\,100} = 1{,}62\,,$$

$$a = 3{,}5\,, \qquad \frac{a}{l} = \frac{3{,}5}{6{,}0} = 0{,}58\,,$$

und aus der Tabelle für n_α, Spalte III, für $c_1 = 1{,}6$

$$n_\alpha = 0{,}916 + (0{,}958 - 0{,}916)\frac{18}{20} = 0{,}954 = \text{rd. } 0{,}95\,,$$

$$J_m = 1\,639\,100 \cdot 0{,}95 = \text{rd. } 1\,557\,150 \text{ cm}^4.$$

Für den ganzen Stab ist demnach:

$$c_1 = \frac{1\,557\,150}{2\,851\,200} = 0{,}55\,, \qquad \frac{a}{l} = \frac{6{,}0}{8{,}5} = 0{,}71\,,$$

und aus der Tabelle n_α, Spalte III, erhält man

$$1{,}045 - (1{,}045 - 1{,}030)\frac{15}{20} = 1{,}034\,,$$

$$1{,}011 - (1{,}011 - 1{,}007)\frac{15}{20} = 1{,}008\,,$$

$$n_\alpha = 1{,}034 - (1{,}034 - 1{,}008)\frac{11}{20} = 1{,}020\,;$$

daher ergibt sich:

$$J = 1\,557\,150 \cdot 1{,}02 = 1\,588\,300 \text{ cm}^4.$$

Nunmehr kann die eigentliche Berechnung des Rahmens beginnen.

a) **Belastung** P.

Nach Aufgabe 13 ist:

Gl. (78) $$H = -\frac{\Sigma P a b}{2h} \frac{R-G}{RN-G^2},$$

Gl. (79) $$M_c = \frac{\Sigma P a b}{2} \frac{G-N}{RN-G^2},$$

Gl. (80) $$Q = -\frac{\Sigma P a b (b-a)}{O l^2}.$$

Die Konstanten sollen mit Hilfe der Tabellen ermittelt werden. Nach Abschnitt VII ergibt sich:

$$n = \frac{h}{l} = \frac{6{,}0}{8{,}5} = 0{,}706 = \text{rd. } 0{,}71\,.$$

$$\frac{J}{J_r} = \frac{1\,588\,300}{314\,770} = 5{,}05 = \text{rd. } 5{,}0\,, \qquad \frac{J}{J_r} = \frac{1\,588\,300}{54\,950} = 28{,}90\,.$$

Aus der Tabelle III für $n = 0{,}7$ erhält man:

$$G = 4{,}5\,l\,, \quad N = 3{,}34\,l\,, \quad R = (28 + 8{,}9 \cdot 1{,}0)\,l = 36{,}9\,l\,,$$

$$O = (42 + 8{,}9 \cdot 1{,}0)\,l = 50{,}9\,l\,, \quad RN - G^2 = (73{,}27 + 8{,}9 \cdot 3{,}34)\,l^2 = 103{,}0\,l^2\,.$$

R und O nehmen nämlich zu um 1,0 und $(RN-G^2)$ um $3{,}34 = N$ für jede Zunahme des Wertes $\frac{J}{J_r}$ um die Einheit.

In diesem Falle beträgt diese Zunahme von $\left(\frac{J}{J_r} = 20\right)$ aus 8,9.

Es ist mithin:

$$\frac{R-G}{RN-G^2} = \frac{(36{,}9 - 4{,}5)\,l}{103{,}0\,l^2} = \frac{32{,}4}{103{,}0 \cdot 8{,}5} = 0{,}0370\,,$$

$$\frac{G-N}{RN-G^2} = \frac{(4{,}5 - 3{,}34)\,l}{103{,}0\,l^2} = \frac{1{,}16}{103{,}0 \cdot 8{,}5} = 0{,}0013\,,$$

$$O = 50{,}9 \cdot 8{,}5 = 432{,}65\,, \quad A = B = +43{,}32 \text{ t};$$

ferner:

$$\Sigma P a b = 21{,}66(1{,}6 \cdot 6{,}9 + 3{,}4 \cdot 5{,}1)\,2 = 1229{,}42\,.$$

$$H = -\frac{1229{,}42}{2 \cdot 6{,}0} \cdot 0{,}0370 = -3{,}79 \text{ t},$$

$$M_c = \frac{1229{,}42}{2} \cdot 0{,}0013 = +0{,}799 \text{ mt}.$$

Q ist $= 0$, da die Belastung symmetrisch ist.

Wenn das Moment in der Mitte des Querträgers bekannt ist, genügt es, H und M_c nach den Formeln (84) und (85) zu bestimmen, ohne erst $\Sigma P a b$ zu berechnen.

In diesem Falle ist

$$M_0 = 21{,}66(2 \cdot 3{,}4 - 1{,}8) = 108{,}0 \text{ mt.}$$

$$M_c = \frac{2\,M_0\,l}{3} \cdot \frac{G-N}{R\,N-G^2} = \frac{2 \cdot 108{,}0 \cdot 8{,}5}{3} \cdot 0{,}0013 = 0{,}796 \text{ mt,}$$

$$H = -\frac{2\,M_0\,l}{3\,h} \cdot \frac{R-G}{R\,N-G^2} = -\frac{2 \cdot 108{,}0 \cdot 8{,}5}{3 \cdot 6{,}0} \cdot 0{,}037 = -3{,}77 \text{ t.}$$

Der Unterschied ist demnach unerheblich.

b) Belastung p.

$$p = 0{,}4 \text{ t pro Meter.}$$

Nach den Formeln (84) und (85) ergibt sich:

$$M_c = \frac{p\,l^3}{12} \cdot \frac{G-N}{R\,N-G^2} = \frac{0{,}4 \cdot 8{,}5^3}{12} \cdot 0{,}0013 = 0{,}027 \text{ mt,}$$

$$H = -\frac{p\,l^3}{12\,h} \cdot \frac{R-G}{R\,N-G^2} = -\frac{0{,}4 \cdot 8{,}5^3}{12 \cdot 6{,}0} \cdot 0{,}037 = -0{,}126 \text{ t,}$$

$$A = B = +0{,}40 \cdot \frac{8{,}5}{2} = +1{,}70 \text{ t.}$$

c) Belastung K.

$$K = 14{,}94 \text{ t,} \qquad H_0 = K = 14{,}94 \text{ t.}$$

Es ist nach Gl. (108):

$$H = -\frac{K}{2} = -7{,}47 \text{ t,}$$

nach Gl. (109):

$$Q = -\frac{K\,h\,T}{O\,l};$$

aus Tabelle III erhält man

$$T = 11{,}5\,l\,,$$

daher:

$$Q = -\frac{14{,}94 \cdot 6{,}0 \cdot 11{,}5}{432{,}65} = -2{,}38 \text{ t.}$$

Ferner ist:

$$A = -\frac{14{,}94 \cdot 6{,}5}{8{,}5} = -11{,}43 \text{ t,} \qquad B = +11{,}43 \text{ t.}$$

d) Einfluß der Temperaturänderung.

Nach den Formeln (133) und (134) ist

$$M_c^t = \frac{\mathsf{E}\,J\,\varepsilon\,t\,l\,G}{h(R\,N-G^2)}\,,$$

$$H^t = -\frac{\mathsf{E}\,J\,\varepsilon\,t\,l\,R}{h^2(R\,N-G^2)}\,,$$

$$\mathsf{E}\,\varepsilon = 23{,}6\,, \qquad \mathsf{E}\,\varepsilon\,J\,t = 23{,}6 \cdot 1\,588\,300 \cdot 30 = 1\,124\,516\,400\,,$$

$$M_c^t = \frac{1\,124\,516\,400 \cdot l^2 \cdot 4{,}5}{600 \cdot 103{,}0 \cdot l^2} = 81\,900 \text{ kgcm} = 0{,}819 \text{ mt,}$$

$$H^t = -\frac{1\,124\,516\,400 \cdot l^2 \cdot 36{,}9}{600^2 \cdot 103{,}0\,l^2} = -1119 \text{ kg} = -1{,}12 \text{ t.}$$

Zusammenstellung der Längs- und Querkräfte in Tonnen.

Stab	Längskräfte			Querkräfte		
	Riegel	Vertikale	Querträger	Riegel	Vertikale	Querträger
Verkehrslast . .	— 3,79	0	+ 3,79	0	— 3,79	$2 \cdot 21{,}66 = +43{,}32$
Eigengewicht . .	— 0,13	0	+ 0,13	0	— 0,13	$\frac{8{,}5}{2} \cdot 0{,}4 = +\ 1{,}70$
Winddruck . . .	— 7,47	±2,38	+ 7,47	+2,38	— 7,47	$\pm(11{,}43 - 2{,}38) = +\ 9{,}05$
Temperatur . . .	— 1,12	0	+ 1,12	0	— 1,12	0
Sa. max.	—12,51	+2,38	+12,51	+2,38	—12,51	+54,07

Zusammenstellung der Eckmomente in Metertonnen.

	M_C	M_D	M_A	M_B
Verkehrslast	+ 0,799	+ 0,799	+ 0,799 $- 3{,}79 \cdot 6{,}0 = -21{,}941$	—21,941
Eigengewicht	+ 0,027	+ 0,027	+ 0,027 $- 0{,}126 \cdot 6{,}0 = -\ 0{,}729$	— 0,729
Winddruck	$-2{,}38 \cdot \frac{8{,}5}{2} = -10{,}115$	+10,115	—10,115 $+ 7{,}47 \cdot 6{,}0 = +34{,}705$	+10,115 $- 7{,}47 \cdot 6{,}0 = -34{,}705$
Temperatur	+ 0,819	+ 0,819	+ 0,819 $- 1{,}12 \cdot 6{,}0 = -\ 6{,}720$	+ 0,819 $- 1{,}12 \cdot 6{,}0 = -\ 6{,}720$
Sa. max.	— 9,316	+11,760	+33,976	—64,095

Beispiel 22. Der in Fig. 114 dargestellte Rahmen hat bei A und B Auflagergelenke, ist somit einfach statisch unbestimmt. Das Trägheitsmoment des Querträgers ist konstant, wogegen das Trägheitsmoment der Vertikalen vom Auflager aus geradlinig zunimmt. Es ist:

$$J = 138000 \text{ cm}^4, \quad J_v' = 117000 \text{ cm}^4, \quad J_v'' = 41000 \text{ cm}^4.$$

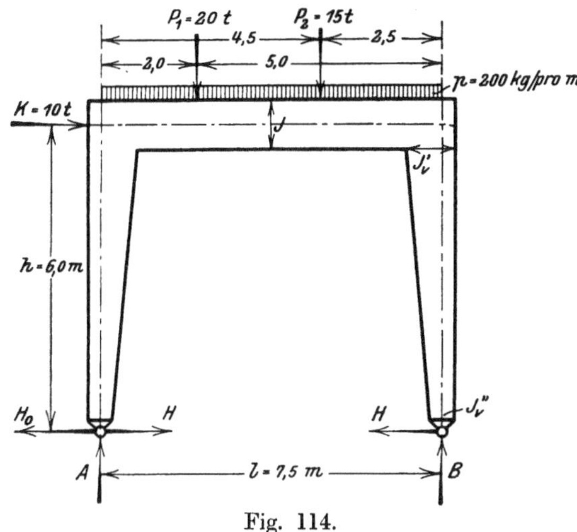

Fig. 114.

Für die Vertikale ergibt sich aus der Tabelle für n_f Spalte VI:

$$\frac{J}{J_1} = \frac{41000}{117000} = 0,35 . \qquad a = 0 ,$$

$$n_f = 2,500 - (2,500 - 1,818)\frac{15}{20} = 1,988 = \text{rd. } 2,0 .$$

Daher:

$$J_v = 41000 \cdot 2,0 = 82000 \text{ cm}^4 .$$

a) **Belastung** P.

Nach Gl. (159a) ist:

$$H = \frac{\Sigma P\, a\, b}{2\, N\, h} .$$

Die Konstante berechnet sich nach Gl. (53) zu:

$$N = l + \frac{2\,h}{3}\,\frac{J}{J_v} = 7,0 + \frac{2 \cdot 6,0}{3} \cdot \frac{138000}{82000} = 13,73 .$$

Demnach ergibt sich:

$$\Sigma P\, a\, b = 20,0 \cdot 2,0 \cdot 5,0 + 15,0 \cdot 4,5 \cdot 2,5 = 370,75 ,$$

$$H = \frac{370,75}{2 \cdot 13,73 \cdot 6,0} = 2,25 \text{ t.}$$

b) **Belastung** p.

Nach Gl. (160a) erhält man:

$$H = \frac{p\, l^3}{12\, h\, N} = \frac{0,2 \cdot 7,0^3}{12 \cdot 6,0 \cdot 13,73} = 0,07 \text{ t.}$$

c) **Belastung K.**

Es ist:

$$H_0 = K = 10{,}0 \text{ t}, \qquad H = \frac{K}{2} = 5{,}0 \text{ t},$$

$$A = -\frac{10{,}0 \cdot 6{,}0}{7{,}0} = -8{,}57 \text{ t}, \qquad B = +8{,}57 \text{ t}.$$

d) **Temperaturerhöhung um 30° C.**

Nach Gl. (164a) ergibt sich:

$$H_t = \frac{E J \varepsilon t l}{N h^2} = \frac{23{,}6 \cdot 138000 \cdot 30 \cdot 700}{1373 \cdot 600^2} = 140 \text{ kg}.$$

Beispiel 23. Der in Fig. 115 gezeigte eingespannte Rahmen dient als Auflager einer Brücke. Es ist der Einfluß des Winddruckes W zu bestimmen.

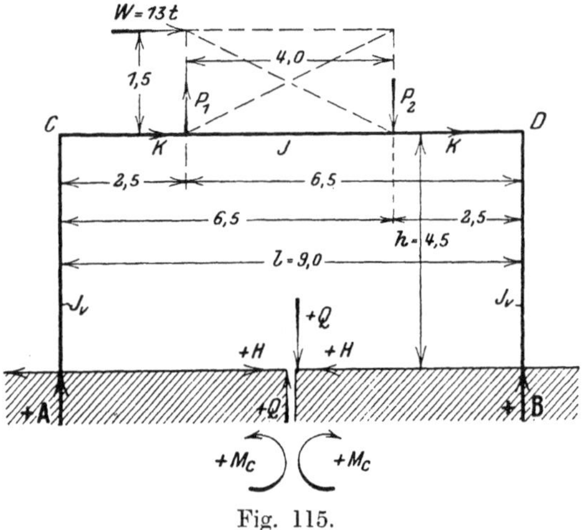

Fig. 115.

Es sei

$$\frac{J}{J_v} = 2, \qquad n = \frac{h}{l} = 0{,}5.$$

Der Winddruck W erzeugt zwei Vertikalkräfte:

$$P_2 = \frac{13{,}0 \cdot 1{,}5}{4{,}0} = 4{,}875 \text{ t} = -P_1$$

und zwei Horizontalkräfte

$$K = \frac{13{,}0}{2} = 6{,}5 \text{ t},$$

die nach C und D verlegt werden.

Für die Kräfte P ist nach Gl. (137):

$$H = \frac{\Sigma P b a}{2 h} \frac{L-G}{L N - G^2},$$

nach Gl. (138)

$$M_c = -\frac{\Sigma P b a}{2} \frac{G-N}{L N - G^2},$$

nach Gl. (139)

$$Q = \frac{\Sigma P b a (b - a)}{l^2 (3 L - 2 l)} .$$

Da P_1 negativ und P_2 positiv einzusetzen sind, und da ferner die Angriffspunkte der gleich großen Kräfte symmetrisch liegen, so wird $\Sigma P b a = 0$ und somit auch H und $M_c = 0$. Für eine Kraft K ist M_c ebenfalls $= 0$ und ferner nach Gl. (150)

$$H = \frac{K}{2} ,$$

nach Gl. (151)

$$Q = \frac{K h T}{l (3 L - 2 l)} .$$

Aus Tabelle I Seite 214 erhält man:

$$L = 3 l , \qquad T = 4 l .$$

Es ergibt sich dann:

$$\Sigma P b a (b - a) = -4{,}875 \cdot 2{,}5 \cdot 6{,}5 (6{,}5 - 2{,}5) + 4{,}875 \cdot 2{,}5 \cdot 6{,}5 (2{,}5 - 6{,}5)$$
$$= -2 \cdot 4{,}875 \cdot 2{,}5 \cdot 6{,}5 \cdot 4{,}0 = -633{,}75 ,$$

$$H_0 = 2 K = 13{,}0 \text{ t}, \quad \mathsf{A} = -\frac{13{,}0 \cdot (4{,}5 + 1{,}5)}{9{,}0} = -8{,}667 \text{ t}, \quad \mathsf{B} = +8{,}667 \text{ t},$$

$$M_c = 0 , \qquad H = 2 \cdot \frac{H}{2} = 6{,}5 \text{ t},$$

$$Q = \frac{2 \cdot 6{,}5 \cdot 4{,}5 \cdot 4 l}{l (9 - 2) 9{,}0} - \frac{633{,}75}{9{,}0^3 (9 - 2)} = +3{,}714 - 0{,}124 = +3{,}59 \text{ t}.$$

Die Einspannungsmomente betragen:

$$M_A = M_B = -3{,}95 \cdot \frac{9{,}0}{2} = -16{,}155 \text{ mt}$$

und die Längskräfte im Querträger:

$$S = -6{,}5 \text{ t} \quad (\text{Druck}),$$

in der Vertikale C:

$$S_c = +8{,}667 - 3{,}59 = +5{,}077 \text{ t} \quad (\text{Zug}),$$

in der Vertikale D:

$$S_c = -5{,}077 \text{ t} \quad (\text{Druck}).$$

Tabellen zur Bestimmung der Konstanten.

Tabelle I. $n = 0{,}5$.

$\frac{J}{J_r}$	Konstanten	$\frac{J}{J_c} =$									
		1	2	3	4	5	6	7	8	9	10
	G	1,5	2,0	2,5	3	3,5	4	4,5	5	5,5	6
	N	1,33	1,67	2,0	2,33	2,67	3	3,33	3,67	4	4,33
0	L	2	3	4	5	6	7	8	9	10	11
	T	2,5	4	5,5	7	8,5	10	11,5	13	14,5	16
	$LN - G^2$	0,41	1,01	1,75	2,65	3,77	5	6,39	8,03	9,75	11,63
	$4NT - 3G^2$	6,55	14,72	25,25	38,24	54,03	72	92,43	115,84	141,25	169,12
	R	3	4	5	6	7	8	9	10	11	12
1	O	5	8	11	14	17	20	23	26	29	32
	$RN - G^2$	1,24	2,68	3,75	4.98	6,44	8,00	9,72	11,70	13,75	15,96
	R	4	5	6	7	8	9	10	11	12	13
2	O	6	9	12	15	18	21	24	27	30	33
	$RN - G^2$	2,57	4,35	5,75	7,31	9,11	11,00	13,05	15,37	17,75	20,29
	R	6	7	8	9	10	11	12	13	14	15
4	O	8	11	14	17	20	23	26	29	32	35
	$RN - G^2$	5,23	7,69	9,75	11,97	14,45	17,00	19,71	22,71	25,75	28,95
	R	8	9	10	11	12	13	14	15	16	17
6	O	10	13	16	19	22	25	28	31	34	37
	$RN - G^2$	7,89	11,03	13,75	16,63	19,79	23,00	26.37	30,05	33,75	37,61
	R	10	11	12	13	14	15	16	17	18	19
8	O	12	15	18	21	24	27	30	33	36	39
	$RN - G^2$	10,55	14,37	17,75	21.29	25.13	29,00	33,03	37,39	41.75	46,27
	R	12	13	14	15	16	17	18	19	20	21
10	O	14	17	20	23	26	29	32	35	38	41
	$RN - G^2$	13,21	17,71	21.75	25,95	30,47	35.00	39,69	44.73	49.75	54,93
	R	14	15	16	17	18	19	20	21	22	23
12	O	16	19	22	25	28	31	34	37	40	43
	$RN - G^2$	15,87	21,05	25.75	30,61	35,81	41.00	46.35	52,07	57,75	63,59
	R	16	17	18	19	20	21	22	23	24	25
14	O	18	21	24	27	30	33	36	39	42	45
	$RN - G^2$	18.53	24,39	29,75	35,27	41,15	47,00	53.01	59.41	65,75	72,25
	R	18	19	20	21	22	23	24	25	26	27
16	O	20	23	26	29	32	35	38	41	44	47
	$RN - G^2$	21,19	27,73	33,75	39,93	46,49	53,00	59,67	66,75	73,75	80,91
	R	20	21	22	23	24	25	26	27	28	29
18	O	22	25	28	31	34	37	40	43	46	49
	$RN - G^2$	23,85	31,07	37,75	44,59	51,83	59.00	66.33	74,09	81,75	89,57
	R	22	23	24	25	26	27	28	29	30	31
20	O	24	27	30	33	36	39	42	45	48	51
	$RN - G^2$	26,51	34,41	41,75	49,25	57,17	65.00	72,99	81,43	89,75	98,23

Tabelle II. $n = 0{,}6$.

$\frac{J}{J_r}$	Konstanten	$\frac{J}{J_o} =$									
		1	2	3	4	5	6	7	8	9	10
0	G	1,6	2,2	2,8	3,4	4,0	4,6	5,2	5,8	6,4	7
	N	1,4	1,8	2,2	2,6	3	3,4	3,8	4,2	4,6	5
	L	2,2	3,4	4,6	5,8	7	8,2	9,4	10,6	11,8	13
	T	2,8	4,6	6,4	8,2	10	11,8	13,6	15,4	17,2	19
	$LN—G^2$	0,52	1,28	2,28	3,52	5	6,72	8,68	10,88	13,32	16
	$4\,NT — 3\,G^2$	8,00	18,60	32,80	50,60	72	97,0	125,60	157,8	193,6	233
1	R	3,2	4,4	5,6	6,8	8	9,2	10,4	11,6	12,8	14
	O	5,6	9,2	12,8	16,4	20	23,6	27,2	30,8	34,4	38
	$RN—G^2$	1,92	3,08	4,48	6,12	8	10,12	12,48	15,08	17,92	21
2	R	4,2	5,4	6,6	7,8	9	10,2	11,4	12,6	13,8	15
	O	6,6	10,2	13,8	17,4	21	24,6	28,2	31,8	35,4	39
	$RN—G^2$	3,32	4,88	6,68	8,72	11	13,52	16,28	19,28	22,52	26
4	R	6,2	7,4	8,6	9,8	11	12,2	13,4	14,6	15,8	17
	O	8,6	12,2	15,8	19,4	23	26,6	30,2	33,8	37,4	41
	$RN—G^2$	6,12	8,48	11,08	13,92	17	20,32	23,88	27,68	31,72	36
6	R	8,2	9,4	10,6	11,8	13	14,2	15,4	16,6	17,8	19
	O	10,6	14,2	17,8	21,4	25	28,6	32,2	35,8	39,4	43
	$RN—G^2$	8,92	12,08	15,48	19,12	23	27,12	31,48	36,08	40,92	46
8	R	10,2	11,4	12,6	13,8	15	16,2	17,4	18,6	19,8	21
	O	12,6	16,2	19,8	23,4	27	30,6	34,2	37,8	41,4	45
	$NR—G^2$	11,72	15,68	19,88	24,32	29	33,92	39,08	44,48	50,12	56
10	R	12,2	13,4	14,6	15,8	17	18,2	19,4	20,6	21,8	23
	O	14,6	18,2	21,8	25,4	29	32,6	36,2	39,8	43,4	47
	$RN—G^2$	14,52	19,28	24,28	29,52	35	40,72	46,68	52,88	59,32	66
12	R	14,2	15,4	16,6	17,8	19	20,2	21,4	22,6	23,8	25
	O	16,6	20,2	23,8	27,4	31	34,6	38,2	41,8	45,4	49
	$RN—G^2$	17,32	22,88	28,68	34,72	41	47,52	54,28	61,28	68,52	76
14	R	16,2	17,4	18,6	19,8	21	22,2	23,4	24,6	25,8	27
	O	18,6	22,2	25,8	29,4	33	36,6	40,2	43,8	47,4	51
	$RN—G^2$	20,12	26,48	33,08	39,92	47	54,32	61,88	69,68	77,72	86
16	R	18,2	19,4	20,6	21,8	23	24,2	25,4	26,6	27,8	29
	O	20,6	24,2	27,8	31,4	35	38,6	42,2	45,8	49,4	53
	$RN—G^2$	22,92	30,08	37,48	45,12	53	61,12	69,48	78,08	86,92	96
18	R	20,2	22,4	22,6	23,8	25	26,2	27,4	28,6	29,8	31
	O	22,6	26,2	29,8	33,4	37	40,6	44,2	47,8	51,4	55
	$RN—G^2$	25,72	33,68	41,88	50,32	59	67,92	77,08	86,48	96,12	106
20	R	22,2	23,4	24,6	25,8	27	28,2	29,4	30,6	31,8	33
	O	24,6	28,2	31,8	35,4	39	42,6	46,2	49,8	53,4	57
	$RN—G^2$	28,52	37,28	46,28	55,52	65	74,72	84,68	94,88	105,32	116

Tabelle III. $n = 0{,}7$.

$\frac{J}{J_r}$	Konstanten	$\frac{J}{J_v} =$									
		1	2	3	4	5	6	7	8	9	10
0	G	1,7	2,4	3,1	3,8	4,5	5,2	5,9	6,6	7,3	8
	N	1,47	1,93	2,4	2,87	3,34	3,8	4,27	4,74	5,2	5,67
	L	2,4	3,8	5,2	6,6	8	9,4	10,8	12,2	13,6	15
	T	3,1	5,2	7,3	9,4	11,5	13,6	15,7	17,8	19,9	22
	$NL—G^2$	0,64	1,57	2,87	4,5	6,47	8,68	11,31	14,27	17,43	21,05
	$4NT—3G^2$	9,56	23,9	41,25	64,59	92,89	125,60	163,73	206,81	254,05	306,96
1	R	3,4	4,8	6,2	7,6	9	10,4	11,8	13,2	14,6	16
	O	6,2	10,4	14,6	18,8	23	27,2	31,4	35,6	39,8	44
	$RN—G^2$	2,11	3,5	5,27	7,37	9,81	12,48	15,58	19,01	22,63	26,72
2	R	4,4	5,8	7,2	8,6	10	11,4	12,8	14,2	15,6	17
	O	7,2	11,4	15,6	19,8	24	28,2	32,4	36,6	40,8	4,5
	$RN—G^2$	3,58	5,43	7,67	10,24	13,15	16,28	19,85	23,75	27,83	32,39
4	R	6,4	7,8	9,2	10,6	12	13,4	14,8	16,2	17,6	19
	O	9,2	13,4	17,6	21,8	26	30,2	34,4	38,6	42,8	47
	$RN—G^2$	6,52	9,29	12,47	15,98	19,83	23,88	28,39	33,23	38,23	43,73
6	R	8,4	9,8	11,2	12,6	14	15,4	16,8	18,2	19,6	21
	O	11,2	15,4	19,6	23,8	28	32,2	36,4	40,6	44,8	49
	$RN—G^2$	9,46	13,15	17,27	21,72	26,51	31,48	36,93	42,71	48,63	55,07
8	R	10,4	11,8	13,2	14,6	16	17,4	18,8	20,2	21,6	23
	O	13,2	17,4	21,6	25,8	30	34,2	38,4	42,6	46,8	51
	$RN—G^2$	12,40	17,01	22,07	27,46	33,19	39,08	45,47	52,19	59,03	66,41
10	R	12,4	13,8	15,2	16,6	18	19,4	20,8	22,2	23,6	25
	O	15,2	19,4	23,6	27,8	32	36,2	40,4	44,6	48,8	53
	$RN—G^2$	15,34	20,87	26,87	33,2	39,87	46,68	54,01	61,67	69,43	77,75
12	R	14,4	15,8	17,2	18,6	20	21,4	22,8	24,2	25,6	27
	O	17,2	21,4	25,6	29,8	34	38,2	42,4	46,6	50,8	55
	$RN—G^2$	18,28	24,73	31,67	38,94	46,55	54,28	62,55	71,15	79,83	89,09
14	R	16,4	17,8	19,2	20,6	22	23,4	24,8	26,2	27,6	29
	O	19,2	23,4	27,6	31,8	36	40,2	44,4	48,6	52,8	57
	$RN—G^2$	21,22	28,59	36,47	44,68	53,23	61,88	71,09	80,63	90,23	100,43
16	R	18,4	19,8	21,2	22,6	24	25,4	26,8	28,2	29,6	31
	O	21,2	25,4	29,6	33,8	38	42,2	46,4	50,6	54,8	59
	$RN—G^2$	24,16	32,45	41,27	50,42	59,91	69,48	79,63	90,11	100,63	111,77
18	R	20,4	21,8	23,2	24,6	26	27,4	28,8	30,2	31,6	33
	O	23,2	27,4	31,6	35,8	40	44,2	48,4	52,6	56,8	61
	$RN—G^2$	27,1	36,31	46,07	56,16	66,59	77,08	88,17	99,59	111,03	123,11
20	R	22,4	23,8	25,2	26,6	28	29,4	30,8	32,2	33,6	35
	O	25,2	29,4	33,6	37,8	42	46,2	50,4	54,6	58,8	63
	$RN—G^2$	30,04	40,17	50,87	61,9	73,27	84,68	96,71	109,07	121,43	134,45

Tabelle IV. $n = 0{,}8$.

$\frac{J}{J_r}$	Konstanten	$\frac{J}{J_e} =$ 1	2	3	4	5	6	7	8	9	10
0	G	1,8	2,6	3,4	4,2	5	5,8	6,6	7,4	8,2	9
	N	1,53	2,07	2,60	3,13	3,67	4,2	4,73	5,26	5,8	6,33
	L	2,6	4,2	5,8	7,4	9	10,6	12,2	13,8	15,4	17
	T	3,4	5,8	8,2	10,6	13	15,4	17,8	20,20	22,6	25
	$NL-G^2$	0,74	1,93	3,52	5,52	8,03	10,88	14,15	17,83	22,08	26,61
	$4NT-3G^2$	11,09	27,74	50,60	79,79	115,84	157,80	206,10	260,73	322,60	390
1	R	3,6	5,2	6,8	8,4	10	11,6	13,2	14,8	16,4	18
	O	6,8	11,6	16,4	21,2	26	30,8	35,6	40,4	45,2	50
	$RN-G^2$	2,27	4,0	6,12	8,65	11,7	15,08	18,88	23,09	27,88	32,94
2	R	4,6	6,2	7,8	9,4	11	12,6	14,2	15,8	17,4	19
	O	7,8	12,6	17,4	22,2	27	31,8	36,6	41,4	46,2	51
	$RN-G^2$	3,8	6,07	8,72	11,78	15,37	19,28	23,61	28,35	33,68	39,27
4	R	6,6	8,2	9,8	11,4	13	14,6	16,2	17,8	19,4	21
	O	9,8	14,6	19,4	24,2	29	33,8	38,6	43,4	48,2	53
	$RN-G^2$	6,86	10,21	13,92	18,04	22,71	27,68	33,07	38,87	45,28	51,93
6	R	8,6	10,2	11,8	13,4	15	16,6	18,2	19,8	21,4	23
	O	11,8	16,6	21,4	26,2	31	35,8	40,6	45,4	50,2	55
	$RN-G^2$	9,92	14,35	19,12	24,3	30,05	36,08	42,53	49,39	56,88	64,59
8	R	10,6	12,2	13,8	15,4	17	18,6	20,2	21,8	23,4	25
	O	13,8	18,6	23,4	28,2	33	37,8	42,6	47,4	52,2	57
	$RN-G^2$	12,98	18,49	24,32	30,56	37,39	44,48	51,99	59,91	68,48	77,25
10	R	12,6	14,2	15,8	17,4	19	20,6	22,2	23,8	25,4	27
	O	15,8	20,6	25,4	30,2	35	39,8	44,6	49,4	54,2	59
	$RN-G^2$	16,04	22,63	29,52	36,82	44,73	52,88	61,45	70,43	80,80	89,91
12	R	14,6	16,2	17,8	19,4	21	22,6	24,2	25,8	27,4	29
	O	17,8	22,6	27,4	32,2	37	41,8	46,6	51,4	56,2	61
	$RN-G^2$	19,12	26,77	34,72	43,08	52,07	61,28	70,91	80,95	91,68	102,57
14	R	16,6	18,2	19,8	21,4	23	24,6	26,2	27,8	29,4	31
	O	19,8	24,6	29,4	34,2	39	43,8	48,6	53,4	58,2	63
	$RN-G^2$	22,20	30,91	39,92	49,34	59,41	69,68	80,37	91,47	103,28	115,23
16	R	18,6	20,2	21,8	23,4	25	26,6	28,2	29,8	31,4	33
	O	21,8	26,6	31,4	36,2	41	45,8	50,6	55,4	60,2	65
	$RN-G^2$	25,28	35,05	45,12	55,60	66,75	78,08	89,83	101,99	114,88	127,89
18	R	20,6	22,2	23,8	25,4	27	28,6	30,2	31,8	33,4	35
	O	23,8	28,6	33,4	38,2	43	47,8	52,6	57,4	62,2	67
	$RN-G^2$	28,36	39,19	50,32	61,86	74,09	86,48	99,29	112,51	126,48	140,55
20	R	22,6	24,2	25,8	27,4	29	30,6	32,2	33,8	35,4	37
	O	25,8	30,6	35,4	40,2	45	49,8	54,6	59,4	64,2	69
	$RN-G^2$	31,44	43,33	55,52	68,11	81,43	94,88	108,75	123,03	138,08	153,21

Tabelle V. $n = 0{,}9$.

$\frac{J}{J_r}$	Konstanten	$\frac{J}{J_r} =$ 1	2	3	4	5	6	7	8	9	10
0	G	1,9	2,8	3,7	4,6	5,5	6,4	7,3	8,2	9,1	10
	N	1,6	2,2	2,8	3,4	4	4,6	5,2	5,8	6,4	7
	L	2,8	4,6	6,4	8,2	10	11,8	13,6	15,4	17,2	19
	T	3,7	6,4	9,1	11,8	14,5	17,2	19,9	22,6	25,3	28
	$NL-G^2$	0,87	2,28	4,23	6,72	9,75	13,32	17,43	22,08	27,27	33
	$4NT-3G^2$	12,85	32,80	60,85	97,00	141,25	193,60	254,05	322,60	399,25	484
1	R	3,8	5,6	7,4	9,2	11	12,8	14,6	16,4	18,2	20
	O	7,4	12,8	18,2	23,6	29	34,4	39,8	45,2	50,6	56
	$RN-G^2$	2,47	4,48	7,03	10,12	13,75	17,92	22,63	27,88	33,67	40
2	R	4,8	6,6	8,4	10,2	12	13,5	15,6	17,4	19,2	21
	O	8,4	13,8	19,2	24,6	30	35,4	40,8	46,2	51,6	57
	$RN-G^2$	4,07	6,68	9,83	13,52	17,75	22,52	27,83	33,68	40,07	47
4	R	6,8	8,6	10,4	12,2	14	15,8	17,6	19,4	21,2	23
	O	10,4	15,8	21,2	26,6	23	37,4	42,8	48,2	53,6	59
	$RN-G^2$	7,27	11,08	15,43	20,32	25,75	31,72	38,23	45,28	52,87	61
6	R	8,8	10,6	12,4	14,2	16	17,8	19,6	21,4	23,2	25
	O	12,4	17,8	23,2	28,6	34	39,4	44,8	50,2	55,6	61
	$RN-G^2$	10,47	15,48	21,03	27,12	33,75	40,92	48,63	56,88	65,67	75
8	R	10,8	12,6	14,4	16,2	18	19,8	21,6	23,4	25,2	27
	O	14,4	19,8	25,2	30,6	36	41,4	46,8	52,2	57,6	63
	$RN-G^2$	13,67	19,88	26,63	33,92	41,75	50,12	59,03	68,48	78,47	89
10	R	12,8	14,6	16,4	18,2	20	21,8	23,6	25,4	27,2	29
	O	16,4	21,8	27,2	32,6	38	43,4	48,8	54,2	59,6	65
	$RN-G^2$	16,87	24,28	32,23	40,72	49,75	59,32	69,43	80,80	91,27	103
12	R	14,8	16,6	18,4	20,2	22	23,8	25,6	27,4	29,2	31
	O	18,4	23,8	29,2	34,6	40	45,4	50,8	56,2	61,6	67
	$RN-G^2$	20,07	28,68	37,83	47,52	57,75	68,52	79,83	91,68	104,07	117
14	R	16,8	18,6	20,4	22,2	24	25,8	27,6	29,4	31,2	33
	O	20,4	25,8	31,2	36,6	42	47,4	52,8	58,2	63,6	69
	$RN-G^2$	23,27	33,08	43,43	54,32	65,75	77,72	90,23	103,28	116,87	131
16	R	18,8	20,6	22,4	24,2	26	27,8	29,6	31,4	33,2	35
	O	22,4	27,8	33,2	38,6	44	49,4	54,8	60,2	65,6	71
	$RN-G^2$	26,47	37,48	49,03	61,12	73,75	86,92	100,63	114,88	129,67	145
18	R	20,8	22,6	24,4	26,2	28	29,8	31,6	33,4	35,2	37
	O	24,4	29,8	35,2	40,6	46	51,4	56,8	62,2	67,6	73
	$RN-G^2$	29,67	41,88	54,63	67,92	81,75	96,12	111,03	126,48	142,47	159
20	R	22,8	24,6	26,4	28,2	30	31,8	33,6	35,4	37,2	39
	O	26,4	31,8	37,2	42,6	48	53,4	58,8	64,2	69,6	75
	$RN-G^2$	32,87	46,28	60,23	74,72	89,75	105,32	121,43	138,08	155,27	173

Tabelle VI. $n = 1$.

$\frac{J}{J_r}$	Konstanten	$\frac{J}{J_v} =$ 1	2	3	4	5	6	7	8	9	10
0	G	2	3	4	5	6	7	8	9	10	11
	N	1,67	2,33	3	3,67	4,33	5	5,67	6,33	7	7,67
	L	3	5	7	9	11	13	15	17	19	21
	T	4	7	10	13	16	19	22	25	28	31
	$NL-G^2$	1,01	2,65	5	8,03	11,63	16	21,05	26,61	33	40,07
	$4NT-3G^2$	14,72	38,24	72	115,84	169,12	233	306,96	390	484	588,08
1	R	4	6	8	10	12	14	16	18	20	22
	O	8	14	20	26	32	38	44	50	56	62
	$RN-G^2$	2,68	4,98	8	11,7	15,96	21	26,72	32,94	40	47,74
2	R	5	7	9	11	13	15	17	19	21	23
	O	9	15	21	27	33	39	45	51	57	63
	$RN-G^2$	4,35	7,31	11	15,37	20,29	26	32,39	39,27	47	55,41
4	R	7	9	11	13	15	17	19	21	23	25
	O	11	17	23	29	35	41	47	53	59	65
	$RN-G^2$	7,69	11,97	17	22,71	28,95	36	43,73	51,93	61	70,75
6	R	9	11	13	15	17	19	21	23	25	27
	O	13	19	25	31	37	43	49	55	61	67
	$RN-G^2$	11,03	16,63	23	30,05	37,61	46	55,07	64,59	75	86,09
8	R	11	13	15	17	19	21	23	25	27	29
	O	15	21	27	33	39	45	51	57	63	69
	$RN-G^2$	14,37	21,29	29	37,39	46,27	56	66,41	77,25	89	101,43
10	R	13	15	17	19	21	23	25	27	29	31
	O	17	23	29	35	41	47	53	59	65	71
	$RN-G^2$	17,71	25,95	35	44,73	54,93	66	77,75	89,91	103	116,77
12	R	15	17	19	21	23	25	27	29	31	33
	O	19	25	31	37	43	49	55	61	67	73
	$RN-G^2$	21,05	30,61	41	52,07	63,59	76	89,09	102,57	117	132,11
14	R	17	19	21	23	25	27	29	31	33	35
	O	21	27	33	39	45	51	57	63	69	75
	$RN-G^2$	24,39	35,27	47	59,41	72,25	86	100,43	115,23	131	147,45
16	R	19	21	23	25	27	29	31	33	35	37
	O	23	29	35	41	47	53	59	65	71	77
	$RN-G^2$	27,73	39,93	53	66,75	80,91	96	111,77	127,89	145	162,79
18	R	21	23	25	27	29	31	33	35	37	39
	O	25	31	37	43	49	55	61	67	73	79
	$RN-G^2$	31,07	44,59	59	74,09	89,57	106	123,11	140,55	159	178,13
20	R	23	25	27	29	31	33	35	37	39	41
	O	27	33	39	45	51	57	63	69	75	81
	$RN-G^2$	34,41	49,25	65	81,43	98,23	116	134,45	153,21	173	193,47

Tabelle VII. $n = 1{,}1$.

$\frac{J}{J_r}$	Konstanten	$\frac{J}{J_v} =$									
		1	2	3	4	5	6	7	8	9	10
0	G	2,1	3,2	4,3	5,4	6,5	7,6	8,7	9,8	10,9	12
	N	1,73	2,47	3,2	3,93	4,67	5,4	6,13	6,86	7,6	8,33
	L	3,2	5,4	7,6	9,8	12	14,2	16,4	18,6	20,8	23
	T	4,3	7,6	10,9	14,2	17,5	20,8	24,1	27,4	30,7	34
	$NL - G^2$	1,13	3,1	5,83	9,35	13,79	18,92	24,84	31,55	39,27	47,59
	$4\,NT - 3\,G^2$	16,53	44,37	84,05	135,74	200,15	276	363,86	463,74	576,85	700,88
1	R	4,2	6,4	8,6	10,8	13	15,2	17,4	19,6	21,8	24
	O	8,6	15,2	21,8	28,4	35	41,6	48,2	54,8	61,4	68
	$RN - G^2$	2,86	5,57	9,03	13,28	18,46	24,32	30,97	38,41	46,87	55,92
2	R	5,2	7,4	9,6	11,8	14	16,2	18,4	20,6	22,8	25
	O	9,6	16,2	22,8	29,4	36	42,6	49,2	55,8	62,4	69
	$RN - G^2$	4,59	8,04	12,23	17,21	23,13	29,72	37,1	45,27	54,47	64,25
4	R	7,2	9,4	11,6	13,8	16	18,2	20,4	22,6	24,8	27
	O	11,6	18,2	24,8	31,4	38	44,6	51,2	57,8	64,4	71
	$RN - G^2$	8,05	12,98	18,63	25,07	32,47	40,52	49,36	58,99	69,67	80,91
6	R	9,2	11,4	13,6	15,8	18	20,2	22,4	24,6	26,8	29
	O	13,6	20,2	26,8	33,4	40	46,6	53,2	59,8	66,4	73
	$RN - G^2$	11,51	17,92	25,03	32,93	41,81	51,32	61,62	72,71	84,87	97,57
8	R	11,2	13,4	15,6	17,8	20	22,2	24,4	26,6	28,8	31
	O	15,6	22,2	28,8	35,4	42	48,6	55,2	61,8	68,4	75
	$RN - G^2$	14,97	22,86	31,43	40,79	51,15	62,12	73,88	86,43	100,07	114,23
10	R	13,2	15,4	17,6	19,8	22	24,2	26,4	28,6	30,8	33
	O	17,6	24,2	30,8	37,4	44	50,6	57,2	63,8	70,4	77
	$RN - G^2$	18,43	27,8	37,83	48,65	60,49	72,92	86,14	100,15	115,27	130,89
12	R	15,2	17,4	19,6	21,8	24	26,2	28,4	30,6	32,8	35
	O	19,6	26,2	32,8	39,4	46	52,6	59,2	65,8	72,4	79
	$RN - G^2$	21,89	32,74	44,23	56,51	69,83	83,72	98,4	113,87	130,47	147,55
14	R	17,2	19,4	21,6	23,8	26	28,2	30,4	32,6	34,8	37
	O	21,6	28,2	34,8	41,4	48	54,6	61,2	67,8	74,4	81
	$RN - G^2$	25,35	37,68	50,63	64,37	79,17	94,52	110,66	127,59	145,67	164,21
16	R	19,2	21,4	23,6	25,8	28	30,2	32,4	34,6	36,8	39
	O	23,6	30,2	36,8	43,4	50	56,6	63,2	69,8	76,4	83
	$RN - G^2$	28,81	42,62	57,03	72,23	88,51	105,32	122,92	141,31	160,87	180,87
18	R	21,2	23,4	25,6	27,8	30	32,2	34,4	36,6	38,8	41
	O	25,6	32,2	38,8	45,4	52	58,6	65,2	71,8	78,4	85
	$RN - G^2$	32,27	47,56	63,43	80,09	97,85	116,12	135,18	155,03	176,07	197,53
20	R	23,2	25,4	27,6	29,8	32	34,2	36,4	38,6	40,8	43
	O	27,6	34,2	40,8	47,4	54	60,6	67,2	73,8	80,4	87
	$RN - G^2$	35,73	52,5	69,83	87,95	107,19	126,92	147,44	168,75	191,27	214,19

Tabelle VIII. $n = 1{,}2$.

$\frac{J}{J_r}$	Konstanten	$\frac{J}{J_o} =$									
		1	2	3	4	5	6	7	8	9	10
0	G	2,2	3,4	4,6	5,8	7	8,2	9,4	10,6	11,8	13
	N	1,8	2,6	3,4	4,2	5	5,8	6,6	7,4	8,2	9
	L	3,4	5,8	8,2	10,6	13	15,4	17,8	20,2	22,6	25
	T	4,61	8,2	11,8	15,4	19	22,6	26,2	29,8	33,4	37
	$NL-G^2$	1,28	3,52	6,72	10,88	16	22,08	29,12	37,12	46,08	56
	$4NT-3G^2$	18,60	50,6	97	157,8	233	322,6	426,6	545	677,8	825
1	R	4,4	6,8	9,2	11,6	14	16,4	18,8	21,2	23,6	26
	O	9,2	16,4	23,6	30,8	38	45,2	52,4	59,6	66,8	74
	$RN-G^2$	3,08	6,12	10,12	15,08	21	27,88	35,72	44,52	54,28	65
2	R	5,4	7,8	10,2	12,6	15	17,4	19,8	22,2	24,6	27
	O	10,2	17,4	24,6	31,8	39	46,2	53,4	60,6	67,8	75
	$RN-G^2$	4,88	8,72	13,52	19,28	26	33,68	42,32	51,92	62,48	74
4	R	7,4	9,8	12,2	14,6	17	19,4	29,8	24,2	26,6	29
	O	12,2	19,4	26,6	33,8	41	48,2	55,4	62,6	69,8	77
	$RN-G^2$	8,48	13,92	20,32	27,68	36	45,28	55,52	66,72	78,88	92
6	R	9,4	11,8	14,2	16,6	19	21,4	23,8	26,2	28,6	31
	O	14,2	21,4	28,6	35,8	43	50,2	57,4	64,6	71,8	79
	$RN-G^2$	12,08	19,12	27,12	36,08	46	56,88	68,72	81,52	95,28	110
8	R	11,4	13,8	16,2	18,6	21	23,4	25,8	28,2	30,6	33
	O	16,2	23,4	30,6	37,8	45	52,2	59,4	66,6	73,8	81
	$RN-G^2$	15,68	24,32	33,92	44,48	56	68,48	81,92	96,32	111,68	128
10	R	13,4	15,8	18,2	20,6	23	25,4	27,8	30,2	32,6	35
	O	18,2	25,4	32,6	39,8	47	54,2	61,4	68,6	75,8	83
	$RN-G^2$	19,28	29,52	40,72	52,88	66	80,08	95,12	111,12	128,08	146
12	R	15,4	17,8	20,2	22,6	25	27,4	29,8	32,2	34,6	37
	O	20,2	27,4	34,6	41,8	49	56,2	63,4	70,6	77,8	85
	$RN-G^2$	22,88	34,72	47,52	61,28	76	91,68	108,32	125,92	144,48	164
14	R	17,4	19,8	22,2	24,6	27	29,4	31,8	34,2	36,6	39
	O	22,2	29,4	36,6	43,8	51	58,2	65,4	72,6	79,8	87
	$RN-G^2$	26,48	39,92	54,32	69,68	86	103,28	121,52	140,72	160,88	182
16	R	19,4	21,8	24,2	26,6	29	31,4	33,8	36,2	38,6	41
	O	24,2	31,4	38,6	45,8	53	60,2	67,4	74,6	81,8	89
	$RN-G^2$	30,08	45,12	61,12	78,08	96	114,88	134,72	155,52	177,28	200
18	R	21,4	23,8	26,2	28,6	31	33,4	35,8	38,2	40,6	43
	O	26,2	33,4	40,6	47,8	55	62,2	69,4	76,6	83,8	91
	$RN-G^2$	33,68	50,32	67,92	86,48	106	126,48	147,92	170,32	193,68	218
20	R	23,4	25,8	28,2	30,6	33	35,4	37,8	40,2	42,6	45
	O	28,2	35,4	42,6	49,8	57	64,2	71,4	78,6	85,8	93
	$RN-G^2$	37,28	55,52	74,72	94,88	116	138,08	161,12	185,12	210,08	236

Tabelle IX. $n = 1{,}3$.

$\frac{J}{J_r}$	Konstanten	$\frac{J}{J_v} =$									
		1	2	3	4	5	6	7	8	9	10
	G	2,3	3,6	4,9	6,2	7,5	8,8	10,1	11,4	12,7	14
	N	1,87	2,73	3,6	4,47	5,34	6,2	7,07	7,94	8,8	9,67
0	L	3,6	6,2	8,8	11,4	14	16,6	19,2	21,8	24,4	27
	T	4,9	8,8	12,7	16,6	20,5	24,4	28,3	32,2	36,1	40
	$NL-G^2$	1,44	3,97	7,67	12,52	18,51	25,48	33,73	43,13	53,43	65,09
	$4\,NT-3\,G^2$	20,78	57,22	110,85	181,49	269,13	372,8	494,29	632,79	786,85	959,20
	R	4,6	7,2	9,8	12,4	15	17,6	20,2	22,8	25,4	28
1	O	9,8	17,6	25,4	33,2	41	48,8	56,6	64,4	72,2	80
	$RN-G^2$	3,31	6,70	11,27	16,99	23,85	31,68	40,8	51,07	62,23	74,76
	R	5,6	8,2	10,8	13,4	16	18,6	21,2	23,8	26,4	29
2	O	10,8	18,6	26,4	34,2	42	49,8	57,6	65,4	73,2	81
	$RN-G^2$	5,18	9,43	14,87	21,46	29,19	37,88	47,87	59,01	71,03	84,43
	R	7,6	10,2	12,8	15,4	18	20,6	23,2	25,8	28,4	31
4	O	12,8	20,6	28,4	36,2	44	51,8	59,6	67,4	75,2	83
	$RN-G^2$	8,92	14,89	22,07	30,4	39,87	50,28	62,01	74,89	88,63	103,77
	R	9,6	12,2	14,5	17,4	20	22,6	25,2	27,8	30,4	33
6	O	14,8	22,6	30,4	38,2	46	53,8	61,6	69,4	77,2	85
	$RN-G^2$	12,66	20,35	29,27	39,34	50,55	62,68	76,15	90,77	106,23	123,11
	R	11,6	14,2	16,8	19,4	22	24,6	27,2	29,8	32,4	35
8	O	16,8	24,6	32,4	40,2	48	55,8	63,6	71,4	79,2	87
	$RN-G^2$	16,40	25,81	36,47	48,28	61,23	75,08	90,29	106,65	123,83	142,45
	R	13,6	16,2	18,8	21,4	24	26,6	29,2	31,8	34,4	37
10	O	18,8	26,6	34,4	42,2	50	57,8	65,6	73,4	81,2	89
	$RN-G^2$	20,14	31,27	43,67	57,22	71,91	87,48	104,43	122,53	141,43	161,79
	R	15,6	18,2	20,8	23,4	26	28,6	31,2	33,8	36,4	39
12	O	20,8	28,6	36,4	44,2	52	59,8	67,6	75,4	83,2	91
	$RN-G^2$	23,88	36,73	50,87	66,16	82,59	99,88	118,57	138,41	159,03	181,13
	R	17,6	20,2	22,8	25,4	28	30,6	33,2	35,8	38,4	41
14	O	22,8	30,6	38,4	46,2	54	61,8	69,6	77,4	85,2	93
	$RN-G^2$	27,62	42,19	58,07	75,10	93,27	112,28	132,71	154,29	176,63	200,47
	R	19,6	22,2	24,8	27,4	30	32,6	35,2	37,8	40,4	43
16	O	24,8	32,6	40,4	48,2	56	63,8	71,6	79,4	87,2	95
	$RN-G^2$	31,36	47,65	65,27	84,04	103,95	124,68	146,85	170,17	194,23	219,81
	R	21,6	24,2	26,8	29,4	32	34,6	37,2	39,8	42,4	45
18	O	26,8	34,6	42,4	50,2	58	65,8	73,6	81,4	89,2	97
	$RN-G^2$	35,10	53,11	72,47	92,98	114,63	137,08	160,99	186,05	211,83	239,15
	R	23,6	26,2	28,8	31,4	34	36,6	39,2	41,8	44,4	47
20	O	28,8	36,6	44,4	52,2	60	67,8	75,6	83,4	91,2	99
	$RN-G^2$	38,84	58,57	79,67	101,92	125,31	149,48	175,13	201,93	229,43	258,49

Tabelle X. $n = 1{,}4$.

$\frac{J}{J_r}$	Konstanten	$\frac{J}{J_e} =$ 1	2	3	4	5	6	7	8	9	10
0	G	2,4	3,8	5,2	6,6	8	9,4	10,8	12,2	13,6	15
	N	1,93	2,87	3,8	4,73	5,67	6,6	7,53	8,46	9,4	10,33
	L	3,8	6,6	9,4	12,2	15	17,8	20,6	23,4	26,2	29
	T	5,2	9,4	13,6	17,8	22	26,2	30,4	34,6	38,8	43
	$NL - G^2$	1,57	4,5	8,68	14,14	21,05	29,12	38,48	49,12	61,32	74,57
	$4NT - 3G^2$	23,9	64,5	125,6	206,81	306,96	426,6	565,73	764,36	904,0	1101,76
1	R	4,8	7,6	10,4	13,2	16	18,8	21,6	24,4	27,2	30
	O	10,4	18,8	27,2	35,6	44	52,4	60,8	69,2	77,6	86
	$RN - G^2$	3,5	7,37	12,24	18,87	26,72	35,72	46,01	57,58	70,72	84,9
2	R	5,8	8,6	11,4	14,2	17	19,8	22,6	25,4	28,2	31
	O	11,4	19,8	28,2	36,6	45	53,4	61,8	70,2	78,6	87
	$RN - G^2$	5,43	10,24	16,28	23,6	32,39	42,32	53,54	66,04	80,12	95,23
4	R	7,8	10,6	13,4	16,2	19	21,8	24,6	27,4	30,2	33
	O	13,4	21,8	30,2	38,6	47	55,4	63,8	72,2	80,6	89
	$RN - G^2$	9,29	15,98	23,88	33,06	43,73	55,52	68,6	82,96	98,92	115,89
6	R	9,8	12,6	15,4	18,2	21	23,8	26,6	29,4	32,2	35
	O	15,4	23,8	32,2	40,6	49	57,4	65,8	74,2	82,6	91
	$RN - G^2$	13,15	21,72	31,48	42,52	55,07	68,72	83,66	99,88	117,72	136,55
8	R	11,8	14,6	17,4	20,2	23	25,8	28,6	31,4	34,2	37
	O	17,4	25,8	34,2	42,6	51	59,4	67,8	76,2	84,6	93
	$RN - G^2$	17,01	27,46	39,08	51,98	66,41	81,92	98,72	116,8	136,52	157,21
10	R	13,8	16,6	19,4	22,2	25	27,8	30,6	33,4	36,2	39
	O	19,4	27,8	36,2	44,6	53	61,4	69,8	78,2	86,6	95
	$RN - G^2$	20,87	33,20	46,68	61,44	77,75	95,12	113,78	133,72	155,32	177,87
12	R	15,8	18,6	21,4	24,2	27	29,8	32,6	35,4	38,2	41
	O	21,4	29,8	38,2	46,6	55	63,4	71,8	80,2	88,6	97
	$RN - G^2$	24,73	38,94	54,28	70,90	89,09	108,32	128,84	150,64	174,12	198,53
14	R	17,8	20,6	23,4	26,2	29	31,8	34,6	37,4	40,2	43
	O	23,4	31,8	40,2	48,6	57	65,4	73,8	82,2	90,6	99
	$RN - G^2$	28,59	44,68	61,88	80,36	100,43	121,52	143,9	167,56	192,92	219,19
16	R	19,8	22,6	25,4	28,2	31	33,8	36,6	39,4	42,2	45
	O	25,4	33,8	42,2	50,6	59	67,4	75,8	84,2	92,6	101
	$RN - G^2$	32,45	50,42	69,48	89,82	111,77	134,72	158,96	184,48	211,72	239,85
18	R	21,8	24,6	27,4	30,2	33	35,8	38,6	41,4	44,2	47
	O	27,4	35,8	44,2	52,6	61	69,4	77,8	86,2	94,6	103
	$RN - G^2$	36,31	56,15	77,08	99,28	123,11	147,92	174,02	201,4	230,52	260,51
20	R	23,8	26,6	29,4	32,2	35	37,8	40,6	43,4	46,2	49
	O	29,4	37,8	46,2	54,6	63	71,4	79,8	88,2	96,6	105
	$RN - G^2$	40,17	61,9	84,68	108,74	134,45	161,12	189,08	218,32	249,32	281,17

Tabelle XI. $n = 1{,}5$.

$\frac{J}{J_r}$	Konstanten	$\frac{J}{J_v} =$									
		1	2	3	4	5	6	7	8	9	10
0	G	2,5	4	5,5	7	8,5	10	11,5	13	14,5	16
	N	2	3	4	5	6	7	8	9	10	11
	L	4	7	10	13	16	19	22	25	28	31
	T	5,5	10	14,5	19	23,5	28	32,5	37	41,5	46
	$NL - G^2$	1,75	5	9,75	16	23,75	33	43,75	56	69,75	85
	$4\,NT - 3\,G^2$	25,25	72	141,25	233	347,25	484	643,25	825	1029,25	1256
1	R	5	8	11	14	17	20	23	26	29	32
	O	11	20	29	38	47	56	65	74	83	92
	$RN - G^2$	3,75	8	13,75	21	29,75	40	51,75	65	79,75	96
2	R	6	9	12	15	18	21	24	27	30	33
	O	12	21	30	39	48	57	66	75	84	93
	$RN - G^2$	5,75	11	17,75	26	35,75	47	59,75	74	89,75	107
4	R	8	11	14	17	20	23	26	29	32	35
	O	14	23	32	41	50	59	68	77	86	95
	$RN - G^2$	9,75	17	25,75	36	47,75	61	75,75	92	109,75	129
6	R	10	13	16	19	22	25	28	31	34	37
	O	16	25	34	43	52	61	70	79	88	97
	$RN - G^2$	13,75	23	33,75	46	59,75	75	91,75	110	129,75	151
8	R	12	15	18	21	24	27	30	33	36	39
	O	18	27	36	45	54	63	72	81	90	99
	$RN - G^2$	17,75	29	41,75	56	71,75	89	107,75	128	149,75	173
10	R	14	17	20	23	26	29	32	35	38	41
	O	20	29	38	47	56	65	74	83	92	101
	$RN - G^2$	21,75	35	49,75	66	83,75	103	123,75	146	169,75	195
12	R	16	19	22	25	28	31	34	37	40	43
	O	22	31	40	49	58	67	76	85	94	103
	$RN - G^2$	25,75	41	57,75	76	95,75	117	139,75	164	189,75	217
14	R	18	21	24	27	30	33	36	39	42	45
	O	24	33	42	51	60	69	78	87	96	105
	$RN - G^2$	29,75	47	65,75	86	107,75	131	155,75	182	209,75	239
16	R	20	23	26	29	32	35	38	41	44	47
	O	26	35	44	53	62	71	80	89	98	107
	$RN - G^2$	33,75	53	73,75	96	119,75	145	171,75	200	229,75	261
18	R	22	25	28	31	34	37	40	43	46	49
	O	28	37	46	55	64	73	82	91	100	109
	$RN - G^2$	37,75	59	81,75	106	131,75	159	187,75	218	249,75	283
20	R	24	27	30	33	36	39	42	45	48	51
	O	30	39	48	57	66	75	84	93	102	111
	$RN - G^2$	41,75	65	89,75	116	143,75	173	203,75	236	269,75	305

Tabelle XII. $n = 1,6$.

$\frac{J}{J_r}$	Konstanten	$\frac{J}{J_v} =$									
		1	2	3	4	5	6	7	8	9	10
0	G	2,6	4,2	5,8	7,4	9	10,6	12,2	13,8	15,4	17
	N	2,07	3,13	4,2	5,27	6,34	7,4	8,47	9,54	10,6	11,67
	L	4,2	7,4	10,6	13,8	17	20,2	23,4	26,6	29,8	33
	T	5,8	10,6	15,4	20,2	25	29,8	34,6	39,4	44,2	49
	$NL - G^2$	1,93	5,52	10,88	17,97	26,78	37,12	49,36	63,32	78,72	96,11
	$4NT - 3G^2$	27,74	79,79	157,8	260,73	390,0	545	764,36	932,2	1162,6	1420,32
1	R	5,2	8,4	11,6	14,8	18	21,2	24,4	27,6	30,8	34
	O	11,6	21,2	30,8	40,4	50	59,6	69,2	78,8	88,4	98
	$RN - G^2$	4,0	8,65	15,08	23,24	33,12	44,52	57,83	72,86	89,32	107,78
2	R	6,2	9,4	12,6	15,8	19	22,2	25,4	28,6	31,8	35
	O	12,6	22,2	31,8	41,4	51	60,6	70,2	79,8	89,4	99
	$RN - G^2$	6,07	11,78	19,28	28,51	39,46	51,92	66,3	82,4	99,92	119,45
4	R	8,2	11,4	14,6	17,8	21	24,2	27,4	30,6	33,8	37
	O	14,6	24,2	33,8	43,4	53	62,6	72,2	81,8	91,4	101
	$RN - G^2$	10,21	18,04	27,68	39,05	52,14	66,72	83,24	101,48	121,12	142,79
6	R	10,2	13,4	16,6	19,8	23	26,2	29,4	32,6	35,8	39
	O	16,6	26,2	35,8	45,4	55	64,6	74,2	83,8	93,4	103
	$RN - G^2$	14,35	24,3	36,08	49,59	64,82	81,52	100,18	120,56	142,32	166,13
8	R	12,2	15,4	18,6	21,8	25	28,2	31,4	34,6	37,8	41
	O	18,6	28,2	37,8	47,4	57	66,6	76,2	85,8	95,9	105
	$RN - G^2$	18,49	30,56	44,48	60,13	77,5	96,32	117,12	139,64	163,52	189,47
10	R	14,2	17,4	20,6	23,8	27	30,2	33,4	36,6	39,8	43
	O	20,6	30,2	39,8	49,4	59	68,6	78,2	87,8	97,4	107
	$RN - G^2$	22,63	36,82	52,88	70,67	90,18	111,12	134,06	158,72	184,72	212,81
12	R	16,2	19,4	22,6	25,8	29	32,2	35,4	38,6	41,8	45
	O	22,6	32,2	41,8	51,4	61	70,6	80,2	89,8	99,4	109
	$RN - G^2$	26,77	43,08	61,28	81,21	102,86	125,92	151,0	177,8	205,92	236,15
14	R	18,2	21,4	24,6	27,8	31	34,2	37,4	40,6	43,8	47
	O	24,6	34,2	43,8	53,4	63	72,6	82,8	91,8	101,4	111
	$RN - G^2$	30,91	49,34	69,68	91,75	115,54	140,72	167,94	196,88	227,12	259,49
16	R	20,2	23,4	26,8	29,8	33	36,2	39,4	42,6	45,8	49
	O	26,6	36,2	45,8	55,4	65	74,6	84,2	93,8	103,4	113
	$RN - G^2$	35,05	55,6	78,08	102,29	128,22	155,52	184,88	215,96	248,32	282,83
18	R	22,2	25,4	28,6	31,8	35	38,2	41,4	44,6	47,8	51
	O	28,6	38,2	47,8	57,4	67	76,6	86,2	95,8	105,4	115
	$RN - G^2$	39,19	61,86	86,48	112,83	140,9	170,32	201,82	235,04	269,52	306,17
20	R	24,2	27,4	30,6	33,8	37	40,2	43,4	46,6	49,8	53
	O	30,6	40,2	49,8	59,4	69	78,6	88,2	97,8	107,4	117
	$RN - G^2$	43,33	68,12	94,88	123,37	153,58	185,12	218,76	254,12	290,72	329,51

Tabelle XIII. $n = 1{,}7$.

$\frac{J}{J_r}$	Konstanten	$\frac{J}{J_e} =$ 1	2	3	4	5	6	7	8	9	10
0	G	2,7	4,4	6,1	7,8	9,5	11,2	12,9	14,6	16,3	18
	N	2,13	3,27	4,4	5,53	6,67	7,8	8,93	10,06	11,2	12,33
	L	4,4	7,8	11,2	14,6	18	21,4	24,8	28,2	31,6	35
	T	6,1	11,2	16,3	21,4	26,5	31,6	36,7	41,8	46,9	52
	$NL - G^2$	2,08	6,15	12,07	19,9	29,81	41,48	55,05	70,53	88,23	107,55
	$4NT - 3G^2$	30,10	88,42	175,25	290,85	436,27	609,6	811,49	1042,55	1304,05	1592,64
1	R	5,4	8,8	12,2	15,6	19	22,4	25,8	29,2	32,6	36
	O	12,2	22,4	32,6	42,8	53	63,2	73,4	83,6	93,8	104
	$RN - G^2$	4,21	9,42	16,47	25,43	36,48	49,28	63,98	80,59	99,43	119,88
2	R	6,4	9,8	13,2	16,6	20	23,4	26,8	30,2	33,6	37
	O	13,2	23,4	33,6	43,8	54	64,2	74,4	84,6	94,8	105
	$RN - G^2$	6,34	12,69	20,87	30,96	43,15	57,08	72,91	90,65	110,63	132,21
4	R	8,4	11,8	15,2	18,6	22	25,4	28,8	32,2	35,6	39
	O	15,2	25,4	35,6	45,8	56	66,2	76,4	86,6	96,8	107
	$RN - G^2$	10,6	19,23	29,67	42,02	56,49	72,68	90,77	110,77	133,03	156,87
6	R	10,4	13,8	17,2	20,6	24	27,4	30,8	34,2	37,6	41
	O	17,2	27,4	37,6	47,8	58	68,2	78,4	88,6	98,8	109
	$RN - G^2$	14,86	25,77	38,47	53,08	69,83	88,28	108,63	130,89	155,43	181,53
8	R	12,4	15,8	19,2	22,6	26	29,4	32,8	36,2	39,6	43
	O	19,2	29,4	39,6	49,8	60	70,2	80,4	90,6	100,8	111
	$RN - G^2$	19,12	32,31	47,27	64,14	83,17	103,88	126,49	151,01	177,83	206,19
10	R	14,4	17,8	21,2	24,6	28	31,4	34,8	38,2	41,6	45
	O	21,2	31,4	41,6	51,8	62	72,2	82,4	92,6	102,8	113
	$RN - G^2$	23,38	38,85	56,07	75,20	96,51	119,48	144,35	171,13	200,23	230,85
12	R	16,4	19,8	23,2	26,6	30	33,4	36,8	40,2	43,6	47
	O	23,2	33,4	43,6	53,8	64	74,2	84,4	94,6	104,8	115
	$RN - G^2$	27,64	45,39	64,87	86,26	109,85	138,08	162,21	191,25	222,63	255,51
14	R	18,4	21,8	25,2	28,6	32	35,4	38,8	42,2	45,6	49
	O	25,2	35,4	45,6	55,8	66	76,2	86,4	96,6	106,8	117
	$RN - G^2$	31,90	51,93	73,67	97,32	123,19	150,68	180,07	211,37	245,03	280,17
16	R	20,4	23,8	27,2	30,6	34	37,4	40,8	44,2	47,6	51
	O	27,2	37,4	47,6	57,8	68	78,2	88,4	98,6	108,8	119
	$RN - G^2$	36,16	58,47	82,47	108,38	136,53	166,28	197,93	231,49	267,43	304,83
18	R	22,4	25,8	29,2	32,6	36	39,4	42,8	46,2	49,6	53
	O	29,2	39,4	49,6	59,8	70	80,2	90,4	100,6	110,8	121
	$RN - G^2$	40,42	65,01	91,27	119,44	149,87	181,88	215,79	251,61	289,83	329,49
20	R	24,4	27,8	31,2	34,6	38	41,4	44,8	48,2	51,6	55
	O	31,2	41,4	51,6	61,8	72	82,2	92,4	102,6	112,8	123
	$RN - G^2$	44,68	71,55	100,07	130,50	163,21	197,48	233,65	271,73	312,23	354,15

Tabelle XIV. $n = 1,8$.

$\frac{J}{J_r}$	Konstanten	$\frac{J}{J_v} =$ 1	2	3	4	5	6	7	8	9	10
0	G	2,8	4,6	6,4	8,2	10	11,8	13,6	15,4	17,2	19
	N	2,2	3,4	4,6	5,8	7	8,2	9,4	10,6	11,8	13
	L	4,6	8,2	11,8	15,4	19	22,6	26,2	29,8	33,4	37
	T	6,4	11,8	17,2	22,6	28	33,4	38,8	44,2	49,6	55
	$NL-G^2$	2,28	6,72	13,32	22,08	33	46,08	61,32	78,72	98,28	120
	$4NT-3G^2$	32,8	97,0	193,6	322,6	484	677,8	904,0	1162,6	1453,6	1777
1	R	5,6	9,2	12,8	16,4	20	23,6	27,2	30,8	34,4	38
	O	12,8	23,6	34,4	45,2	56	66,8	77,6	88,4	99,2	110
	$RN-G^2$	4,48	10,12	17,92	27,88	40	54,28	70,72	89,32	110,08	133
2	R	6,6	10,2	13,8	17,4	21	24,6	28,2	31,8	35,4	39
	O	13,8	24,6	35,4	46,2	57	67,8	78,6	89,4	100,2	111
	$RN-G^2$	6,68	13,52	22,52	33,68	47	62,48	80,12	99,92	121,88	146
4	R	8,6	12,2	15,8	19,4	23	26,6	30,2	33,8	37,4	41
	O	15,8	26,2	37,4	48,2	59	69,8	80,6	91,4	102,2	113
	$RN-G^2$	11,08	20,32	31,72	45,28	61	78,88	98,92	121,12	145,48	172
6	R	10,6	14,2	17,8	21,4	25	28,6	32,2	35,8	39,4	43
	O	17,8	28,6	39,4	50,2	61	71,8	82,6	93,4	104,2	115
	$RN-G^2$	15,48	27,12	40,92	56,88	75	95,28	117,72	142,32	169,08	198
8	R	12,6	16,2	19,8	23,4	27	30,6	34,2	37,8	41,4	45
	O	19,8	30,6	41,4	52,2	63	73,8	84,6	95,4	106,2	117
	$RN-G^2$	19,88	33,92	50,12	68,48	89	111,68	136,52	163,52	192,68	224
10	R	14,6	18,2	21,8	25,4	29	32,6	36,2	39,8	43,4	47
	O	21,8	32,6	43,4	54,2	65	75,8	86,6	97,4	108,2	119
	$RN-G^2$	24,28	40,72	59,32	80,08	103	128,08	155,32	184,72	216,28	250
12	R	16,6	20,2	23,8	27,4	31	34,6	38,2	41,8	45,4	49
	O	23,8	34,6	45,4	56,2	67	77,8	88,6	99,4	110,2	121
	$RN-G^2$	28,68	47,52	68,52	91,68	117	144,48	174,12	205,92	239,88	276
14	R	18,6	22,2	25,8	29,2	33	36,6	40,2	43,8	47,4	51
	O	25,8	36,6	47,4	58,2	69	79,8	90,6	101,4	112,2	123
	$RN-G^2$	33,08	54,32	77,72	103,28	131	160,88	192,92	227,12	263,48	302
16	R	20,6	24,2	27,8	31,4	35	38,6	42,2	45,8	49,4	53
	O	27,8	37,6	49,4	60,2	71	81,8	92,6	103,4	114,2	125
	$RN-G^2$	37,48	61,12	86,92	114,88	145	177,28	211,72	248,32	287,08	328
18	R	22,6	26,2	29,8	33,4	37	40,6	44,2	47,8	51,4	55
	O	29,8	40,6	51,4	62,2	73	83,8	94,6	105,4	116,2	127
	$RN-G^2$	41,88	67,92	96,12	126,48	159	193,68	230,52	269,52	310,68	354
20	R	24,6	28,2	31,8	35,4	39	42,6	46,2	49,8	53,4	57
	O	31,8	42,6	53,4	64,2	75	85,8	96,6	107,4	118,2	129
	$RN-G^2$	46,28	74,72	105,32	138,08	173	210,08	249,32	290,72	334,28	380

Tabelle XV. $n = 1{,}9$.

$\frac{J}{J_r}$	Konstanten	$\frac{J}{J_v} =$									
		1	2	3	4	5	6	7	8	9	10
0	G	2,9	4,8	6,7	8,6	10,5	12,4	14,3	16,2	18,1	20
	N	2,27	3,53	4,8	6,07	7,33	8,6	9,87	11,14	12,4	13,67
	L	4,8	8,6	12,4	16,2	20	23,8	27,6	31,4	35,2	39
	T	6,7	12,4	18,1	23,8	29,5	35,2	40,9	46,6	52,3	58
	$NL—G^2$	2,49	7,32	14,63	24,37	36,35	50,92	67,92	87,36	108,87	133,13
	$4\,NT — 3\,G^2$	35,61	105,97	212,85	355,98	534,19	749,6	1001,26	1289,18	1611,25	1971,44
1	R	5,8	9,6	13,4	17,2	21	24,8	28,6	32,4	36,2	40
	O	13,4	24,8	36,2	47,6	59	70,4	81,8	93,2	104,6	116
	$RN—G^2$	4,76	10,85	19,43	30,44	43,68	59,52	77,79	98,5	121,27	146,8
2	R	6,8	10,6	14,4	18,2	22	25,8	29,6	33,4	37,2	41
	O	14,4	25,8	37,2	48,6	60	71,4	82,8	94,2	105,6	117
	$RN—G^2$	7,03	14,38	24,23	36,51	51,01	68,12	87,66	109,64	133,67	160,47
4	R	8,8	12,6	16,4	20,2	24	27,8	31,6	35,4	39,2	43
	O	16,4	27,8	39,2	50,6	62	73,4	84,8	96,2	107,6	119
	$RN—G^2$	11,57	21,44	33,83	48,65	65,67	85,32	107,4	131,92	158,47	187,81
6	R	10,8	14,6	18,4	22,2	26	29,8	33,6	37,4	41,2	45
	O	18,4	29,8	41,2	52,6	64	75,4	86,8	98,2	109,6	121
	$RN—G^2$	16,11	28,50	43,43	60,79	80,33	102,52	127,14	154,2	183,27	215,15
8	R	12,8	16,6	20,4	24,2	28	31,8	35,6	39,4	43,2	47
	O	20,4	31,8	43,2	54,6	66	77,4	88,8	100,2	111,6	123
	$RN—G^2$	20,65	35,56	53,03	72,93	94,99	119,72	146,88	176,48	208,07	242,49
10	R	14,8	18,6	22,4	26,2	30	33,8	37,6	41,4	45,2	49
	O	22,4	33,8	45,2	56,6	68	79,4	90,8	102,2	113,6	125
	$RN—G^2$	25,19	42,62	62,63	85,07	109,65	136,92	166,62	198,76	232,87	269,83
12	R	16,8	20,6	24,4	28,2	32	35,8	39,6	43,4	47,2	51
	O	24,4	35,8	47,2	58,6	70	81,4	92,8	104,2	115,6	127
	$RN—G^2$	29,73	49,68	72,23	97,21	124,31	154,12	186,34	221,04	257,67	297,17
14	R	18,8	22,6	26,4	30,2	34	37,8	41,6	45,4	49,2	53
	O	26,4	37,8	49,2	60,6	72	83,4	94,8	106,2	117,6	129
	$RN—G^2$	34,27	56,74	81,83	109,35	138,97	171,32	206,06	243,32	282,47	324,51
16	R	20,8	24,6	28,4	32,2	36	39,8	43,6	47,4	51,2	55
	O	28,4	39,8	51,2	62,6	74	85,4	96,8	108,2	119,6	131
	$RN—G^2$	38,81	63,8	91,43	121,49	153,63	188,52	225,78	265,6	307,27	351,85
18	R	22,8	26,6	30,4	34,2	38	41,8	45,6	49,4	53,2	57
	O	30,4	41,8	53,2	64,6	76	87,4	98,8	110,2	121,6	133
	$RN—G^2$	43,35	70,86	101,03	133,63	168,29	205,72	245,5	287,88	332,07	379,19
20	R	24,8	28,6	32,4	36,2	40	43,8	47,6	51,4	55,2	59
	O	32,4	43,8	55,2	66,6	78	89,4	100,8	112,2	123,6	135
	$RN—G^2$	47,89	77,92	110,63	145,77	182,95	222,92	265,22	310,16	356,87	406,53

Tabelle XVI. $n = 2$.

$\frac{J}{J_r}$	Konstanten	$\frac{J}{J_v} =$									
		1	2	3	4	5	6	7	8	9	10
0	G	3	5	7	9	11	13	15	17	19	21
	N	2,33	3,67	5	6,33	7,67	9	10,33	11,67	13	14,33
	L	5	9	13	17	21	25	29	33	37	41
	T	7	13	19	25	31	37	43	49	55	61
	$NL—G^2$	2,65	8,03	16	26,61	40,07	56	74,57	96,11	120	146,53
	$4NT — 3G^2$	38,24	115,84	233	390	588,08	825	1101,76	1420,32	1777	2173,52
1	R	6	10	14	18	22	26	30	34	38	42
	O	14	26	38	50	62	74	86	98	110	122
	$RN—G^2$	4,98	11,7	21	32,94	47,74	65	84,9	107,78	133	160,86
2	R	7	11	15	19	23	27	31	35	39	43
	O	15	27	39	51	63	75	87	99	111	123
	$RN—G^2$	7,31	15,37	26	39,27	55,41	74	95,23	119,45	146	175,19
4	R	9	13	17	21	25	29	33	37	41	45
	O	17	29	41	53	65	77	89	101	113	125
	$RN—G^2$	11,97	22,71	36	51,93	70,75	92	115,89	142,79	172	203,85
6	R	11	15	19	23	27	31	35	39	43	47
	O	19	31	43	55	67	79	91	103	115	127
	$RN—G^2$	16,63	30,05	46	64,56	86,09	110	136,55	166,13	198	232,51
8	R	13	17	21	25	29	33	37	41	45	49
	O	21	33	45	57	69	81	93	105	117	129
	$RN—G^2$	21,29	37,39	56	77,75	101,43	128	157,21	189,47	224	261,17
10	R	15	19	23	27	31	35	39	43	47	51
	O	23	35	47	59	71	83	95	107	119	131
	$RN—G^2$	25,95	44,73	66	89,91	116,77	146	177,87	212,81	250	289,83
12	R	17	21	25	29	33	37	41	45	49	53
	O	25	37	49	61	73	85	97	109	121	133
	$RN—G^2$	30,61	52,07	76	102,57	132,11	164	198,53	236,15	276	318,49
14	R	19	23	27	31	35	39	43	47	51	55
	O	27	39	51	63	75	87	99	111	123	135
	$RN—G^2$	35,27	59,41	86	115,23	147,45	182	219,19	259,49	302	347,15
16	R	21	25	29	33	37	41	45	49	53	57
	O	29	41	53	65	77	89	101	113	125	137
	$RN—G^2$	39,93	66,75	96	127,89	162,79	200	239,85	282,83	328	375,81
18	R	23	27	31	35	39	43	47	51	55	59
	O	31	43	55	67	79	91	103	115	127	139
	$RN—G^2$	44,59	74,09	106	140,55	178,13	218	260,51	306,17	354	404,47
20	R	25	29	33	37	41	45	49	53	57	61
	O	33	45	57	69	81	93	105	117	129	141
	$RN—G^2$	49,25	81,43	116	153,21	193,47	236	281,51	329,51	380	433,13